建筑信息模型BIM丛书
AutoCAD Civil 3D系列

AutoCAD Civil 3D .NET 二次开发

王 磊 编著

内 容 提 要

随着BIM技术应用的逐步普及，AutoCAD Civil 3D软件应用于越来越多的行业，诸如交通运输、土地开发、水利项目、市政工程、公路工程、测绘、地质等，正是因为该软件面向的行业众多，用户遍布全球各个国家和地区，所以软件本身不可能完全满足每个行业的需求，也不可能符合每个国家及地区的标准要求，若要利用其完成本行业的应用，顺利实现模型到施工图的转化并满足国家、行业或企业标准，对该软件进行二次开发是必不可少的。

本书从一个程序设计爱好者的角度出发，针对如何学习AutoCAD Civil 3D .NET二次开发，通过一系列的实例，向读者展示了需要学习的基本知识点，为工程设计人员、程序设计人员学习AutoCAD及Civil 3D二次开发指明道路。本书由浅入深，向读者逐步展示了AutoCAD及Civil 3D .NET二次开发所需的基本计算机语言知识与各项基本操作、进阶应用与相关知识。本书面向的读者对象为熟练掌握Civil 3D软件应用并希望学习二次开发的工程设计人员、专职软件设计人员以及从事BIM应用研究的在职硕士研究生。

图书在版编目(CIP)数据

AutoCAD Civil 3D .NET二次开发/王磊编著.
—上海：同济大学出版社，2017.11
ISBN 978-7-5608-7497-5

Ⅰ.①A… Ⅱ.①王… Ⅲ.①AutoCAD软件
Ⅳ.①TP391.72

中国版本图书馆CIP数据核字(2017)第288372号

AutoCAD Civil 3D .NET 二次开发

王磊　编著

责任编辑 马继兰　**责任校对** 徐逢乔　**封面设计** 安　柯　陈益平

出版发行　同济大学出版社　www.tongjipress.com.cn
(地址：上海市四平路1239号　邮编：200092　电话：021-65985622)
经　销　全国各地新华书店
排　版　南京月叶图文制作有限公司
印　刷　常熟市华顺印刷有限公司
开　本　787 mm×1092 mm　1/16
印　张　18
字　数　449 000
版　次　2018年1月第1版　2018年1月第1次印刷
书　号　ISBN 978-7-5608-7497-5
定　价　78.00元

前　言

本书从 AutoCAD Civil 3D .NET 二次开发基础知识入手，详细介绍了 AutoCAD Civil 3D 及 AutoCAD 二次开发所需了解、掌握的理论知识。以.NET 为主，通过详细的代码，向读者展示了 AutoCAD Civil 3D 的基本技术与操作过程；同时也简单介绍了 COM API 及 ObjectARX 技术在 AutoCAD Civil 3D 二次开发中的应用。

本书面向的读者是熟练掌握 AutoCAD Civil 3D 软件应用并开始接触 AutoCAD Civil 3D .NET 二次开发的初学者，特别是没有计算机语言基础从零开始学习 Civil 3D 二次开发的初学者，也可以作为 AutoCAD 二次开发初学者的学习用书。

作为一名 AutoCAD 爱好者，在大学的最后一个学期，大部分时间是在计算机房度过的——学习 AutoCAD 的使用，当时的版本是 DOS 系统下的 AutoCAD R12 英文版。因工作性质的关系，工作后，使用 AutoCAD 的机会并不多，但偶然的机会，接触到一些 Lisp 语言的知识，从此知道了 AutoCAD 二次开发的概念，随后的两年内我编写了一些并不完善的小程序，主要用于提高工作效率。因为对二次开发的认识不够准确，当时放弃了二次开发的学习，直到开始使用 AutoCAD Civil 3D 后，发现二次开发是充分发挥软件功能必不可少的手段，我又重新开始学习 AutoCAD 及 Civil 3D 的二次开发知识。

在通读本书之前，读者有必要对本书的定位有一个准确的认识：要知道这是一本关于什么的书，要知道这不是一本什么书。

首先回答第一个问题：

这是一本 AutoCAD 爱好者、AutoCAD Civil 3D 用户所编写的书，我没有深厚的计算机知识背景，也不是计算机软件相关的从业人员，仅仅是一名从事了 15 年房建工程施工的工程师而已。

这是一本由二次开发自学者所写的书，书中的内容仅是我自学过程中所学到的各种知识的汇总，并没有把所有 AutoCAD 及 Civil 3D 二次开发知识全部罗列出来。

这是一本我根据自己自学的心路历程总结所写出的书，我想把自己在自学过程中遇到的问题及如何解决这些问题的经验与有着同样自学需求的朋友分享。

接下来回答第二个问题：

这不是一本介绍计算机语言的书，二次开发离不开计算机语言，如果读者要学习相关语言，您不得不参考其他书籍。

这不是一本介绍软件应用的书，二次开发的一个基本条件是要求熟练掌握软件的应用，即使熟练掌握了多种计算机语言，如果不熟悉软件的应用，要写出高效率的代码也并不是一件易事。

这不是一本能解决所有AutoCAD与Civil 3D二次开发相关问题的书，更确切地讲，书中不少内容只是提出问题，并给出了解决相关问题的思路，但并未给出具体的解决方法，目的是让读者掌握解决问题的方法，而不是学会解决某一个具体问题。

我写这本书的目的是想让读者在读完这本书之后，能够掌握AutoCAD及Civil 3D二次开发的学习方法，知道要学什么，知道要查找什么，知道如何去查找。

书中的一些示例并不完善，尤其是“类的继承”的示例，我只是想向读者介绍“类的继承”的概念，至于示例是否合适、是否完善，需要打一个很大的问号。

在阅读本书过程中，建议读者边阅读边键入代码进行测试，不要只读不做，看与练是完全不同的，别人轻松完成的事情，到自己手上可能就难以实现，所以一定要亲自动手练习。在键入代码的过程中，还可以发现更多问题并解决问题。

在学习的初期，不要带着很强的目的性去学习，此时了解的知识、方法有限，容易误入歧途，甚至是死胡同。随着掌握的知识的增多，视野会越来越宽，也就能找到更多解决问题的方法，对自己手中的工具有了全面了解后，再用它来完成相应的工作会变得较为轻松。

书中第4章之后的示例代码，读者可发送邮件索取，我的E-mail地址：465340553@qq.com。

鉴于水平有限，书中难免有错误之处，欢迎读者予以指正。

王　磊

2017年9月于西安

目　录

第 1 部分

基 础 知 识

第1章 Civil 3D 二次开发简介

——世上无难事，只要肯登攀

本章重点

◇ 为什么需要二次开发

◇ 学习二次开发的条件是什么

1.1 了解 AutoCAD Civil 3D 及其 APIs

随着建筑信息模型 BIM 应用技术的普及，越来越多的工程技术人员逐步掌握多种 BIM 软件的应用。AutoCAD Civil 3D 作为众多建筑信息模型(BIM)软件中的一员，主要面向土木工程设计及图形文档编制。AutoCAD Civil 3D 在大家熟悉的 AutoCAD 环境中，帮助从事交通运输、土地开发和水利项目等土木工程专业人员更轻松、更高效地探索设计方案，分析项目性能，并提供相互一致、更高质量的图形文档。

AutoCAD Civil 3D 就是根据专业需要进行了专门定制的 AutoCAD，是业界认可的土木工程软件包，可以加快设计理念的实现。它的三维动态工程模型有助于快速完成道路工程、场地、雨水/污水排放系统以及场地规划设计。所有曲面、横断面、纵断面、标注等均以动态方式链接，可更快、更轻松地评估多种设计方案，做出更明智的决策并生成最新的图纸。

AutoCAD Civil 3D 提供了 3 种 API，分别是 .NET API，COM API 和 CustomXXX API(使用 C++语言)。

.NET API——允许以任何 .NET 语言(C#、VB .NET 或 C++/CLI)编写 AutoCAD Civil 3D 扩展程序。一般来说，AutoCAD Civil 3D .NET API 的执行速度明显快于 COM API。

COM API——允许从托管(.NET)或非托管代码(C++、Lisp)访问 COM API 从而创建客户端程序，当然也可以在 VBA 程序中应用(VBA 编辑器已不随 Civil 3D 安装包发布，需要单独下载安装)。

CustomXXX API——CustomDraw， CustomEvent 和 CustomUI，以 AutoCAD ObjectARX API 形式出现，允许开发者定制对象的显示方式、创建自定义事件和界面(其实质是使用 C++访问 COM API，至于能否使用 C++/CLI 访问 .NET API 创建程序，作者未亲自验证)。

1.2　Civil 3D二次开发的意义

AutoCAD Civil 3D在全球多个国家、多个行业被采用，每个国家有每个国家的标准、不同的行业又有不同的标准，Autodesk作为软件供应商，不可能满足每个国家、每个行业的标准和要求，因此Autodesk开放API，给用户自行定制提供可能。每位用户可以根据自身的需求，对软件进行扩展。

在实际工作中，使用软件现有的基本功能，经常遇到一些简单重复的操作，例如绘制一段踏步的纵断面，需要重复创建或添加变坡点，计算机恰恰擅长处理这些简单重复的操作，因此需要通过简单的二次开发将这些简单重复的操作交由计算机完成，从而提高设计人员的工作效率。

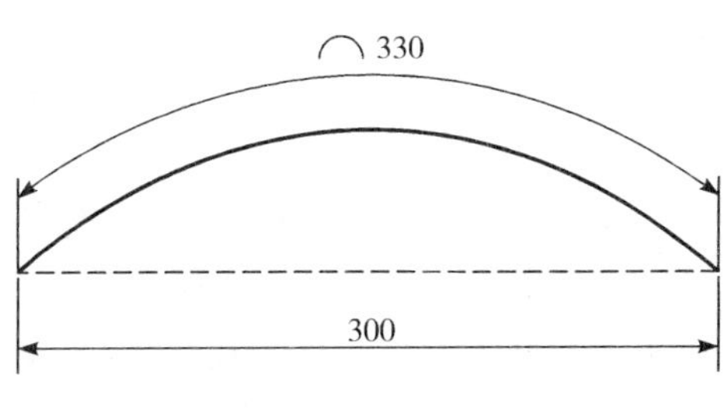

图1-1　已知弧长弦长画图

有一些问题，人工操作难以实现，例如这样一个问题：已知弧长330，弦长300(图1-1)，绘制这条弧。看起来很简单，您可能已经拿出了纸和笔来列方程求解。这是超越方程，解不出来，怎么办？交给计算机，用二分法查找近似解！

在BIM技术日新月异的今天，如果不掌握一些二次开发技术，看似强大的软件工具，在完成实际的工作时，总会差那么一点点而不能尽善尽美完成任务；只有掌握了二次开发技术，才能使手中的软件如虎添翼，发挥更大的作用。

1.3　Civil 3D二次开发所需的条件

学习Civil 3D二次开发需要哪些条件呢？

首先要熟悉Civil 3D的应用。只有熟悉Civil 3D的应用，了解Civil 3D对象之间的关系，用代码操纵Civil 3D对象才成为可能。另外，一旦熟悉Civil 3D应用后，还可避免做无用功，不会出现自己用代码实现了某个功能，最后发现Civil 3D自身已有这功能，并且该功能更强大更完善的情况。

其次，至少要掌握一门计算机语言。这是必要条件，如果不掌握计算机语言，编写代码也就无从谈起。至于掌握哪种语言，可以根据读者之前所学的计算机语言进行选择。如果您是零基础学起，建议您学习C#语言，个人感觉，在.NET语言(C#、VB.NET或C++/CLI)中，C#语言是易学易用的，这也是为什么本书中示例代码以C#语言实现的原因。

再次，熟悉AutoCAD二次开发也是一个不可缺少的条件。Civil 3D作为AutoCAD的一个超集，对其二次开发，不可避免要涉及AutoCAD二次开发的知识。这也是本书中有近一半的内容为AutoCAD二次开发相关内容的原因。

除此之外，学习者还应有坚定的信念和毅力。笔者在学习AutoCAD二次开发之初，没有清楚地认识到二次开发的意义，认为二次开发没有前途(“钱图”)、没有意义，因此放弃，中断了十年的时间，直到后来工作中需要使用Civil 3D完成项目，才发现二次开发的必要性，于是从零开始学习C#语言，学习AutoCAD及Civil 3D .NET二次开发知识，直到现在与您分享自己学习二次开发的经验并写下这本书。

1.4 从哪儿开始

对于多数的工程设计人员，不完全具备本书1.3节所述的相关条件。对于Civil 3D的应用可能比较熟悉，但对于计算机语言，只限于上学时所学的一点基础知识(还可能还给老师了)，步入工作岗位后与计算机语言基本无缘；对于C#、VB.NET可能根本就没有接触过。

只要有一颗坚定的心，坚持学习，就一定能进入Civil 3D二次开发的“大门”，写出自己的程序，从而节省时间，调高工作效率。

如果您是一位熟悉Civil 3D软件应用的工程设计人员，那么您就要从学习计算机语言开始。如果您是一位精通计算机语言的专业程序设计人员，那么您就要先了解Civil 3D的应用。本书面向的读者是第一类人群，如果您是第二类人员，这本书可能不适合您。

学习计算机语言，从哪里学起呢？这是个问题，并且是个不好回答的问题。既然这样，我们就从阅读代码开始，虽然简单直接，但我相信会很快见到成效。

在利用Civil 3D创建对象过程中，经常遇到类似如下的需求：要把普通的AutoCAD对象，诸如点、文本、块等，转化成Civil 3D的几何空间点(CogoPoint)。对于点，Civil 3D有内部命令，可以直接实现转换，但对于文本、块等对象，没有内部命令，虽然可以利用数据提取等方法提取数据，创建外部文件，然后再创建几何空间点，但总会有些情况需要通过二次开发才能实现。假设需要将AutoCAD的块对象批量转换成几何空间点，需要写多少行代码才能实现呢？

阅读以下代码：

```
01 public void BlockReferenceToCogoPoint()
02 {
03     //获取 AutoCAD 的 Document 对象
04     Document doc = Application.DocumentManager.MdiActiveDocument;
05     //获取 Civil 3D 的 Document 对象
06     CivilDocument civilDoc = CivilApplication.ActiveDocument;
07     //获取几何空间点集
08     CogoPointCollection cogoPts = civilDoc.CogoPoints;
09     //开始事务
10     using (Transaction tr = doc.TransactionManager.StartTransaction())
11     {
12     //获取块表
13     BlockTable blockTable = tr.GetObject(doc.Database.BlockTableId, OpenMode.ForRead)
14                     as BlockTable;
15     //获取模型空间的 ObjectId
16     ObjectId modelSpaceId = blockTable[BlockTableRecord.ModelSpace];
17     //获取块表记录(模型空间)
18     BlockTableRecord modelSpace = modelSpaceId.GetObject(OpenMode.ForRead)
19                     as BlockTableRecord;
```

```
20     //循环处理模型空间的每一个对象
21     foreach (ObjectId id in modelSpace)
22     {
23         //判断对象是否为 BlockReference
24         if (!id.ObjectClass.IsDerivedFrom(RXObject.GetClass(typeof(BlockReference))))
25                 continue;
26         //获取 BlockReference 对象
27         BlockReference br = id.GetObject(OpenMode.ForRead) as BlockReference;
28         //向几何空间点集中添加点
29         cogoPts.Add(br.Position, br.Layer, true);
30     }
31     //提交事务
32     tr.Commit();
33   }
34 }
```

这是一段用 C# 语言完成的代码，代码实现的功能是根据模型空间中的块创建几何空间点，几何空间点的位置采用块的插入点位置，几何空间点的描述采用块的图层名称。

这段代码不到 20 行(去除注释)，不知道您想到了多少问题？在这里我想让初学者了解的问题可不止 20 个。下面就来看一下我想到了哪些问题：

1. 关于程序设计的基本问题

(1) 编写这些代码需要什么环境？

(2) 如何编译？

(3) 编译后如何加载？

(4) 加载后如何运行？

(5) 什么是方法？

(6) 如何定义方法？

(7) 如何实现方法？

(8) 什么是变量？

(9) 如何声明变量？

(10) 变量命名规则有没有约定？

(11) 怎么为变量赋值？

(12) 数据类型都有哪些？

(13) 不同数据类型能否实现转换？

(14) 如何实现循环操作？

2. AutoCAD 二次开发问题

(1) 程序、文档、数据库之间的关系是什么？

(2) 如何定义一个在 AutoCAD 中运行的命令？

(3) AutoCAD 数据库结构是怎样的？

(4) 什么是块表(BlockTable)？

(5) 什么是块表记录(BlockTableRecord)？

(6) 什么是块参照(BlockReference)?

(7) 从 AutoCAD 数据库中,如何获取指定对象?

(8) 从 ObjectId 如何获取相应的 Object?

(9) 事务(Transaction)是什么?

(10) 如果事务未提交(Commit)会有什么后果?

3. Civil 3D 二次开发问题

(1) Civil 3D 数据库结构是怎样的?

(2) 从 Civil 3D 数据库中,如何获取指定对象?

(3) 如何创建 Civil 3D 对象?

(4) 如何从集合中获取某一对象?

问题已经提出,带着这些问题阅读本书的前两部分吧。在阅读过程中,若发现本书中有讲解不清楚的地方,您就需要学会网络搜索或查阅其他书籍,本书中个别地方提供了关键字,方便上网搜索。

第2章 开发环境的配置

——工欲善其事，必先利其器

本章重点

- ◇ 编写代码的工具
- ◇ 对开发环境进行设置使其满足要求
- ◇ 定义属于自己的命令
- ◇ 确定程序如何加载
- ◇ 帮助文档有哪些

既然是程序设计，当然离不开开发工具，本书中所涉及的开发工具主要为 Microsoft Visual Studio。

2.1 编译环境

不同版本的 Civil 3D 所需的.NET 版本不同，相应的编译工具版本也不同，具体的版本对应关系见表 2-1。

表 2-1 版本对应关系

Civil 3D 版本	.NET 版本	Visual Studio 版本
Civil 3D 2017	4.6	2015
Civil 3D 2016	4.5	2012 或 2013
Civil 3D 2015	4.5	2012 或 2013
Civil 3D 2014	4.0	2010 或 2012

详细情况可查阅 AutoCAD .NET Developer's Guide → About .NET and the AutoCAD .NET API (.NET) → Overview of Microsoft Visual Studio (.NET) 相关章节。

俗话说一个好汉三个帮，虽然 VS 功能强大，但有时也需要第三方插件来扩展其功能，其中，Visual Assist, .NET Reflector 都是非常实用的插件，这两款插件的具体功能读者可自行搜索。

2.2 .NET 项目设置

本章讲述如何利用 Visual Studio 及 AutoCAD Civil 3D 托管类(managed classes)来创建.NET 解决方案。

创建.NET 解决方案有两种方式:手动创建和利用 AutoCAD .NET 向导创建。这里您可能要问:既然有向导可用,为什么还要手动创建? 向导创建解决方案的过程只是将手动创建项目的过程进行自动化处理,基本的方法是一致的。除了新建解决方案,还可能会编辑已有解决方案,比如修改样例文件,如果不了解项目配置的基本原理,在编辑已有解决方案时,如果遇到某些设置发生变化的情况,则可能出现无法编译项目的情况,所以掌握基本原理是必需的。

2.2.1 手动创建解决方案及项目

(1) 在 Visual Studio 2015 中创建一个新的类库解决方案(class library solution)和项目(project)。

如果向已有解决方案中添加新建项目,可以从菜单中选择:文件→添加→新建项目,或者在解决方案资源管理中选择解决方案,从右键菜单中选择:添加→新建项目(图 2-1)。

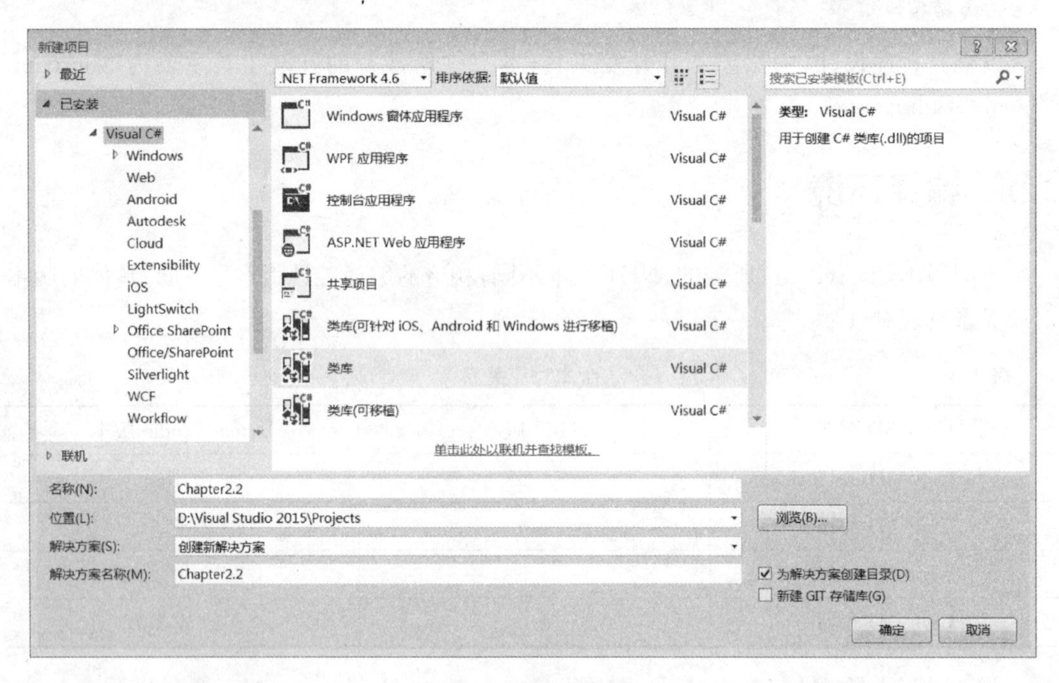

图 2-1 新建项目

(2) 从菜单项目→添加引用,或在解决方案资源管理器中单击右键菜单,在菜单中选择添加引用(图 2-2)。

(3) 浏览到 AutoCAD Civil 3D 的安装位置,选择基础库文件:acdbmgd.dll, acmgd.dll, accoremgd.dll, AecBaseMgd.dll 和 AeccDbMgd.dll.

注意：这些是 AutoCAD 及 AutoCAD Civil 3D 的基础托管库，您的 .NET 程序集可能会用到附加库中的类定义。

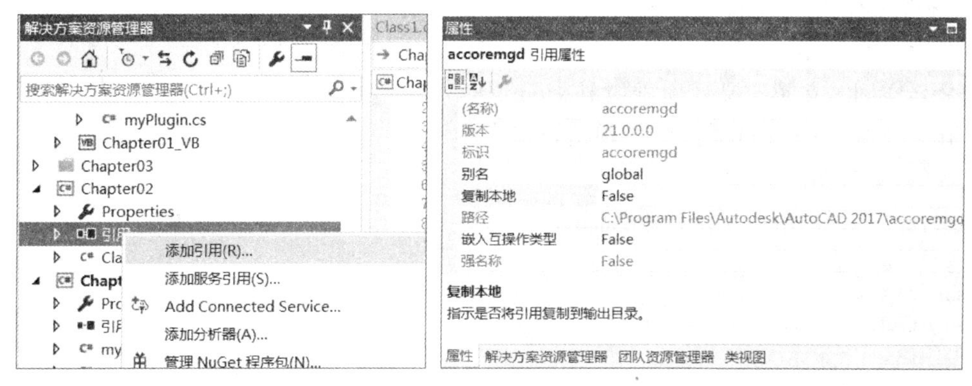

图 2-2　添加引用　　　　图 2-3　复制到本地属性设置

为了能够调试及减小项目文件的磁盘空间占用，在解决方案资源管理器中选择这些文件，将“复制到本地”属性设置为 False，如果设置为 True，项目编译时，编译器将复制这些文件到项目文件夹，这样做无形中占用了更多的磁盘空间。在修改这些文件属性时，可以同时选择多个文件，之后一并修改，要实现多选，只需使用 Shift 键或 Ctrl 键。修改后的文件属性应与图2-3 类似。

(4) 如果需要从 VS 中启动 AutoCAD Civil 3D 以便于调试，可对项目进行以下设置：

① 在项目属性页，选择“调试”选项板；

② 在“启动操作”下，选择“启动外部程序”，输入 AutoCAD Civil 3D 安装路径及 acad. exe文件名；

③ 在“启动选项”下，填入命令行参数：/ld "C:\Program Files\Autodesk\AutoCAD 2017\\AecBase. dbx"/p"≪C3D_Metric≫" /product "C3D" /language "zh-CN"，这些参数可以直接从 Civil 3D 桌面快捷方式中复制。设置完成的情况应与图 2-4 类似。

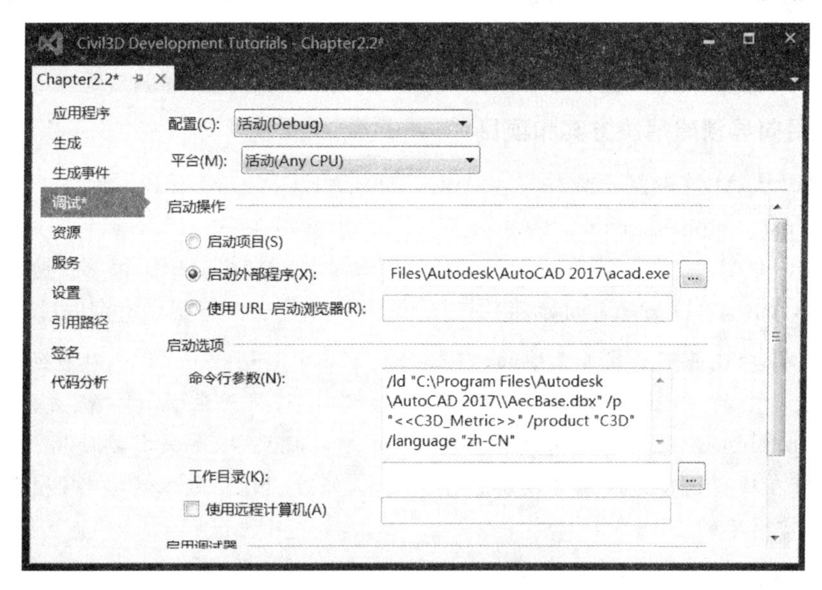

图 2-4　调试启动设置

(5) 在类中实现 IExtensionApplication 接口(是否需要实现该接口根据需要确定,并不是必须要实现的),添加 Autodesk. AutoCAD. Runtime 命名空间(接口定义所在的命名空间),在类定义后面添加 IExtensionApplication:vs 会自动提供实现接口代码完成的选项(图 2-5)。

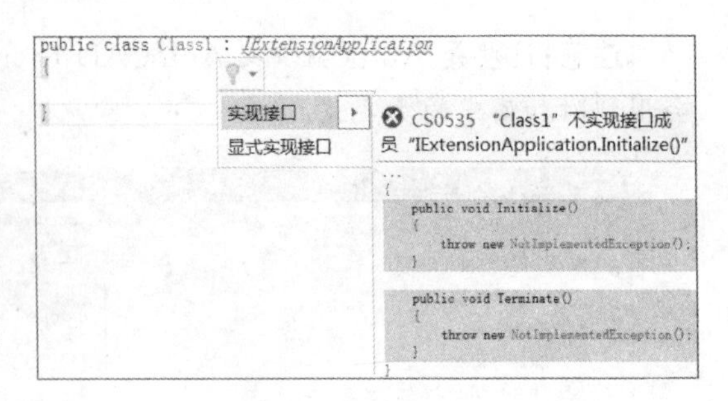

图 2-5 实现接口

现在您的代码应与下列代码类似:

```
01 using System;
02 using Autodesk. AutoCAD. Runtime;
03
04 namespace Chapter2._2
05 {
06     public class Class1:IExtensionApplication
07     {
08         public void Initialize()
09         {
10             throw new NotImplementedException();
11         }
12         public void Terminate()
13         {
14             throw new NotImplementedException();
15         }
16     }
17 }
```

您可以删除或注释掉(行首添加两个//)这些方法的默认内容,否则会导致程序因抛出异常而无法正常加载。Initialize()方法会在 AutoCAD Civil 3D 命令行输入 NetLoad 命令加载该程序时被调用,可以用来设置资源、读取配置文件或者初始化其他任务(例如加载其他 DLL 文件,参见本书第 13 章)。Terminate()方法会在 AutoCAD Civil 3D 关闭时被调用(没有 NetUnLoad 命令卸载.NET 程序),进行清理并释放资源。

2.2.2 利用向导创建解决方案和项目

读者可以从 ADN 网站下载并安装 AutoCAD .NET Wizard 下载位置:

http://usa.autodesk.com/adsk/servlet/index? siteID=123112&id=1911627

有了 AutoCAD .NET Wizard 创建解决方案和项目就变得简单了很多。读者可能会有这样的疑问,AutoCAD .NET 向导,能用于 Civil 3D 项目么? 答案是肯定的(图 2-6)。

注意:向导功能并不是完美无缺的,在本书 2.1 节中 Civil 3D 2017 对应的.NET 版本为 4.6,图 2-6 中的.NET 版本为 4.5,如果切换到 4.6,将无法显示模板文件 AutoCAD 2017 CSharp plug-in,此时暂时采用.NET 4.5 创建项目文件,如果需要使用.NET 4.6 相关的功能,可在项目创建完成后修改其.NET 版本,修改.NET 版本的操作,相比手工创建项目还是非常简单的。

在 Run As 列表中选择 Civil 3D,之后会出现相应的选项卡,根据需要勾选相应的库文

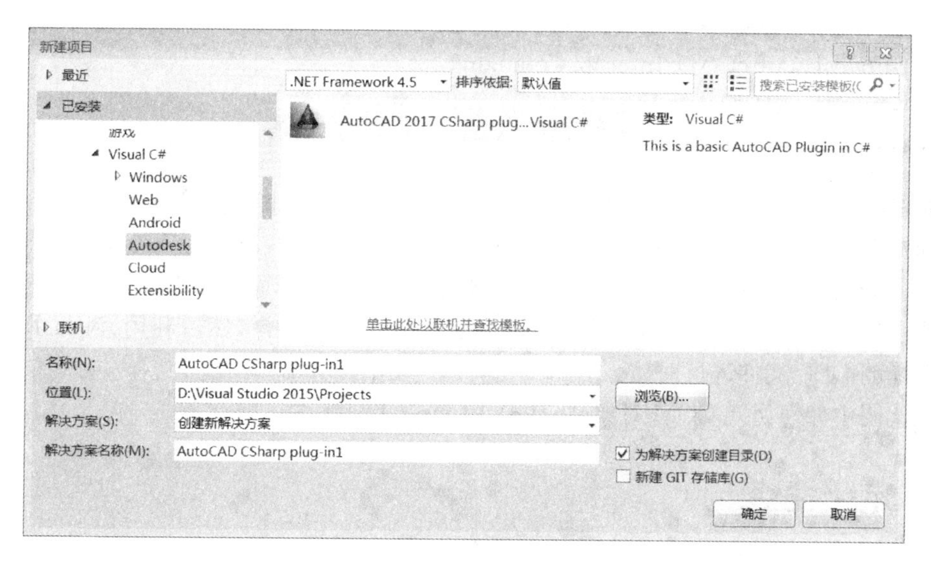

图 2-6　向导起始页

件。这里 AecBaseMgd 及 AeccDbMgd 是必选的，如图 2-7 所示。如果不想引用 Map 3D 相关的库文件，需要切换到 Map 3D 选项卡，取消相应库文件的勾选。

如果没有安装 ObjectARX SDK，图 2-7 中两个文件夹位置应同时设置为 AutoCAD Civil 3D 安装位置。如果安装了 ObjectARX SDK，可以将 AecBaseMgd 及 AeccDbMgd 等文件复制到 SDK 的 inc 文件夹内，减少修改这些库文件路径的麻烦（向导功能尚不完善，并未随着 AutoCAD 及其平台上各款软件安装位置的变化而更新）。

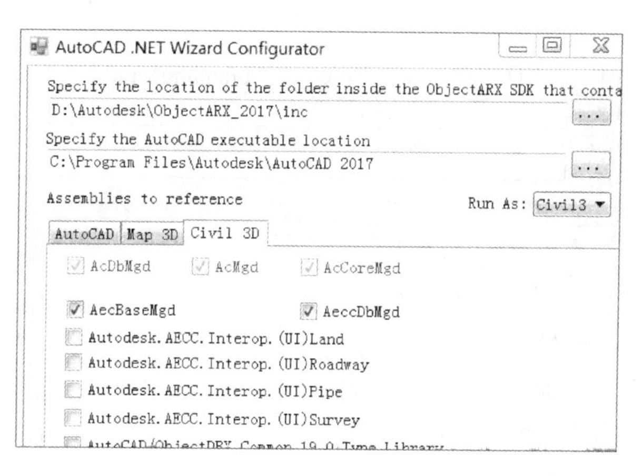

图 2-7　向导设置

2.3　混合项目设置

本节所涉及的混合项目是指在.NET 项目使用 COM Interop（互操作）来访问 COM 组件，并不是指把不同语言，如 C# 和 VB.NET 项目混合到一起。

如果手动创建.NET 项目，需要在解决方案管理器或项目菜单中添加引用，浏览到 Civil 3D 安装目录，选择以下 COM Interop DLL 文件，其中〈domain〉是需要使用的 Civil 域（Land，Roadway，Pipe 或 Survey）：

- Autodesk. AEC. Interop. Base
- Autodesk. AEC. Interop. UiBase

- Autodesk. AutoCAD. Interop
- Autodesk. AutoCAD. Interop. Common
- Autodesk. AECC. Interop. 〈domain〉
- Autodesk. AECC. Interop. Ui〈domain〉

如果利用 AutoCAD .NET Wizards 创建项目，在图 2-7 中勾选相应项目即可。

选择上面引用的 DLL 文件，将其“嵌入互操作类型”属性，设置为 True，此操作将所引用的类型嵌入到目标程序集中，在运行时不再需要引用互操作库文件 DLL。如果想了解此属性值设置为 True 或 False 的区别，可以分别设置后进行编译，然后利用 .NET Reflector 查看编译的 DLL 文件进行对比。

在代码中如何访问 COM 对象，将在第 10 章中详细叙述。

2.4 定义命令

项目设置完成后，就可以创建一个公有方法，并为这个方法设置一个 CommandMethod 属性，以便在 AutoCAD Civil 3D 命令行中输入命令调用该方法。

```
01        [CommandMethod("MyCommandName")]
02        public void SthToDo()
03        {
04        }
```

代码第 1 行即为公有方法 SthToDo()的 CommandMethod 属性，MyCommandName 为自己定义的命令名称，这个名称同 AutoCAD 的内部命令 Line，Circle 等一样，可以在命令行中输入，然后执行相应操作。

如果是使用向导创建的项目，向导预定义了若干命令，其 CommandMethod 属性比上例中要复杂一些，可在 AutoCAD Managed .NET Classes Reference Guide → Autodesk. AutoCAD. Runtime Namespace → CommandMethodAttribute Class 查询相关信息。

下面通过简单的示例演示如何在命令行输出 Civil 3D 中数据库的某些信息，例如想把几何空间点的数量输出到命令行中，可以在方法 SthToDo()中输入以下代码：

```
01 [CommandMethod("MyCommandName")]
02 public void SthToDo()
03 {
04    CivilDocument civilDoc = Autodesk.Civil.ApplicationServices
05          .CivilApplication.ActiveDocument;
06    CogoPointCollection CogoPts = civilDoc.CogoPoints;
07    Application.DocumentManager.MdiActiveDocument.Editor.WriteMessage(
08         "\n 数据库中几何空间点的数量为{0}个。", CogoPts.Count);
09 }
```

在输入类型名称后，例如 CivilDocument，可能会显示红色波浪线，把鼠标悬停在这个位置，会出现如图 2-8 所示的提示，此时可以点击三角符号或通过快捷键 Ctrl+. 展开选项，在这里可以选择引用 Autodesk. Civil. ApplicationServices 命名空间(图 2-9)。使用 using 指令导入命名空间后,之前的红色波浪线将会消失,说明错误已经更正。

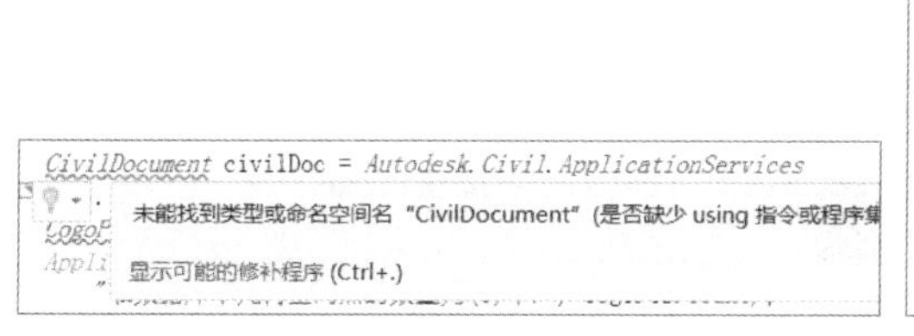

图 2-8　显示修补程序

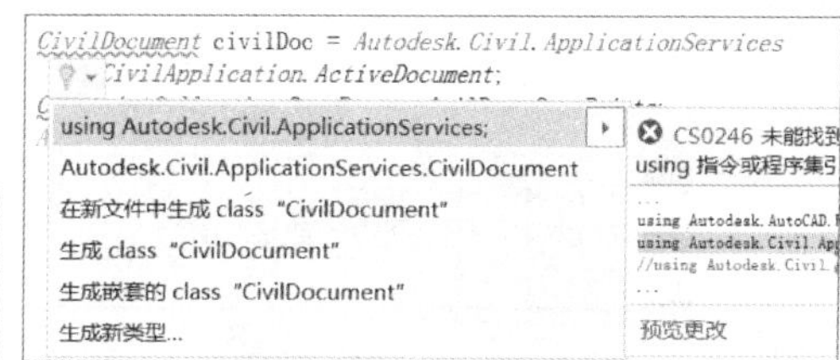

图 2-9　添加 using 指令

2.5　编译

可以通过菜单“生成”→“生成解决方法”或“生成”→“生成选定内容”,或者在解决方案资源管理器中选择相应项目,通过右键菜单选择“生成”进行编译,执行命令后,会在输出窗口显示编译结果,如图 2-10 所示。

如果代码中存在错误,可能会导致编译失败,并且提示若干错误信息,某些情况下错误信息会多得惊人,其实这些错误信息并不一定是真的错误信息。在查找错误时,应遵循从前向后的顺序,依次处理,很多情况下,前面的错误处理后,后面的错误也就自然消失了,这种情况在编译已有代码(例如 AutoCAD 帮助文档中提供的样例代码)时可能会经常遇见。

图 2-10 显示成功生成,但有若干个警告:warning MSB3270,这是因为平台配置选择的是 Any CPU 文件,而引用的库文件为 x64 平台的,如果要消除这些警告信息,可以在项目属性页生成选项卡界面,将“常规”下的目标平台值设置为 x64,如图 2-11 所示。若重新生成,将不再显示该警告信息。

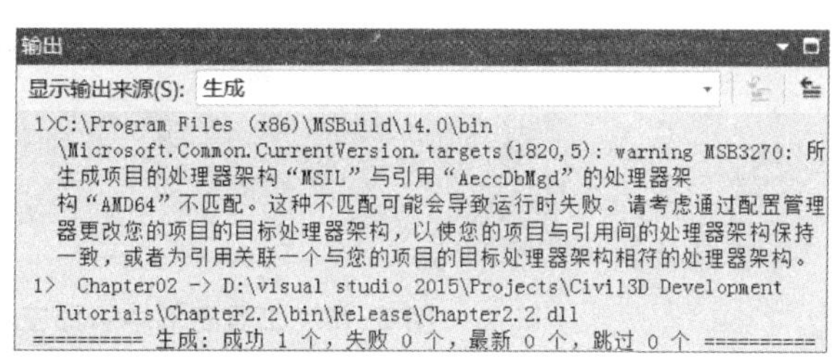

图 2-10　编译结果

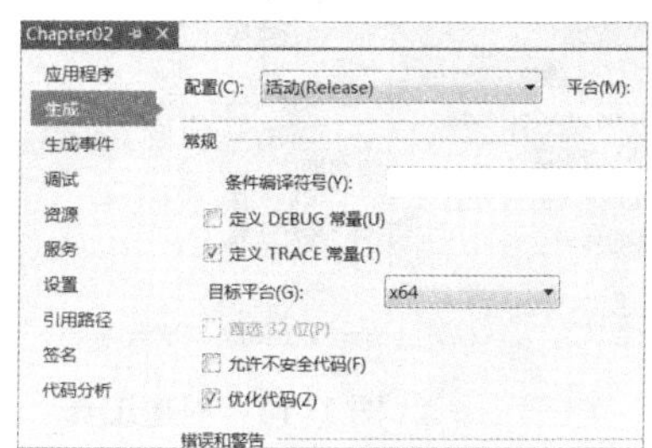

图 2-11　目标平台设置

2.6　加载及运行

2.6.1　手动加载程序及运行命令

启动 AutoCAD Civil 3D,在命令行键入 NetLoad,在选择 .NET 程序集对话框中,浏览 DLL 文件位置并选择相应文件,在对话框右下角点击打开(如果出现安全性-未签名的可执行文件对话框，选择始终加载）。

在命令行中键入相应的命令，如果加载的是本书2.2节中的文件，就可以键入命令MyCommandName，在命令行中将会看到如图2-12所示的输出。若创建若干个几何空间点后，再次运行该命令，显示结果应类似图2-13。

图2-12　测试结果　　　　图2-13　测试结果

2.6.2　通过工具空间加载并运行

（1）在工具空间中，点击编辑工具箱按钮。

（2）在工具箱编辑器中，新建根类别，修改名称，例如教程样例(图2-14)。

（3）新建类别，修改名称，例如第2章。

（4）新建工具，修改名称，例如我的第一个命令；设置执行类型为CMD；选择执行文件，例如D:\visual studio 2015\Projects\Civil 3D Development Tutorials\Chapter2.2\bin\Debug\Chapter2.2.dll；键入宏名称，例如MyCommandName(图2-14)。

（5）点击对话框右上角保存图标并关闭对话框，如果遇到无法保存编辑结果的情况，尝试以管理员权限启动AutoCAD Civil 3D。

关闭工具箱编辑器后，可以在工具空间内看到刚刚创建的工具(图2-15)。

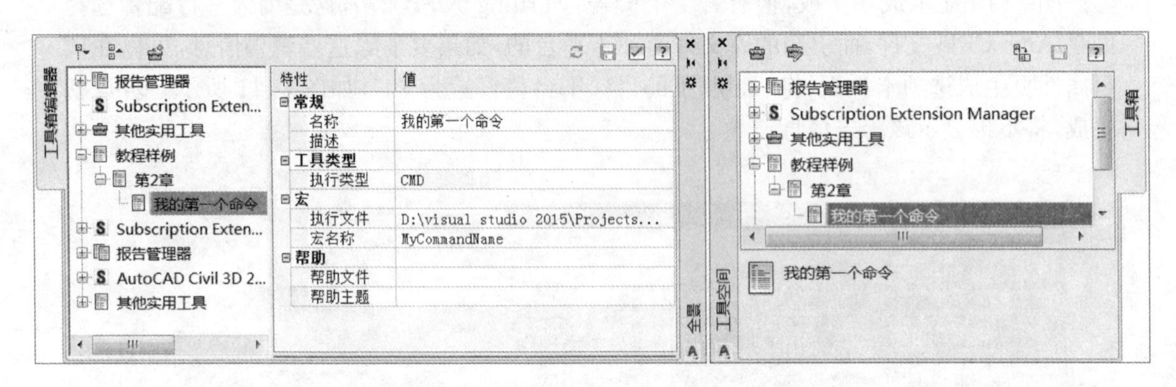

图2-14　创建工具　　　　图2-15　工具空间中添加工具

双击“我的第一个命令”即可执行程序。这样即可省去了手动加载DLL文件的麻烦。

如果在工具箱中积累大量的自定义工具就需要进行备份，或者说要把这些自定义工具与他人分享，可以在类似位置C:\ProgramData\Autodesk\C3D 2017\chs\Data\ToolBox找到ToolBoxCfg.xml文件并备份该文件，当然也可以创建自己的.xml文件并保存在上述位置。

```
01 〈ToolBox〉
02 〈RootCategory name="教程样例"
03              description=""
04              version=""
```

```
05                    iconfile = ""
06                    readonly = "false">
07      <Category  name = "第 2 章"
08                  helpfile = ""
09                  helptopic = ""
10                  tooltip = ""
11                  description = ""
12                  version = ""
13                  iconfile = ""
14                  readonly = "false">
15        <Tool  name = "我的第一个命令"
16                helpfile = ""
17                helptopic = ""
18                tooltip = ""
19                executefile = "D :\visual studio 2015\Projects\Civil3D Development Tutorials\Chap-
                               ter2.2\bin\Debug\Chapter2.2.dll"
20                executetype = "CMD"
21                macroname = "MyCommandName"
22                description = ""
23                readonly = "false"/>
24        </Category>
25      </RootCategory>
26 </ToolBox>
```

2.6.3 通过注册表按需加载

通过向注册表中添加相应的键值，可以实现程序的按需加载。先看一下注册表中相应键值，打开注册表编辑器，找一个 Civil 3D 自带的项，浏览到 HKEY_LOCAL_MACHINE\SOFTWARE\Autodesk\AutoCAD\R21.0\ACAD-0000:804\Applications（这里以 Civil 3D 2017 中文版为例，当为其他版本时，上述路径中的 R21.0（版本）及 804（语言）有所不同），例如找到 CVExport 项，可以看到窗口右侧栏内的键值主要有 4 项。如果电脑上没有 CVEXport 项，也可以查看其他项，如图 2-16 中的 MapPublishUI，或者 ConvertTextUI，Mapiarx（这两项没有 MANAGED 键），可以看到窗口右侧栏内的键值主要有 4 项：

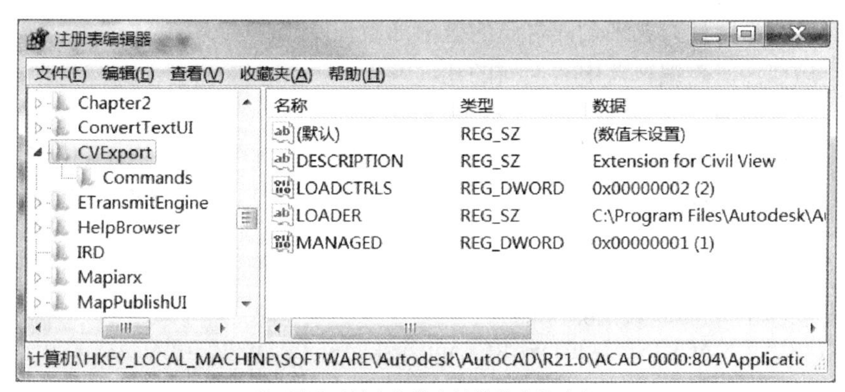

注：图片下端有注册表键值的完整路径

图 2-16　注册表内容示意图

（1）DESCRIPTION：.NET程序集的描述（可选项）。

（2）LOADCTRLS：控制.NET程序集何时以何种方式加载

（3）LOADER：指定要加载的.NET程序集文件。

（4）MANAGED：指定要加载的文件是一个.NET程序集或ObjectARX文件。设置为1时表示加载的为.NET程序集文件，加载ObjectARX文件可以没有此键值。

其中，LOADCTRLS中值（十进制）的含义如下：

1——检测到代理对象时加载程序；

2——AutoCAD启动时加载程序；

4——启动命令时加载程序；

8——用户或另一个应用程序请求时加载程序；

16——不加载程序；

32——显式加载程序。

在CVExport项下还有一名为Commands的子项，该子项保存了所需要的命令，如果上述LOADCTRLS值设置为4时，则当输入Commands命令时，加载相应的程序（图2-17）。

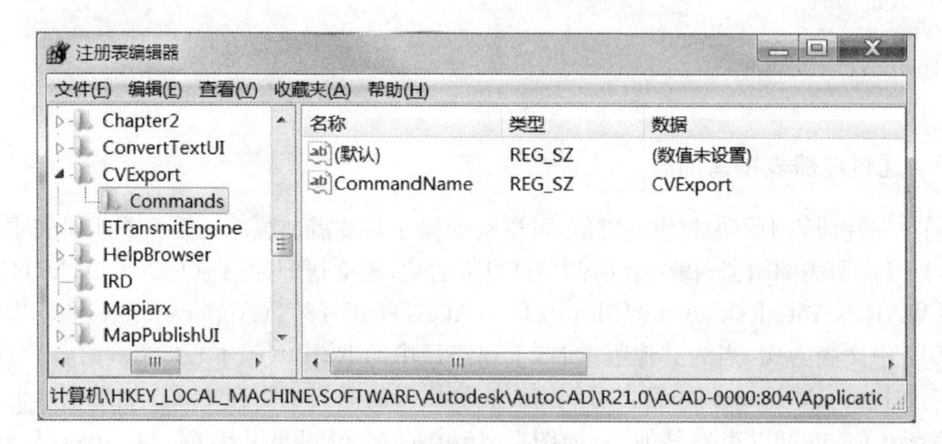

图2-17　命令列表

可以通过至少两种方式来创建自己的键值加载程序。

（1）直接在注册表编辑器中将上面的几项输入；

（2）编写注册表文件，然后合并注册表文件。

在编辑注册表键值时，需要注意键值的数值类型。本例中DESCRIPTION及LOADER为REG_SZ类型，LOADCTRLS及MANAGED为REG_DWORD类型（注意不是QWORD）。

```
01 Windows Registry Editor Version 5.00
02 [HKEY_LOCAL_MACHINE\SOFTWARE\Autodesk\AutoCAD\R21.0\ACAD-0000:804\Applications\Chapter2]
03 "LOADCTRLS"=dword:00000004
04 "LOADER"="D:\\visual studio 2015\\Projects\\Civil 3D Development
```

```
05 Tutorials\\Chapter2.2\\bin\\Debug\\Chapter2.2.dll"
06 "DESCRIPTION" = "程序测试"
07 "MANAGED" = dword:00000001
08 [HKEY_LOCAL_MACHINE\SOFTWARE\Autodesk\AutoCAD\R21.0\ACAD-0000:804\Applica-
   tions\Chapter2\Commands]
09 "MyCommandName" = "MyCommandName"
```

将上述文本保存为 .REG 文件后，可以直接合并入系统注册表，注意上述文件中的 LOADER 对应的路径需要与存放 DLL 文件的路径一致。合并后，再次打开注册表编辑器，可以看到类似截图如图 2-18、图 2-19 所示。

图 2-18　添加注册表键值

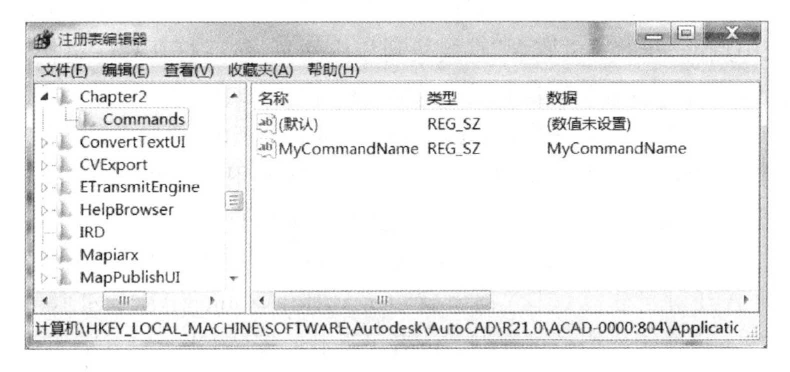

图 2-19　添加命令

这里 LOADCTRLS 设置为 4，即在 AutoCAD 命令行中键入命令(上例中命令为 MyCommandName)时，Chapter2.2.dll 文件将会被自动加载。补充解释一下：上述注册表键值(数据)才是开发者在 AutoCAD 命令行中输入的命令，其名称可以是任意字符串。

2.7　帮助文档

在学习二次开发及进行二次开发的过程中，帮助文档是必不可少的，没有帮助文档的支撑，二次开发代码的编写将寸步难行。AutoCAD Civil 3D 二次开发相关的帮助文档有哪些？

2.7.1 帮助文档

按照帮助文档的内容进行分类，可以分为两类：开发者指南(Developer's Guide)和参考指南(Reference Guide)。开发者指南通过样例代码及相应解释说明展示了如何利用.NET API及COM API编写代码；参考指南则包含了可用对象的完整列表，以便用户查询对象的属性、方法及可能遇到的异常。

对于参考指南，不同的API又分别提供了不同的文档，诸如.NET API Reference Guide、COM API Reference Guide等。因COM API不再更新，所以其参考指南也不再更新，目前在线可供浏览的版本为2012版。

常用的几个开发者指南和参考指南的链接如下：

(1) 2017版开发者指南：

http://help.autodesk.com/view/CIV3D/2017/ENU/?guid=GUID-DA303320-B66D-4F4F-A4F4-9FBBEC0754E0

(2) 2017版.NET API参考指南：

http://docs.autodesk.com/CIV3D/2017/ENU/API_Reference_Guide/

(3) 2012版COM API参考指南：

http://docs.autodesk.com/CIV3D/2012/ENU/API_Reference_Guide/com/getting_started.htm

除了复制、粘贴上述链接之外，读者应掌握自行找到上述链接的方法。

查找最新版本Civil 3D的开发者指南及.NET API参考指南可以通用Civil 3D帮助按钮的下拉列表中点击“开发人员资源”直接找到相应网页，然后打开相应链接。如果要查找AutoCAD相关的帮助文档，则需要在AutoCAD程序的帮助页面上打开相应链接。

如果要查找COM API参考指南，应学会使用搜索引擎，并且选择合适的关键字。比如使用Bing搜索(如果使用其他搜索引擎，结果可能有所不用)关键字IAeccAlignment或者IAeccSite等，能够很轻松找到与上面第3个链接相关的网页。

除了上述Civil 3D相关的文档，还应了解AutoCAD二次开发相关的文档，因AutoCAD所提供的API种类更多，其文档也就更多。其中，ObjectARX SDK中附带了部分.chm格式的文档，以便于离线浏览查询。读者可下载并安装ObjectARX SDK，之后在指定路径内查找相关文档。

2.7.2 如何查看帮助文档

这个问题确实有些简单，简单到读者可能跳过此节内容，在跳过此节内容之前，不妨先对比一下图2-20与电脑中VS帮助查看器中的不同之处。

图2-20 帮助文档

帮助查看器可以把在线帮助文档下载为离线文档，例如VS的帮助文档、.NET Framework等文档，也可以将.mshc文件或.cab文件集成进去，这样的好处在于当按下F1键时，可以直接指向相应的帮助页面。至于如何使用帮助查看器，可以查看帮助查看器的帮助文档，之后可以将 ObjecARX 帮助文档中的内容集成进帮助查看器中，在遇到 AutoCAD 相关的 API 问题时，就可以在文本编辑器中选中相应对象，然后按下 F1 键。

但 Civil 3D 参考指南如何能集成进帮助查看器呢？这才是本节的主要内容。基本过程如下：准备 .chm 格式的帮助文档→转换为 .mshc 文件→添加到帮助查看器。如何实现上面的步骤？

首先，欧特克网站提供了可供下载的 .chm 格式的帮助文档，当作者在编写这部分内容的时候，可下载的版本为 2016 版，如图 2-20 所示。下载了该文件即所需的原材料也准备就绪了。

其次是 mshcMigrate 工具，将 .chm 格式文件转换成为 .mshc 文件。该工具为免费版本，工具下载地址：http://mshcmigrate.helpmvp.com/home，转换后会创建相应的 .mshc 文件、.msha 文件以及 .cab 文件(内容与 .mshc 文件一致，此文件不是必需的)。在转换过程中，注册商标符号会造成一些错误，需要修改 html 文件，这需要通过网页设计的知识来实现。"®"也会出现问题，会被替换成"& reg"，因此需要用"®" 来表示注册商标符号。

最后，添加到帮助查看器是最简单的一步，在帮助查看器管理内容页面，点击“磁盘”，然后浏览到刚创建的.msha 文件……

第3章 程序设计基础

——打好基础是成功的一半

本章重点

◇ 掌握最基本的程序设计知识

◇ 字符串的操作

◇ 集合的操作

◇ 类型转换

◇ 熟悉命名空间

软件的二次开发是程序设计，开发人员必须要具备一定的程序设计基础知识。本章所涉及的知识点是在AutoCAD及Civil 3D二次开发中经常用到的，是Civil 3D二次开发人员必须熟练掌握的内容。除此之外，开发人员还应学习面向对象程序设计的知识，了解对象(Object)、类(Class)、继承、多态等相关概念。

3.1 数据类型和操作符

3.1.1 常量与变量

常量是指在程序执行过程中其值不变的量。如果某个值在程序中多次出现，且其值是个固定值，则可以考虑将该值定义为常量。

变量是指在程序执行过程中其值可以变化的量。任何变量都应具备两个特点：变量名和数据类型。其中，变量名可以方便使用者访问变量中所存储的数据，而数据类型决定了变量的存储方式。为了变量的正常使用，需要为变量分配存储空间，变量名其实就是为其所分配的内存空间的别名，通过变量名来访问相应存储空间中所存储的数据。

回头看一下本书1.4节代码第4行：

Document doc=Application.DocumentManager.MdiActiveDocument;

这里声明了一个类型为Document、名称为doc的变量，并且在声明变量的同时为其赋初始值Application.DocumentManager.MdiActiveDocument(确切地讲是初始化器)，接下来用一些简单类型举例，进一步讲解如何声明变量及为变量赋值。

1. 变量声明

简单的声明包括类型，一个或多个变量名(以逗号分隔并以分号结束)。例如：

```
int i;
double x, y, z;
```

变量名可以是字母、数字和下划线的任意组合，但第一个字符必须是字母或下划线，为了保证代码的可读性，名字应有意义，而且自己用的命名规范应统一。C#语言是区分大小写的语言，例如声明 someVariable 和 SomeVariable 就是两个不同的变量，用这种方式区分变量并不是一个好习惯，容易搞错，查找错误时又不容易发现，因此还是应采用有意义的名称来代表不同的变量。

声明变量的同时，可以采用初始化器进行初始化(例如 int i=0;)，但这不是必需的。

2. 变量赋值

对于初学者来说，变量的赋值是一个需要注意的问题，初学者经常忘记为变量赋值，从而导致程序结果出现错误，甚至造成内存访问错误进而导致程序崩溃。因此，要确保变量在被使用前进行正确的赋值操作。

赋值操作符为"="，也就是数学运算里的等号，同一个符号，在不同的学科里表示的意义并不同，要注意区分。

赋值操作符左侧为变量名，右侧为要存储到变量中的值。所赋的值要么与变量同类型，要么由编译器自动转换，要么由程序员显示转换为正确的类型。

关于类型转换，在后续章节中将详细讲述。

```
double x, y, z;
x  =4.56;
y=x;
z=x*2+y;
int i=0;
i=(int)x;                    //i的值为4,小数部分被截掉
```

3.1.2 简单数据类型

1. bool

bool类型是最简单的一种数据类型，仅占一个字节(理论上一个二进制位就足以容纳一个布尔类型的值)，在条件表达式或条件语句中表示真或假。

在C#语言中，bool类型的变量仅有两个值，true或false。可以通过！运算符来实现true和false两种状态的转换。

另外在C#语言中，不存在bool类型与其他类型之间的相互转换(在C++语言中，bool类型的值可转换为int类型的值；也就是说，false等效于零值，而true等效于非零值)。

2. 整数类型

在C#语言中有8种整数类型(表3-1)，可以选择最恰当的一种存放数据，避免浪费资源。

表 3-1　　整数类型

类型	范围	大小
sbyte	－128～127	有符号 8 位整数
byte	0～255	无符号 8 位整数
short	－32 768～32 767	有符号 16 位整数
ushort	0～65 535	无符号 16 位整数
int	－2 147 483 648～2 147 483 647	有符号 32 位整数
uint	0～4 294 967 295	无符号 32 位整数
long	－9 223 372 036 854 775 808～9 223 372 036 854 775 807	有符号 64 位整数
ulong	0～18 446 744 073 709 551 615	无符号 64 位整数

3. char

char 用来表示 Unicode 字符，char 对象的值是 16 位数字(序号值)。char 类型的常数可以写成字符、十六进制换码序列或 Unicode 形式。您也可以显式转换整数字符代码。

表 3-2　　字符类型

类型	范围	大小
char	U＋0000～U＋ffff	16 位 Unicode 字符

4. 浮点型

在 C＃语言中主要有两类浮点类型表示小数，分别是 float 和 double，其中 float 存储 32 位浮点值，double 存储 64 位浮点值。

表 3-3　　浮点型数据

类型	大致范围	后缀标记	精度
float	$\pm1.5\times10^{-45}$～$\pm3.4\times10^{38}$	F/f	7 位
double	$\pm5.0\times10^{-324}$～$\pm1.7\times10^{308}$	M/m	15～16 位

3.1.3　算数运算符

1. 基本算数运算符

＋：加法运算符或正值运算符，如 1＋2，＋3；

－：减法运算符或负值运算符，如 1－2，－3；

*：乘法运算符，如 2*3；

/：除法运算符，如 2/3，2.0/3；

%：模运算符(求余数)，如 2%3(结果为 2)，2.5%1.7(结果为 0.8)。

这里需要注意的是整数相除的结果为整数，小数部分会被舍掉。

运算符的优先级及结合性有具体规定，可在 C＃语言的参考中查找相关的规定，关键字：C＃运算符。

算数运算符产生的结果，可能会超出变量类型的上限，也就是“溢出”，所以在涉及数值计算的问题时，应选择合适的数据类型。

2. 自增(++)自减(--)运算符

自增(++)自减(--)运算符都是使用频率相当高的两种快捷表达方式。它们都具有两种形式：前缀和后缀。形式 i++称为后缀自增，该运算的结果是操作数增加之前的值；形式++i 称为前缀自增，该操作的结果是操作数加 1 之后的值。

自增、自减运算一般用于整型数据类型变量，事实上它们也可以用于浮点型数据类型，图 3-1 为下列程序的测试结果。

```
01 static void Main(string[] args)
02 {
03     double x;
04     x=1.5;
05     Console.WriteLine(++x);
06     x=1.5;
07     Console.WriteLine(x++);
08     Console.WriteLine(x);
09 }
```

图 3-1 测试结果

3.1.4 关系与逻辑运算符

关系运算符与逻辑运算符的运算结果都是布尔值，要么为 true，要么为 false。

1. 关系运算符

关系运算符用于比较两个变量的大小关系。关系运算符有如下这些：

== 等于

!= 不等于

> 大于

< 小于

>= 大于或等于

<= 小于或等于

```
01 static void Main(string[] args)
02 {
03     int a=1, b=2;
04     Console.WriteLine(a == b);
05     Console.WriteLine(a != b);
06     Console.WriteLine(a > b);
07     Console.WriteLine(a >= b);
08     Console.WriteLine(a < b);
09     Console.WriteLine(a <= b);
10 }
```

图 3-2 测试结果

上述代码的测试结果如图 3-2 所示。

2. 逻辑运算符

逻辑运算符用于对一个或两个布尔类型的操作数进行操作，得到的结果类型仍为布尔型。逻辑运算等具体如下。图 3-3 为小程序的测试结果。

!　　非(一元运算符)

&&　短路与(两个操作数中有一个为 false，结果为 false)

&　　非短路与(两个操作数中有一个为 false，结果为 false)

||　　短路或(两个操作数中有一个为 true，结果为 true)

|　　非短路或(两个操作数中有一个为 true，结果为 true)

^　　异或(两个操作数不同时结果为 true，否则为 false)

```
01 static void Main(string[ ] args)
02 {
03     bool a = true, b = false;
04     Console.WriteLine(!a);
05     Console.WriteLine(a && b);
06     Console.WriteLine(a & b);
07     Console.WriteLine(a || b);
08     Console.WriteLine(a | b);
09     Console.WriteLine(a ^ b);
10 }
```

图 3-3　测试结果

短路与非短路的区别如下：当左侧表达式能确定整个表达式的结果时，不再计算右侧表达式的值，例如上述代码第 7 行，当计算出表达式 a 结果为 true 时，不管 b 为 true 或 false，都可以判定表达式 a||b 的结果为 true，因此不再计算表达式 b 的值，而直接得出整个表达式的值。而第 8 行，仍要计算表达式 b 的值，显然第 8 行代码进行的运算要比第 7 行多一些。

此外逻辑运算符与位运算符有许多类似之处，可以对比学习。

3.1.5　值类型与引用类型

在 C# 语言中，所有类型都可划分为值类型和引用类型。值类型包括简单类型、结构体类型和枚举类型；引用类型包括自定义类、数组、接口、委托等。

值类型直接存储其值，变量本身就包含了其实例数据，而引用类型保存的只是实例数据的内存引用。因此，一个值类型变量永远不会影响到其他的值类型变量，而两个引用类型变量则很有可能指向同一地址，从而发生相互影响。

从内存分配上看，值类型通常分配在线程的堆栈上，作用域结束时，所占空间自行释放，效率高，无须进行地址转换，引用类型通常分配在托管堆上，由 GC(Garbage Collection)控制其回收，需要进行地址转换，效率降低。

下面通过简单示例来演示值类型与引用类型的区别。

```
01 class MyInt                                           //类是引用类型
02 {
03     public int I;
04 }
05 static void Main(string[] args)
06 {
07     int num1 = 123;                                   //简单数据类型为值类型
08     int num2 = num1;                                  //将值复制给新变量
09     num1 = 345;                                       //修改 num1 的值并不影响 num2 的值
10     Console.WriteLine("num1 = {0,-10}num2 = {1}", num1, num2);
11     MyInt i1 = new MyInt();                           //类类型为引用类型
12     i1.I = 123;
13     MyInt i2 = i1;                                    //进行引用复制
14     i1.I = 345;                                       //修改 i1 的值,将影响 i2 的值。
15     Console.WriteLine("i1.I = {0,-10}i2.I = {1}", i1.I, i2.I);
16 }
```

简单数据类型为值类型，这里用 int 类型为例，创建两个变量：num1 和 num2，其中 num2 的值是通过复制 num1 的值得到的，之后修改 num1 的值，因为值类型的变量分别进行存储，改变一个变量的值，并不会影响另一个变量的值，所以修改 num1 的值并不影响 num2 的值。

类类型为引用类型，这里创建了一个简单的自定义类 MyInt(本书未涉及面向对象的知识，如果您对类尚不熟悉，需要查阅相关资料进行学习，例如搜索关键字：面向对象程序设计)，只包含一个简单的数据成员 I。同样定义两个变量，i1 和 i2，i2 是通过复制 i1 的引用完成的赋值，i1 和 i2 占用同一块内存，任何一个变量值的变化，都会影响到另一个变量。这里修改 i1 的值，i2 的值同时发生改变，测试结果如图 3-4 所示。

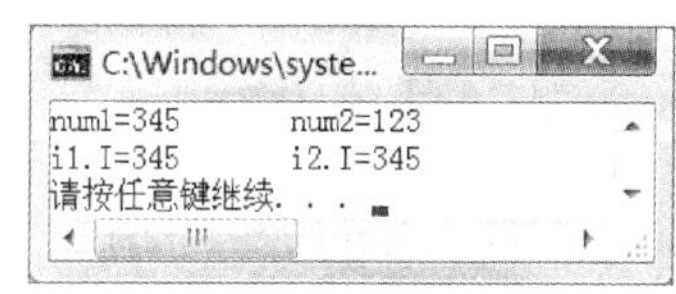

图 3-4　测试结果

关于值类型与引用类型，这里介绍一下简单的概念，了解值类型与引用类型的存在，更多详细信息可查阅其他相关书籍或网络搜索相关资料，例如：VS 文档→Visual Basic 和 Visual C# → Visual C# → C#参考→ C#关键字→类型，这里不再累述。

3.2　方法

方法(Method)是包含一系列语句的代码块。程序通过“调用”方法并指定所需的参数执行语句。在 C#中，每个执行指令都是在方法的上下文中执行的。

3.2.1　方法签名

通过指定方法的访问级别(例如 public 或 private)、可选修饰符(例如 abstract 或 sealed)、返回值、名称和任何方法参数，可以在类(class)或结构(structure)中声明方法。这些部分统称为方法的“签名”。

方法参数括在括号中,用逗号隔开。空括号表示方法不需要参数。

下面是一个简单的方法:

```
01 class Demo
02 {
03     static public void Swap(ref int a, ref int b)
04     {
05         int tmp=a;
06         a=b;
07         b=tmp;
08     }
09 }
```

这个方法实现的功能是将两个变量的值进行交换。

static关键字说明此方法为静态方法;public说明此方法为公有方法,可供其他类访问;void为方法的返回值类型,这里不返回任何值,所以采用void类型(空类型);Swap为函数名称;(ref int a, ref int b)为参数列表,这里有两个int类型的参数a和b, ref关键字表示通过引用传递参数。

3.2.2 方法访问

在对象上调用方法类似于访问字段。在对象名称之后,依次添加句点、方法名称和括号。参数在括号内列出并用逗号隔开。

```
01 class Program
02 {
03     static void Main(string[] args)
04     {
05         int A=3;
06         int B=4;
07         Console.WriteLine("交换前:A={0,-10}B={1}", A, B);
08         Demo.Swap(ref A, ref B);
09         Console.WriteLine("交换后:A={0,-10}B={1}", A, B);
10     }
11 }
```

代码第8行调用了本书3.2.1节中的方法,该方法为静态方法,因此不需创建类的实例,直接通过类名即可访问,注意这里的参数采用了引用方式传递,因此在实参前也需要添加ref关键字。

程序运行结果如图3-5所示。

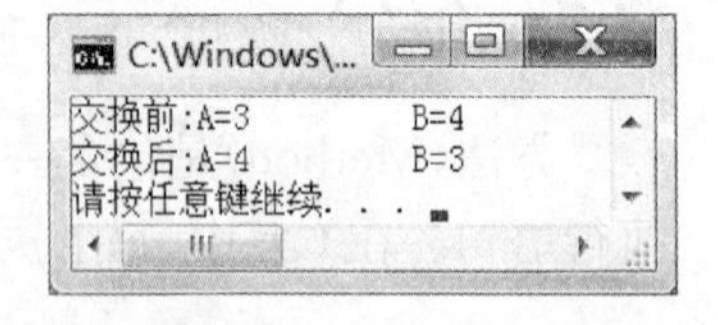

图3-5 测试结果

3.2.3 方法参数

方法定义指定所需任何“形参”的名称和类型。调用代码在调用方法时,将为每个形参提供称为“实参”的具体值。实参必须与形参类型兼容,但调用代码中使用的实参名称(如果有)不必与方法中定义的形参名称相同。如下：

```
static public void Swap(ref int a, ref int b)
Demo.Swap(ref A, ref B);
```

上面小节代码中的参数a，b即为形参;调用方法Swap时变量A，B为实参。这里的关键字ref将在3.2.5节讲解。

3.2.4　返回值

方法可以向调用方返回值。如果返回类型(方法名称前列出的类型)不是void,则方法可以使用return关键字来返回值。如果语句中return关键字的后面是与返回类型匹配的值,则该语句将该值返回给方法调用方。return关键字还会停止方法的执行。如果返回类型为void,则可使用没有值的return语句来停止方法的执行。如果没有return关键字,方法执行到代码块末尾时即会停止。具有非void返回类型的方法才能使用return关键字返回值。例如,下面的两个方法使用return关键字来返回整数：

```
01 class SimpleMath
02 {
03     public int AddTwoNumbers(int number1, int number2)
04     {
05         return number1 + number2;
06     }
07     public int SquareANumber(int number)
08     {
09         return number * number;
10     }
11 }
```

若要使用从方法返回的值,调用方法可以在本来使用同一类型的值就已足够的任何位置使用方法调用本身。还可以将返回值赋给变量:例如,下面的代码示例可实现相同的目的：

```
01 int result = obj.AddTwoNumbers(1, 2);                      //返回值存储到变量
02 result = obj.SquareANumber(result);
03 Console.WriteLine(result);                                  //结果为9
04 result = obj.SquareANumber(obj.AddTwoNumbers(1, 2));       //返回值直接作为实参
05 Console.WriteLine(result);                                  //结果为9
```

3.2.5　通过引用传递参数

关键字ref和out都可以实现参数的引用传递。在方法中对参数的任何修改,都将反应在调用方的基础参数中,引用参数的值与基础参数变量的值始终是一样的。

1. ref

使用ref关键字的典型例子是交换两个变量的值,即本书3.2.1节中的代码。为了演示区

别,先来看一下,如果不采用 ref 关键字,程序是否能够达到预期效果——交换两个变量的值。

修改本书 3.2.1 节中的代码如下(去掉了 ref 关键字,并添加了一条输出信息):

```
01 class Demo
02 {
03     static public void Swap(int a, int b)
04     {
05         int tmp=a;
06         a=b;
07         b=tmp;
08         Console.WriteLine("交换中:a={0,-10}b={1}", a, b);
09     }
10 }
```

修改 Main 方法:

```
01 static void Main(string[] args)
02 {
03     int A=3;
04     int B=4;
05     Console.WriteLine("交换前:A={0,-10}B={1}", A, B);
06     Demo.Swap (A, B);
07     Console.WriteLine("交换后:A={0,-10}B={1}", A, B);
08 }
```

运行结果如图 3-6 所示。虽然调用了方法 Swap,但变量 A, B 的值并未改变,程序并未达到预期目的。如果要实现预期目的, ref 关键字是必需的。

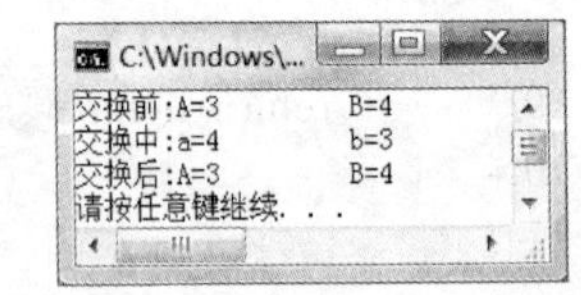

图 3-6 测试结果

2. out

使用 out 关键字的典型实例是需要同时返回多个值。默认情况下程序可以返回一个值,但会遇到需要返回多个值的情况,这种情况下通过程序返回值不易实现,可以通过添加关键字 out 来实现。

```
01 static void OutDemo(double l, out double perimeter, out double area)
02 {
03     perimeter=4 * l;          //计算正方形周长
04     area=l * l;               //计算正方形面积
05}
```

上面这段简单的代码实现了计算正方形周长及面积的功能,可能这个方法并不实用,但放在这里用来说明 out 的用法却足够明了。

```
01 static void Main(string[] args)
02 {
03     double l=2.2;
04     double pm, area;
```

```
1·05        OutDemo(1, out pm, out area);
06      Console.WriteLine("正方形边长为{0},周长为{1},面积为{2}", 1, pm, area);
07 }
```

测试结果如图 3-7 所示。

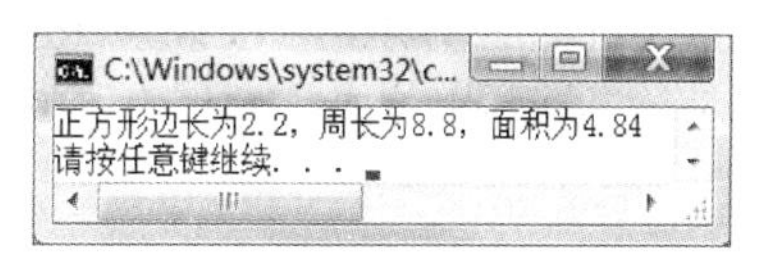

图 3-7　测试结果

ref 和 out 作用类似，它们之间有细微的差别：传递给 ref 参数在使用前必须初始化，传递给 out 参数不需要显示初始化。

3.2.6　方法的递归调用

什么是递归？简单地说就是自己调用自己的方法，实现多次循环，当遇到指定条件时跳出循环。一个不恰当的实例，给孩子讲故事：从前有座山，山里有座庙，庙里有个老和尚讲故事，讲的是什么呢？从前有座山，山里有座庙，庙里有个老和尚讲故事……听故事的孩子睡着了，故事也就结束了。

递归方法的一个经典的例子就是求阶乘。代码如下：

```
01 static ulong Factorial(ulong n)
02 {
03      if (n == 0) return 1;
04      return n * Factorial(n-1);
05 }
```

代码虽然很简单，但对初学者来说可能会看的一头雾水，根本读不懂这两行代码。为了清楚讲解这个问题，先来看一下阶乘的定义：

对于 n>0，n！=1×2×，…，×n，并且 0！=1。

用简单的实例来说：

0！=1

1！=1

2！=1×2=2

3！=1×2×3=6

4！=1×2×3×4=24

通过归纳分析，不难发现有以下规律：

0！=1

n！=n×(n−1)！

因此 n=0 作为跳出“循环”条件，这个非常重要，如果没有这个条件，程序无限地循环下去，崩溃是必然的。在编写递归方法时应格外注意这个问题。

有了以上的解释，回头再看代码就清楚了许多。代码第 3 行，当 n 等于 0 时，返回 1；代码第 4 行，当 n 大于 0 时，返回 n×(n−1)！。方法通过不断地调用自己，每调用一次 n 就减小 1，直到为 0 时，不再调用自己，而是直接返回 1。

以下为测试代码：

```
01 static void Main(string[] args)
02 {
03     Console.Write("输入一个非负整数:");                    //提示信息
04     ulong n;                                              //定义变量
05     ulong.TryParse(Console.ReadLine(), out n);            //输入的字符转换为 ulong 类型
06     Console.WriteLine("{0}的阶乘为{1}", n, Factorial(n)); //输出信息
07 }
```

为了计算不同整数值的阶乘结果，代码第 5 行通过 Console.ReadLine()方法获取输入的整数值，注意这个方法的返回值类型为 string，所以要将其转换成 ulong 类型。代码第 6 行输出了计算结果。测试结果如图 3-8 所示（注意如果输入的整数稍大，阶乘结果可能会溢出）。

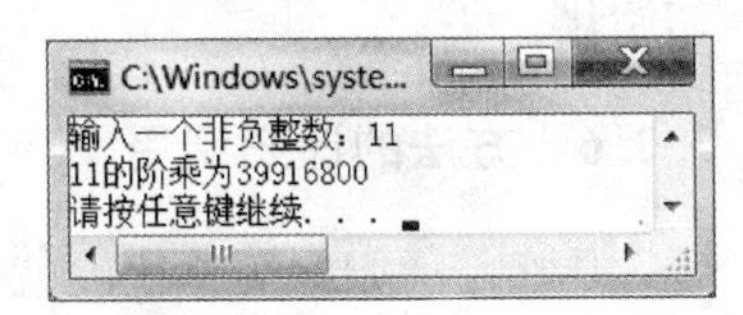

图 3-8　测试结果

3.3　选择语句

3.3.1　if 语句

在应用程序中执行选择的最常见的方法就是使用 if 语句。可以使用 if 语句进行单路、双路、多路及嵌套测试。

```
01 static void Main(string[] args)
02 {
03     Random r = new Random();
04     int i = r.Next(10);                              //生成不大于 10 的随机数
05     Console.WriteLine("单路测试:i = {0}", i);        //进行单路测试
06     if (i< 4)
07     {
08         Console.WriteLine("随机数<4。");
09     }
10
11     i = r.Next(10);                                  //重新生成不大于 10 的随机数
12     Console.WriteLine("双路测试:i = {0}", i);        //进行双路测试
13     if (i< 4)
14     {
15         Console.WriteLine("随机数<4。");
16     }
17     else
18     {
19         Console.WriteLine("随机数> = 4。");
20     }
21
22     i = r.Next(10);                                  //重新生成不大于 10 的随机数
23     Console.WriteLine("多路测试:i = {0}", i);        //进行多路测试
24     if (i< 4)
25     {
```

```
26          Console.WriteLine("随机数<4。");
27        }
28        else if (i< 8)
29        {
30          Console.WriteLine("4<=随机数<8。");
31        }
32        else
33        {
34          Console.WriteLine("随机数>=8。");
35        }
36
37        i=r.Next(10);                                //重新生成不大于 10 的随机数
38        Console.WriteLine("嵌套测试:i={0}", i);     //进行嵌套测试
39        if (i< 4)
40        {
41          Console.WriteLine("随机数<4。");
42        }
43        else
44        {
45          Console.WriteLine("随机数>=4。");          //当随机数>=4 时,判断奇偶
46          if (i % 2==0)
47          {
48              Console.WriteLine("随机数为偶数。");
49          }
50          else
51          {
52              Console.WriteLine("随机数为奇数。");
53          }
54        }
55 }
```

每次测试的结果应不同,如图 3-9 所示。

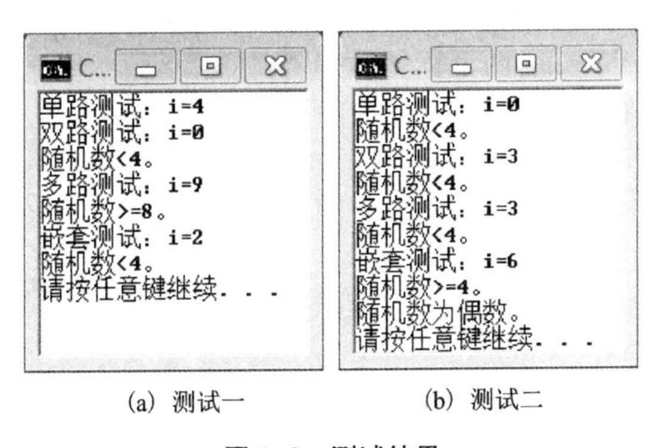

(a) 测试一　　(b) 测试二

图 3-9　测试结果

在上面的例子中,分别进行了单路、双路、多路和嵌套测试。根据随机数的不同,输出结果也不相同。

3.3.2 switch 语句

另外一种选择语句是 switch 语句，switch 语句包含一个或多个开关部分，每个开关部分包含一个或多个 case 标签，后接一个或多个语句。

```
01 static void Main(string[] args)
02 {
03     Random r = new Random();
04     int i = r.Next(10);
05     Console.WriteLine("随机数 i = {0}", i);
06     switch (i)
07     {
08       case 1:
09           Console.WriteLine("随机数 = 1。");
10           break;
11       case 2:
12           Console.WriteLine("随机数 = 2。");
13           break;
14       case 3:
15       case 4:
16           Console.WriteLine("随机数 = 3 或 = 4。");
17           break;
18       default:
19           Console.WriteLine("随机数! = 1、2、3、4。");
20           break;
21     }
22 }
```

上例中，case1 和 case2 标签很简单，分别执行相应的语句；case3 和 case4 两个标签执行同一部分语句，这是允许的；另外一个标签 default，在上面的标签都不包含匹配值时执行，如果没有default部分，则不会执行任何操作。测试结果如图 3-10 所示。

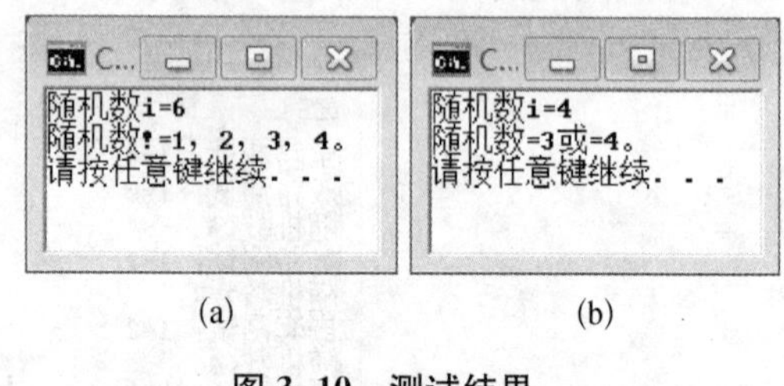

图 3-10 测试结果

3.4 循环语句

3.4.1 for 循环

使用 for 循环，可以反复运行语句或语句块，直到指定的表达式计算为 false。这种循环是用于循环访问数组以及事先知道应用程序循环多少次。

```
01 static void Main(string[] args)
02 {
03     for (int i=1; i <= 5; i++)
04     {
05         Console.WriteLine(i);
06     }
07 }
```

示例中的 for 语句执行以下操作。

首先，变量 i 初始值建立，无论循环发生多少次，此步骤都会执行一次。这个初始化过程也可以循环外部完成。

计算条件(i<=5)，即 i 的值与 5 比较。如果 i 小于或等于 5，该条件结果为真(true)，进行以下操作。在循环主体的 Console.WriteLine 语句输出 i 的值。之后，i 的值增加 1。循环回起点，再次计算该条件。如果 i 大于 5，该条件的计算结果为假(false)，因此，退出循环。如果 i 的原始值大于 5，循环体一次都不会运行。测试结果如图 3-11 所示。

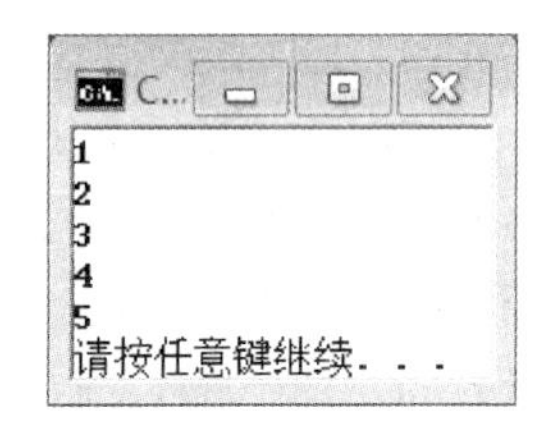

图 3-11　测试结果

3.4.2　foreach 循环

foreach 语句对实现 System.Collections.IEnumerable 或 System.Collections.Generic.IEnumerable〈T〉接口(Civil 3D 中集合多数实现了此接口)的数组或对象集合中的每个元素重复一组嵌入式语句。foreach 语句用于循环访问集合，以获取您需要的信息，但不能用于在源集合中添加或移除项，否则可能产生不可预知的副作用。如果需要在源集合中添加或移除项，请使用 for 循环。在后续的实例中，向纵断面添加变坡点，就不能使用 foreach 循环，必须使用 for 循环。

嵌入语句为数组或集合中的每个元素继续执行。当为集合中的所有元素完成迭代后，控制传递给 foreach 块之后的下一个语句。

可以在 foreach 块的任何点使用 break 关键字跳出循环，或使用 continue 关键字进入循环的下一轮迭代。

```
01 static void Main(string[] args)
02 {
03     int[] nums = new int[] { 1, 3, 4, 5, 6, 7, 8 };
04     Console.WriteLine("输出每个元素:");
05     foreach (int i in nums)
06     {
07         Console.WriteLine(i);
08     }
09     Console.WriteLine("遇到偶数时跳过:");
10     foreach (int i in nums)
11     {
12         if (i % 2 == 0) continue;
13         Console.WriteLine(i);
```

```
14         }
15         Console.WriteLine("遇到偶数时跳出循环:");
16         foreach (int i in nums)
17         {
18             if (i % 2 == 0) break;
19             Console.WriteLine(i);
20         }
21 }
```

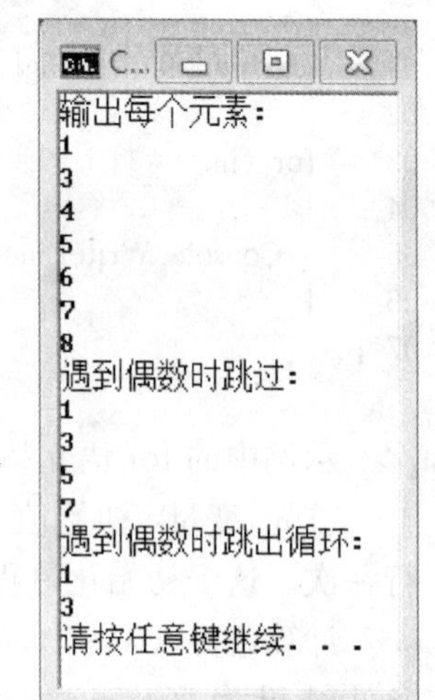

图 3-12　测试结果

以上代码的测试结果如图3-12所示。

本例中第一个 foreach 循环依次输出数组中各元素;第二个 foreach 循环中加入了 if 语句,当 i 为偶数时执行 continue,直接进行下一循环;第三个 foreach 循环中 if 语句,当 i 为偶数时执行 break,终止循环。continue 及 break 在 AutoCAD 集合操作中非常有用,及时跳过或跳出,提高程序的执行效率。

3.4.3　while 和 do while 循环

while 语句执行一个语句或语句块,直到指定的表达式计算为假。

do 语句重复执行一个语句或语句块,直到指定的表达式计算为假。循环体必须括在大括号{}内,除非它由单个语句组成,在这种情况下,大括号是可选的。

与 while 语句不同的是,do-while 循环会在计算条件表达式之前执行一次。图 3-13 为程序测试结果。

```
01 static void Main(string[] args)
02 {
03     int i=0;
04     Console.WriteLine("while 循环:");
05     while (i< 5)
06     {
07         Console.WriteLine(i);
08         i++;
09     }
10     Console.WriteLine("do while 循环:");
11     do
12     {
13         Console.WriteLine(i);
14         i++;
15     } while (i< 5);
16 }
```

图 3-13　测试结果

本例 while 循环中,当 i=5 时,不满足条件 i<5,跳出循环;之后 do while 循环开始,执行输出语句及自加运算后,i=6 条件表达式 i<5 结果为假,终止循环。读者可自行将 do while 条件表达式改为 i<6，i<7,并分析运算过程。

3.5 字符串的操作

C#语言中,类 string 表示基本字符串类型,字符串是由零个或多个字符组成的有限序列,字符串是一个字符数组。string 属于引用类型,但却有值类型的行为,在使用过程中注意其特殊之处。string 对象的另外一个特点是不可更改:每次对 string 对象的修改,都会开辟一块新的空间,创建一个新的 string 对象。

在之前的样例代码中多处使用了字符串,以本书 2.4 节代码为例:

```
07      Application.DocumentManager.MdiActiveDocument.Editor.WriteMessage(
08              "\n数据库中几何空间点的数量为{0}个。", CogoPts.Count);
```

这里向命令行输出的就是字符串,即代码第 8 行中双引号("")中间的那一部分。这里使用了 string.Format()方法,这种用法在 AutoCAD 及 Civil3D 二次开发过程中经常会用到,除此之外,经常用到的方法还有 string.Compare(),string.Equals(),string.Split()等多种,下面逐一通过示例来进行演示。

3.5.1 字符串的比较

string.Compare()方法用来比较两个字符串,返回值为−1，0 或 1,表示字符串在排序顺序中的位置,不确切的讲法是可以表示字符串的“大小”。

```
string.Compare("abc", "def")              //返回值为-1,表示abc比def“小”
string.Compare("abc", "ABC"));            //返回值为-1
string.Compare("abc", "ABC", true));      //返回值为0,这里忽略了大小写
```

该方法有多种重载方式,上述示例只展示了两种用法,更多的重载形式可查阅帮助文档,以获取更多的信息。

当返回值等于 0 时,表示两个字符串相等,因此可以通过这个方法来判断两个字符串是否相等。除此之外,还可通过 Equals()方法判断字符串是否相等,该方法返回值类型是 bool 类型。

```
string.Equals("abc","ABC")            //返回False,表示两个字符串不相等
"abc".Equals("ABC");                  //返回False,使用string对象的方法进行比较
```

3.5.2 字符串的拆分

将字符串拆分成若干个字符串,可以通过 Split()方法来实现,该方法返回字符串数组。

如果需要把"123.45，321.54，0.0"按照逗号分隔拆分成 3 个字符串,可以通过以下方法实现:

```
01 string str="123.45,321.54,0.0";
02 string[] strs=str.Split(',');
03 Array.ForEach(strs, x=>Console.WriteLine(x));
```

代码第 3 行将数组逐个输出到控制台，具体用法将在后续章节中涉及，如果不明白其用法，在此不必深究，应着重查看代码的第 2 行，这里使用 Split(',')将字符串进行拆分，',' 作为分隔符，将不会出现在拆分后的字符串中，测试结果如图 3-14 所示。

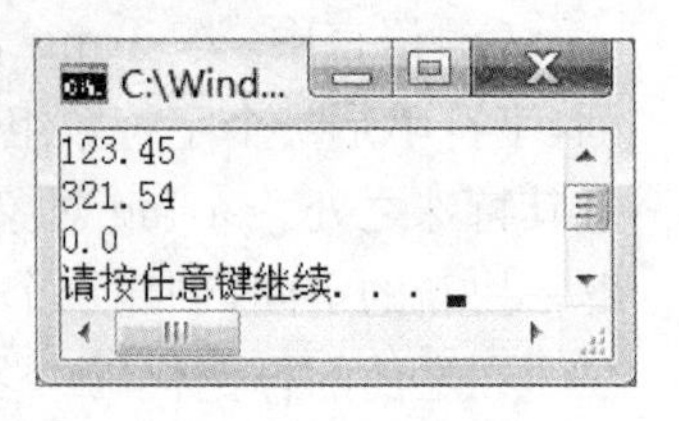

图 3-14　测试结果

如果打算把上述字符串按照点及逗号分隔拆分，只需修改参数为 Split(',','.')。思考一下，如果是空格分隔的字符串，又该如何拆分呢?

3.5.3　获取指定字符串的位置

字符或子字符串在字符串中的第一个匹配位置可容易通过 IndexOf()方法实现，最后一个位置可以通过 LastIndexOf()方法实现。这两个方法均有多种形式的重载。注意 C# 语言中索引值从 0 开始。

如果获取字符串"Border&Contours&SlopeArrows"中字符 '&' 的第一个位置，可以用以下代码来实现：

```
01 string str="Border&Contours&SlopeArrows";
02 int n=str.IndexOf('&');
03 Console.WriteLine(n);
```

如果要获取字符 'o' 第二次出现的位置，可以通过另一种重载形式来实现，增加起始的索引值。

```
01 string str="Border&Contours&SlopeArrows";
02 int n1=str.IndexOf('o');
03 int n2=str.IndexOf('o', n1+1);
04 Console.WriteLine(n2);
```

这里先查找第一次出现的位置，然后从第一次出现的位置后继续“查找”，即可找到第二次出现的位置。

如果要获取字符 'o' 最后一次出现的位置，代码如下：

```
01 string str="Border&Contours&SlopeArrows";
02 int n=str.LastIndexOf('o');
03 Console.WriteLine(n);
```

这里使用了另一个方法 LastIndexOf()，其用法与 IndexOf()方法类似。除了确定字符的位置，还可以确定字符串的位置，此时只需将参数设为相应字符串即可，读者可自行进行测试。

问题：如果要获取字符 'o' 倒数第二次出现的位置，代码又该如何写呢？

3.5.4　字符串的提取

当需要提取字符串的一部分，或者称为子字符串，可以通过 Substring()方法实现。

如果要将字符串"Corridor_-_(1)_Top"中的"Top"提取出来(注意字符串中共有 3 个空格，加下划线的部分，其中字符 T 之前有一个空格)，其代码如下：

```
01 string str = "Corridor - (1) Top";
02 string substr = str.Substring(str.LastIndexOf(' ') + 1);      //注意 '' 中间有空格
03 Console.WriteLine(substr);
```

代码第 2 行中使用了之前的方法 LastIndexOf()，用来获取最后一个空格的位置，加 1 之后即为字符 'T' 的位置，确定字符 'T' 的位置还有更简单的办法，读者需认真思考并动手实验。方法 Substring(int index)从 index 位置开始，提取此位置后的所有字符(包含当前字符)。

如果要提取"Corridor-(1)"(注意不包含后置的空格)，其代码如下：

```
01 string str = "Corridor-(1) Top";
02 string substr = str.Substring(0, str.LastIndexOf(' '));
03 Console.WriteLine(substr + " 字符串长度为:" + substr.Length);
```

这里使用了该方法的另一种重载形式 Substring(int index, int count)，在指定起始索引值的同时，指定字符串的长度。测试结果如图 3-15 所示。

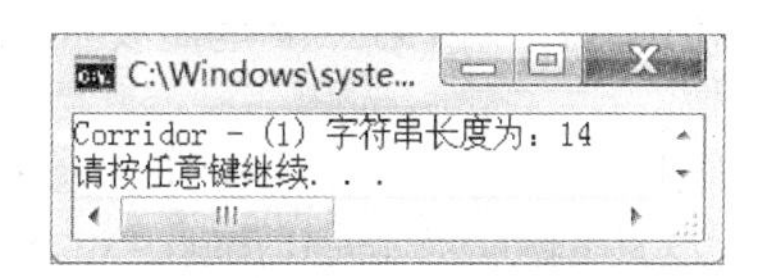

图 3-15　测试结果

以上代码中，要注意 C# 中索引是从 0 开始，注意字符串长度与最后一个字符串索引值的关系。如果提取的字符串需要包含最后一个空格，思考一下上述代码需要做哪些修改。

3.5.5　字符替换

替换字符或字符串，使用方法 Replace()。示例如下：

```
01 string str = "Border&Contours&SlopeArrows";
02 string newStr = str.Replace('o', 'O');
03 Console.WriteLine("原字符串为:{0}\n 替换后的字符串为:{1}", str, newStr);
```

方法需要两个参数，分别是需要替换掉的字符或字符串和新的字符或字符串。上面代码中小写字母 'o' 将被大写字符 'O' 替换。测试结果如图 3-16 所示。

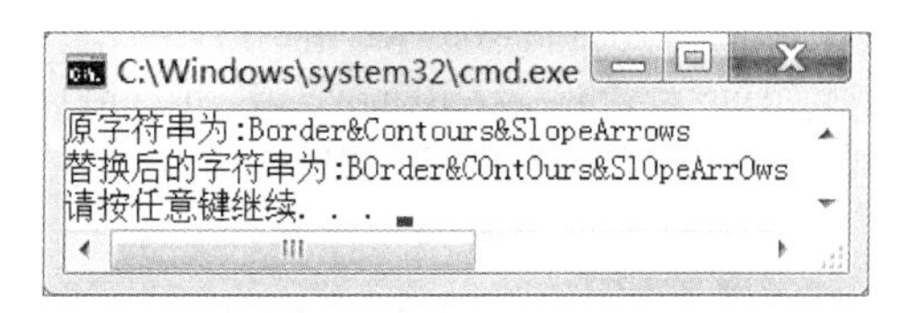

图 3-16　测试结果

3.5.6 大小写转换

方法 ToUpper()和 ToLower()可以分别将字母全部转换为大写和小写，注意只能转换字母，对于汉字来说此方法行不通。

```
01 string str = "Border&Contours&SlopeArrows";
02 string newStr = str.ToUpper();
03 Console.WriteLine("原字符串为:{0}\n替换后的字符串为:{1}", str, newStr);
```

3.5.7 判断是否存在指定字符

方法 Contains()用来判断是否含有指定的字符串，返回值为 bool 值，包含指定字符时返回 True，否则返回 False。

```
01 string str = "Border&Contours&SlopeArrows";
02 bool b = str.Contains("our");
03 Console.WriteLine(b);
```

3.5.8 插入

Insert()方法可以实现插入字符串的操作，用法比较简单，需要提供两个参数，第一个是起始位置，第二个是需要插入的字符串。示例如下：

```
01 string str = "Border&Contours&SlopeArrows";
02 string newStr = str.Insert(str.IndexOf('&'), "&Triangles");
03 Console.WriteLine(newStr);
```

这里需要注意的是插入的起始位置——例如 6，插入的字符串就从 6 开始，而不是从 6 之后开始。

3.5.9 删除

Remove()方法可以实现删除字符串的操作，这个方法有两种重载形式，一是删除从指定位置到最后位置的所有字符；二是从指定位置删除指定数目的字符。示例如下：

```
01 string str = "Border&Contours&SlopeArrows";
02 int n1 = str.IndexOf('o');
03 int n2 = str.IndexOf('o', n1 + 1);
04 string newStr = str.Remove(n1, n2 - n1);
05 Console.WriteLine(newStr);
```

3.5.10 清空空格及指定字符

移除所有前导空格和尾部空格可以通过方法 Trim()来实现，实现该操作时无需提供任何参数，示例如下：

```
01 string str = "   ,.123.45,321.54,0.0,;.      ";
02 string newStr = str.Trim();
03 Console.WriteLine(newStr);
```

测试完上述代码，你可能会提出新的问题，除了空格，还想把上例中前后的标点符号也去掉，该怎么操作呢？这个可以利用 Trim()方法的另一种重载形式实现，示例如下：

```
01 string str = "   ,.123.45,321.54,0.0,;.      ";
02 string newStr = str.Trim(' ', ',', ';', '.');
03 Console.WriteLine(newStr);
```

这里需要为方法提供相应的参数——把需要清空的字符一一列出。这种输入参数的方式也可以采用字符数组来代替，修改后的代码如下：

```
01 char[] charsToRemove = new char[] {' ', ',', ';', '.'};
02 string str = "   ,.123.45,321.54,0.0,;.      ";
03 string newStr = str.Trim(charsToRemove);
04 Console.WriteLine(newStr);
```

测试结果如图 3-17 所示。

如果只需要清空前导字符或尾部字符，可以查看方法 TrimStart()和 TrimEnd()来获取相关信息。

本节内容只涉及 string 类的部分方法，这些方法经常要用到，希望读者能熟练掌握这些方法的应用，对于没有介绍到的方法，可选择查看帮助文档等方式解决。

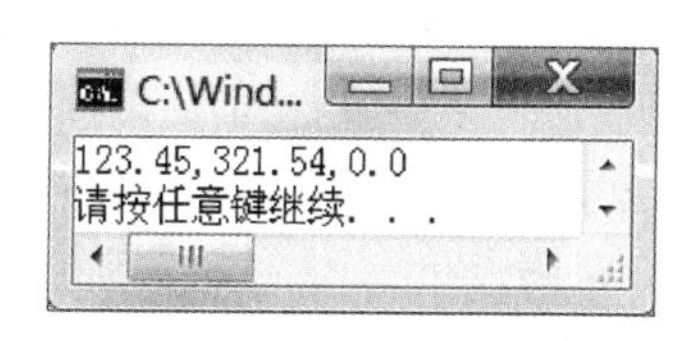

图 3-17　测试结果

3.6　集合

在学习集合前，如果能了解以下几个接口 IEnumerable，IList，ICollection，学习集合的操作将会异常简单。但是对于多数二次开发的自学者，尤其是没有计算机语言基础的自学者，对接口的概念并不理解。接口这个概念在本书第 1 章代码中曾经涉及，在 C#语言中，这是一个非常抽象的概念，在熟悉面向对象编程前，尤其是熟悉类的继承、多态前，直接理解这个概念可能存在一定困难。如何避开接口这个概念带来的困惑，在不了解接口的情况下，也能明白集合的基本操作，成为作者写出本节的一个难点。

C#语言中集合主要有以下几种类型：ArrayList，Queue，Stack，SortedList，Hashtable。本书中，不讲述每种类型的具体特性，而是着重介绍它们的共同点。

这里的集合都有以下属性或方法：Count，GetEnumerator()。另外，它们都可以使用 foreach 循环对集合中的元素进行遍历。

下面用几个简单的示例来了解以上几个属性或方法的应用。

3.6.1 集合中元素数量

属性 Count 表示集合中实际包含的元素数：

```
01 ArrayList al = new ArrayList();
02 al.Add("某一个类型的集合");
03 al.Add("第二个元素");
04 Console.WriteLine(al.Count);
```

这里创建一个 ArrayList 类型的集合，向集合中添加两个元素，之后输出集合中的元素个数。

3.6.2 遍历集合

方法 GetEnumerator()返回一个循环访问集合的枚举器。最初，枚举器定位在集合中第一个元素前。Reset()方法还会将枚举器返回到此位置。在此位置上，Current 属性未定义。因此，在读取 Current 值之前，必须调用 MoveNext()方法将枚举器定位到集合的第一个元素。

如果 MoveNext()越过集合的末尾，枚举器就会被放置在此集合中最后一个元素的后面，且 MoveNext()返回 false。当枚举器位于此位置时，对 MoveNext()的后续调用也返回 false。如果对 MoveNext()的最后一次调用返回 false，则 Current 为未定义。若要再次将 Current 设置为集合的第一个元素，可以调用 Reset()，然后再调用 MoveNext()。

只要集合保持不变，枚举器就保持有效。如果对集合进行更改(如添加、修改或删除元素)，则枚举器将失效且不可恢复，而且其行为是不确定的，该方法的具体用法如下：

```
01 ArrayList colors = new ArrayList();
02 colors.Add("红");
03 colors.Add("橙");
04 colors.Add("黄");
05 colors.Add("绿");
06 colors.Add("青");
07 colors.Add("蓝");
08 colors.Add("紫");
09 IEnumerator e = colors.GetEnumerator();
10 while (e.MoveNext())
11 {
12     Object obj = e.Current;
13     Console.WriteLine(obj);
14 }
```

上述代码中第 9 行至第 14 行，是遍历集合的最基本形式，也可以说是一个固定的模式。只要使用 GetEnumerator()方法，代码的样式就与之类似，不同点在于第 13 行——如何“处置”对象。

.NET 语言提供了一种简化方式，对于 C#语言来说，使用 foreach 语句即可遍历集合。把上述代码第 9 行至第 14 行替换为如下代码：

```
01 foreach (object obj in colors)
02 {
03     Console.WriteLine(obj);
04 }
```

两种不同的方法其运行结果均如图 3-18 所示。

在访问 AutoCAD 数据库对象时，该方法会经常用到。弄清楚集合中的对象的类型是关键，尤其是 AutoCAD 数据库对象(AutoCAD 的块表、块表记录很容易把初学者搞糊涂)。

图 3-18　测试结果

不同的集合为什么可以采用相同的操作方法呢？这是因为它们实现了 IEnumerable，IList，ICollection 接口中的一个或多个。在查看 API 参考时，例如查看 Autodesk.AutoCAD.DatabaseServices.BlockTable 时，可以很清楚地看到它实现了接口 IEnumerable，因此可以采用 GetEnumerator()方法或 foreach 语句来遍历。每个接口有哪些属性或方法可通过查看.NET 帮助来获取详细信息。对应的命名空间为 System.Collections(什么是命名空间在本书 3.8 节讲述)。API 参考示例如图 3-19 所示。

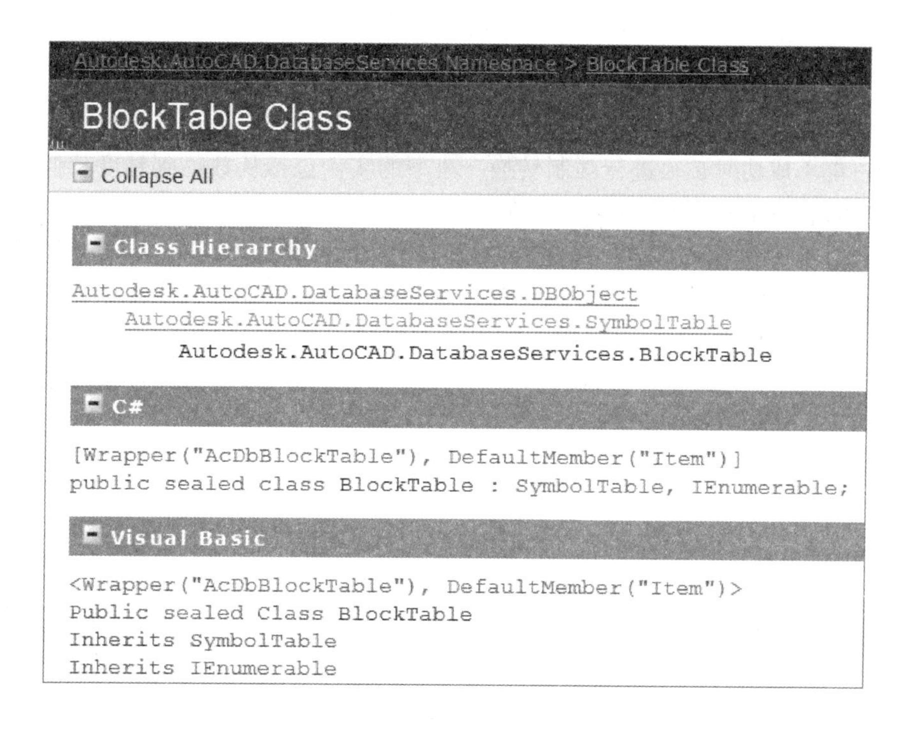

图 3-19　API 参考示例

3.7 类型转换

3.7.1 隐式转换

由于隐式转换是一种安全类型的转换,不会导致数据丢失,因此不需要任何特殊的语法。例如,从较小整数类型到较大整数类型的转换以及从派生类到基类的转换都是这样的转换。

对于内置数值类型,如果要存储的值无须截断或四舍五入即可适应变量,则可以进行隐式转换。例如,long 类型的变量(8 字节整数)能够存储 int(在 32 位计算机上为 4 字节)可存储的任何值。在下面的实例中,编译器先将右侧的值隐式转换为 long 类型,再将它赋给 bigNum。

```
int num = 2147483647;
long bigNum = num;
```

对于引用类型,隐式转换始终存在于从一个类转换为该类的任何一个直接或间接的基类或接口的情况。由于派生类始终包含基类的所有成员,因此不必使用任何特殊语法。

```
Derived d = new Derived();
Base b = d;                              // 永远可行
```

3.7.2 显式转换

显式转换(强制转换)需要强制转换运算符。在转换中可能丢失信息时或在出于其他原因转换可能不成功时必须进行强制转换。典型的实例包括从数值到精度较低或范围较小的类型的转换和从基类实例到派生类的转换。

如果进行转换可能会导致信息丢失,编译器则会要求执行显式转换,显式转换也称为“强制转换”。强制转换是显式通知编译器打算进行转换且可能会发生数据丢失的一种方式。若要执行强制转换,请在要转换的值或变量前面的圆括号中指定要强制转换到的类型。下面的程序将 double 强制转换为 int。如不强制转换,则该程序不会进行编译。图 3-20 是程序的测试结果。

```
01 static void Main(string[] args)
02 {
03     Console.WriteLine("转换前:");
04     double x = 1234.7;
05     Console.WriteLine(x);
06     int i;
07     Console.WriteLine("将 double 转换为 int:");
08     i = (int)x;
09     Console.WriteLine(i);
10 }
```

```
转换前:
1234.7
将double转换为int:
1234
请按任意键继续. . .
```

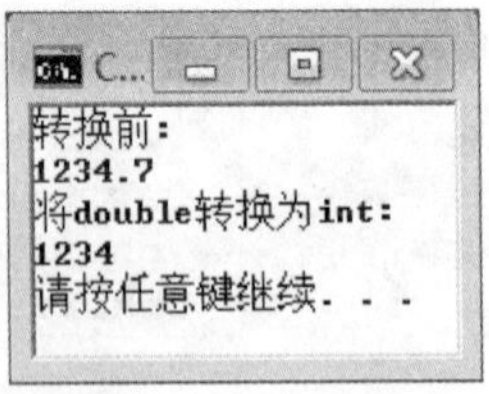

图 3-20 测试结果

由于对象是多态的，因此基类类型的变量可以保存派生类型。若要访问派生类型的方法，需要将值强制转换回该派生类型。不过，在这些情况下，如果只尝试进行简单的强制转换，会导致引发 InvalidCastException 的风险。因此，C# 中提供了 is 和 as 运算符。可以使用这两个运算符来测试强制转换是否会成功，而没有引发异常的风险。通常，as 运算符更高效一些。如果可以成功进行强制转换，它会实际返回强制转换值；而 is 运算符只返回一个布尔值。因此，如果只想确定对象的类型，而无须对它进行实际强制转换，则可以使用 is 运算符。

3.7.3　字符串与数字

1. 利用 Format 方法转换为字符串

在 AutoCAD 二次开发中，经常遇到数值转换为字符串，或者字符串转换为数值，现在就来看一下如何在这二者之间进行转换。

```
01 static void Main(string[] args)
02 {
03     double d1 = 12.3456;
04     double d2 = 65.4321;
05     Console.WriteLine(string.Format("{0:0.0}\t{1:0.0}", d1, d2));
06     Console.WriteLine(string.Format("{0:0.00}", d1));
07     Console.WriteLine(string.Format("{0:0.00000}", d1));
08     Console.WriteLine(string.Format("{0:000.000}", d1));
09     Console.WriteLine(string.Format("{0:K0+000.000}", d1));
10 }
```

本例中调用 string 类的静态方法 Format()，将小数 12.3456 转换成 5 种不同字符串：

小数点后保留一位有效数字；

小数点后保留两位有效数字，四舍五入的结果；

小数点后有效数字比原有数字多时，用 0 补齐；

小数点前位数控制，不足时用 0 补齐；

除了用 0 补齐，还可以添加字符(是不是很像 Civil 3D 的桩号格式呢?)。测试结果如图 3-21 所示。

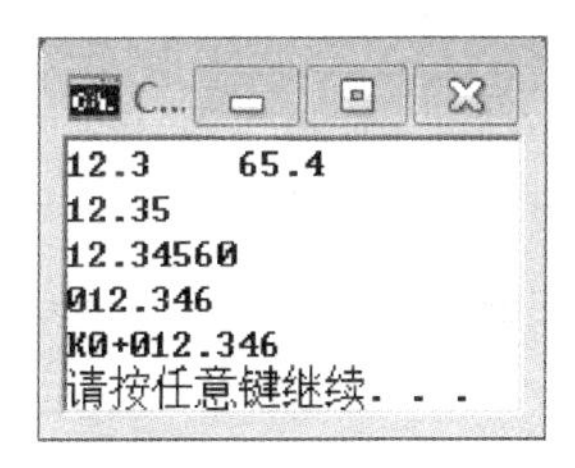

图 3-21　测试结果

string.Format("{0:0.0}\t{1:0.0}", d1, d2)中，d1, d2 为被格式化的参数，"{0:0.0}\t{1:0.0}"中冒号前面的 0，1 为参数序号，冒号后面的 0.0 为字符串格式，\t 为制表符。更多信息可以查找相关资料，关键字：string.Format。

2. 利用 Convert 方法转换为数字

把数字转换成文本相对简单，把文本转换成数字就相对复杂，原因很简单，并不是所有文本都能转换成数字，比如 abc，System.Convert 类提供了转化方法，其中包括将 object 类型转换为 double 类型的方法。下面通过实例来展示 convert 类如何使用。测试结果如图 3-22所示。

```
01 static void Main(string[] args)
02 {
03     object[] values = { true, 'a', 123, 1.764e32f, "9.78", "1e-02", 1.67e03f,
04             "A100", "1,033.67", DateTime.Now, Decimal.MaxValue };
05     double result;
06     foreach (object value in values)
07     {
08         try
09         {
10             result = Convert.ToDouble(value);
11             Console.WriteLine("类型:{0},转换前:{1},转换后:{2}。",
12                                 value.GetType().Name, value, result);
13         }
14         catch (FormatException)
15         {
16             Console.WriteLine("{0}类型的值{1}不能被转换成有效的双精度值。",
17                                 value.GetType().Name, value);
18         }
19         catch (InvalidCastException)
20         {
21             Console.WriteLine("{0}类型的值{1}不支持转换成双精度值。",
22                                 value.GetType().Name, value);
23         }
24     }
25 }
```

Convert.ToDouble()方法的输入参数为 object 类型,因此该实例中涉及多种类型数据。其中 try catch 为异常处理语句,将在后续内容中讲解。在此主要对该方法有所了解,并意识到转换不一定成功,需要进行异常处理。如果需要将文本转换成 16 位整形数字,需要使用 Convert.ToInt16()方法,如果要转换成 32 位或 64 位整形数字该用什么方法呢?请读者思考并搜索相关答案。

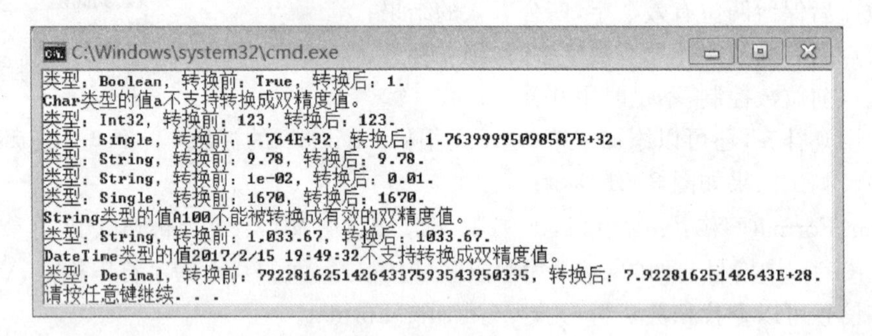

图 3-22　测试结果

3. 利用 TryParse 方法转换为数字

除了上例中使用 Convert()方法转换外,还可以利用 TryParse()方法来实现字符串到数字的转换。

```
01 static void Main(string[] args)
02 {
03     string[] values = { "1,643.57", "$1,643.57", "-1.643e6", "-168934617882109132",
04       "123AE6", null, String.Empty, "ABCDEF" };
05     double number;
06     foreach (var value in values)
07     {
08       if (Double.TryParse(value, out number))
09           Console.WriteLine("'{0}' --> {1}", value, number);
10       else
11           Console.WriteLine("不能转换:'{0}'。", value);
12     }
13 }
```

以上代码测试结果如图 3-23 所示。

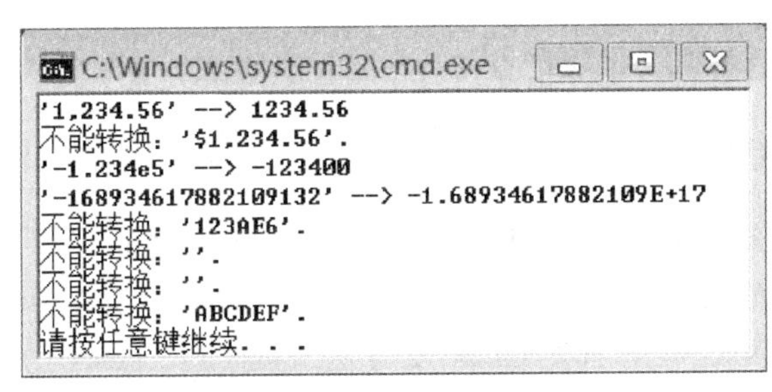

图 3-23　测试结果

Double.TryParse()的输入参数为 string 类型，因此只能输入 string 字符串；方法的返回值为 Boolean 类型，如果转换成功将返回真，否则为假，这样就不需要进行复杂的异常处理，只需判断返回的真假即可。参数列表中的 out 为参数修饰符，在前面章节涉及，如有不清楚可自行搜索查询，关键字：C#　out。

本例中将字符串转换为 double 类型，如果需要将字符串转化为 16 位整形数字，应采用 Int16.TryParse 方法，如果要转换成 32 位或 64 位整形数字该用什么方法呢？请读者自行思考并搜索相关答案。

另外一个方法 Parse()与 TryParse()，Convert()类似，不同之处在于 Parse()返回值为需要转换的目标类型，转换不成功会抛出异常，此行为与 Convert()很接近。有兴趣的读者自行学习对比。

3.8　命名空间

命名空间(namespace)，也称名字空间或名称空间，表示一个标识符(identifier)的可见范围。一个标识符可在多个命名空间中定义，它在不同命名空间中的含义是互不相干的。这样，在一个新的命名空间中可定义任何标识符，它们不会与任何已有的标识符发生冲突，因为已有的定义都处于其他命名空间中。

例如，设 Bill 是 X 公司的员工，工号为 123；John 是 Y 公司的员工，而工号也是 123。

由于两人在不同的公司工作，可以使用相同的工号来标识而不会造成混乱，这里每个公司就表示一个独立的命名空间。如果两人在同一家公司工作，其工号就不能相同了，否则在支付工资时便会发生混乱。

这一特点是使用命名空间的主要理由。在大型的计算机程序或文档中，往往会出现数百或数千个标识符。命名空间提供隐藏区域标识符的机制。通过将逻辑上相关的标识符组织成相应的命名空间，可使整个系统更加模块化。

在编程语言中，命名空间是对作用域的一种特殊的抽象，它包含了处于该作用域内的标识符，且本身也用一个标识符来表示，这样便将一系列在逻辑上相关的标识符用一个标识符组织起来。许多现代编程语言都支持命名空间。在一些编程语言(例如C++和Python)中，命名空间本身的标识符也属于一个外层的命名空间，即命名空间可以嵌套，构成一个命名空间树，树根则是无名的全局命名空间。

方法和类的作用域被视作隐式命名空间，它们和可见性、可访问性和对象生命周期不可分区地联系在一起。

以上文本摘自维基百科。更多信息可在msdn中搜索关键字：命名空间。

3.8.1 命名空间的用途

下面通过一个简单的控制台应用程序来演示命名空间的用途。创建一个控制台应用程序，将其命名空间修改为NsA，在类Program中添加方法Test()；添加新的命名空间NsB，在命名空间NsB中添加类ClsA及方法Test()。Test()方法中均向控制台输出相应信息。在方法Main中调用各Test()方法。完整代码如下，测试结果如图3-24所示。

```
01 using System;
02 namespace NsA
03 {
04     class Program
05     {
06         static void Main(string[] args)
07         {
08             Test();
09             NsB.ClsA.Test();
10             Console.ReadLine();
11         }
12         public static void Test()
13         {
14             Console.WriteLine("这是 Class Program 的方法!");
15         }
16     }
17 }
18 namespace NsB
19 {
20     class ClsA
21     {
```

```
22          public static void Test()
23          {
24              Console.WriteLine("这是 namespace NsB Class ClsA 的方法!");
25          }
26      }
27 }
```

注意这里共有两个命名空间，分别是 NsA，NsB。这里通过命名空间来把名称相同的类进行区分，“避免”了名称冲突。程序运行结果如图 3-24 所示。

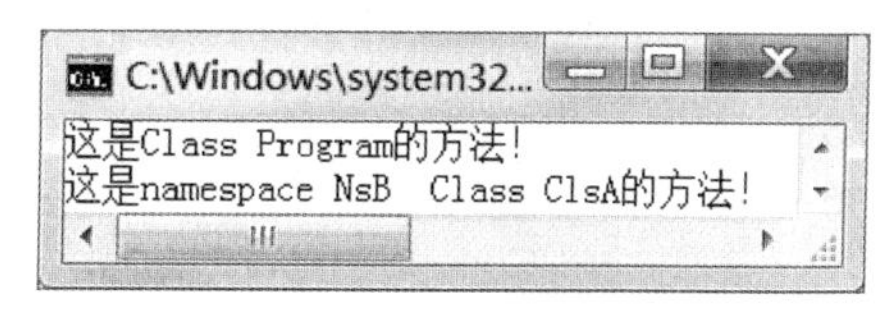

图 3-24　测试结果

3.8.2　导入命名空间

接下来把本书第 3.8.1 节中代码进行简化，删除第 9 行代码中的“NsB.”，之后代码第 9 行的 ClsA 会出现红色波浪线，鼠标悬停时会看到“当前上下文中不存在名称"ClsA"”提示信息，点击灯泡图标或显示可能的修补程序，选择using NsB。此时在文本的顶端会添加 using 指令，导入命名空间 NsB。修改后的代码如下(命名空间 NsB 代码不变，同本书 3.8.1 节)：

```
01 using NsB;
02 using System;
03 namespace NsA
04 {
05     class Program
06     {
07         static void Main(string[] args)
08         {
09             Test();
10             ClsA.Test();
11             Console.ReadLine();
12         }
13         public static void Test()
14         {
15             Console.WriteLine("这是 Class Program 的方法!");
16         }
17     }
18 }
```

运行结果与前述 3.8.1 节中一致。

上述操作中的 using 指令，导入了命名空间 NsB，这样就可在代码中将 NsB.ClsA.Test()简化为 ClsA.Test()。

在命名空间中增加类 ClsA 及方法 Test()。修改后的代码如下(命名空间 NsB 代码不变，同前述 3.8.1 节)：

```
01 using NsB;
02 using System;
03 namespace NsA
04 {
05     class Program
06     {
07         static void Main(string[] args)
08         {
09             Test();
10             ClsA.Test();
11             Console.ReadLine();
12         }
13         public static void Test()
14         {
15             Console.WriteLine("这是 Class Program 的方法!");
16         }
17     }
18     class ClsA
19     {
20         public static void Test()
21         {
22             Console.WriteLine("这是 Class ClsA 的方法!");
23         }
24     }
25 }
```

在运行代码前，请预测一下运行结果是怎么样的？代码第10行是运行的命名空间NsA中的类ClsA还是NsB中的类ClsA呢？

现在命名空间NsA和NsB都有类ClsA，虽然采用using指令导入了命名空间NsB，但代码第10行仍然执行的是NsA中类ClsA中的方法，此时名称发生了冲突。如果要调用NsB中类ClsA的方法，有两种方法可以实现：一是完全限定命名空间；二是采用using指令定义别名。

```
01 using System;
02 //using clsA = NsB.ClsA;
03 namespace NsA
04 {
05     class Program
06     {
07         static void Main(string[] args)
08         {
09             Test();
10             ClsA.Test();
11             NsB.ClsA.Test();
12             //clsA.Test();
13             Console.ReadLine();
14         }
15         以下代码省略
```

此时简单的 using NsB;指令已经不起作用了,NsA, NsB 中均有类 ClsA,代码第 11 行中,必须完全限定命名空间。对于嵌套层次较多的命名空间,这样的代码书写及阅读并不方便,因此可以采用 using 指令创建别名,用来简化代码。代码第 2 行 using clsA=NsB.ClsA;即完成了这样的任务,为 NsB 中的类 ClsA 创建了别名 clsA(注意字母大小写),之后可以在代码中直接使用,像代码第 12 行那样。这种用法在阅读 Civil 3D 样例代码时会经常遇到。测试结果如图 3-25 所示。

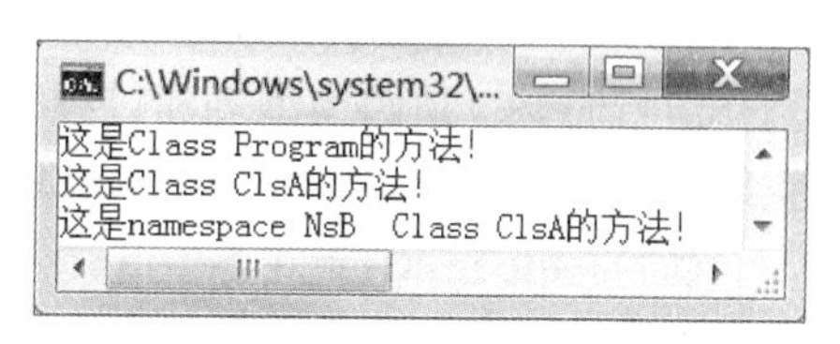

图 3-25　测试结果

3.8.3　AutoCAD 及 Civil 3D 命名空间简介

在编写 AutoCAD 或者 Civil 3D 二次开发相关的程序时,要经常引用 AutoCAD 及 Civil 3D 下的命名空间,这些命名空间下包含的各种类型是有规律可循的,也可以说各种类型是通过这些命名空间来分门别类的。

1. 常用的 AutoCAD 命名空间

(1) Autodesk.AutoCAD.ApplicationServices

应用程序服务——应用程序、文档等类型。

(2) Autodesk.AutoCAD.DatabaseServices

数据库服务——构成数据库内"实体对象"各种类型,例如点、线、文本、块参照、布局等。

(3) Autodesk.AutoCAD.EditorInput

用户交互——输入输出操作相关的类型,例如获取字符串、关键字、实数、点、拾取单个对象、多个对象(选择集)等。

(4) Autodesk.AutoCAD.Geometry

几何——数学意义上的几何元素,点、线、矩阵等,用来进行几何运算,要注意与数据库中对象的区别,该命名空间下的点(Point3d)是不能存储到数据库中的,DatabaseServices 命名空间下的 DBPoint 才是能够存储到数据库中的,也就是能显示在屏幕上被我们看到的点。

(5) Autodesk.AutoCAD.Runtime

运行时——定义命令必须要用到的命名空间。

(6) Autodesk.AutoCAD.Windows

窗口——AutoCAD 界面相关的类型,例如菜单、功能区、打开文件窗口等。

2. 常用的 Civil 3D 命名空间

(1) Autodesk.Civil

定义了大量的枚举类型。

(2) Autodesk.Civil.ApplicationServices

应用程序服务——应用程序、文档等类型

(3) Autodesk.Civil.DatabaseServices

数据库服务——同 AutoCAD 数据库服务命名空间类似,涵盖了构成数据库对象的各种类型,例如几何空间点、曲面、路线、纵断面等。

(4) Autodesk. Civil. DatabaseServices. Styles

样式——各种样式,包含对象样式和标签样式。

(5) Autodesk. Civil. Runtime

运行时——道路模型创建过程中所需的各种类型,创建自定义部件时,会用到此命名空间下的多个类型,例如 CorridorState, ParamDouble, ParamElevationTarget 等。

(6) Autodesk. Civil. Settings

设定——与设定相关的各种类型,例如元素层级的设定或者命令设定。

本书中的样例代码,多数没有给出引用的命名空间,如果是自己键入代码进行测试,应会经常引用以上命名空间的一个或多个。如果直接在代码中直接列出引用的命名空间,在键入代码过程中印象可能不会深刻,没有直接列出命名空间,在键入代码时,需要自行引用,以此来增加对命名空间的印象,希望读者能明白作者的用意。

第 2 部分

基 本 操 作

第4章 访问数据库中的对象

——抽丝剥茧，顺藤摸瓜

本章重点

◇ .DWG 文件的数据结构
◇ 获取所需的 Object
◇ 认识事务
◇ 确保程序安全运行
◇ 与程序进行交互

了解对象层次结构很关键，对于初学者来说，这也是一个难点，回想自己学习 AutoCAD二次开始之时，读到此部分的内容，因为阅读不仔细导致看不懂，就跳过这部分内容，其实这种做法是相当错误的，应仔细阅读并查阅相关资料，例如：AutoCAD Managed .NET Developer's Guide → Basics of the AutoCAD .NET API → Understand the AutoCAD Object Hierarchy，尽早熟悉这部分内容，将会使自己学习二次开发的时间大大缩短。

当 AutoCAD 诞生时，面向对象程序设计并未普及，因此 AutoCAD 数据库结构相对 Civil 3D 的数据库来说更为复杂，或者说是“混乱”，例如块表、块表记录等概念，对于初学者来说，确实不容易搞明白。有一点要强调的是，一定要有“集合”这个概念，不管是 AutoCAD 还是 Civil 3D 数据库，其本质都是由集合来构建起来的。举一个不十分恰当的例子：如果您搬过家，收拾过自己的家当，是不是把自己的各种东西分类装箱呢？有些东西需要装到小盒子里，然后再把小盒子再装到大箱子里，最后大箱子装到搬家公司的车上。这样一个层层包装的例子，跟 AutoCAD 的数据库结构是十分类似的。

.DWG 文件在内存中表示形式有以下几个特征：

(1) 对象是按层次结构存储在数据库中。

(2) 所有对象都有唯一的身份证：ObjectId，就像关系数据库中的主键。

(3) 总是在一个事务中才能访问对象。

- 事务定义了数据库操作的边界；
- 要想使用一个对象，必须先在一个事务中将其打开才行。

(4) 对象可以引用其他对象：例如一条线可以引用一个图层。

本章将围绕以上几个特征逐步展开，使读者对 AutoCAD 数据库结构有所了解。

4.1　了解 AutoCAD 对象层次结构

4.1.1　应用程序

当您开始一天的工作，坐到电脑前，用鼠标双击桌面上的 AutoCAD Civil 3D 图标，这时一个 AutoCAD Civil 3D 应用程序将运行起来。打开 Windows 任务管理器，可以看到类似图 4-1 所示的窗口。

图 4-1　应用程序

本书中所涉及的二次开发程序，都是在 AutoCAD Civil 3D 应用程序基础上运行的，虽然可以实现利用自己的程序来控制 AutoCAD 的加载与运行，但这部分内容并不在本书所涵盖的内容中，如果需要这方面的信息，需要查阅其他相关资料，在 AutoCAD 及 Civil 3D 的样例中就有相关资料，例如：[安装文件夹]\C3D\Civil 3D API\COM\CSharp\CSharpClient。

访问这个应用程序对象，可以输入以下代码：

Autodesk. AutoCAD. ApplicationServices. Application

如果使用 using 指令导入 Autodesk. AutoCAD. ApplicationServices 命名空间，则可以直接简写为 Application。在本书 1.4 节代码第 4 行及本书 2.4 节代码第 6 行中出现的 Application 均是刚才所指的 AutoCAD 应用程序。

获取了 AutoCAD 应用程序对象后，就可对这个应用程序内部的各种对象进行相应的操作。AutoCAD 应用程序内部包含哪些对象呢？接下来研究这个问题。

在回答这个问题前，先回想一下启动 AutoCAD 程序时所看到的画面——AutoCAD 主窗口，这是对 AutoCAD 应用程序最直观的认识；很多时候可能把这个主窗口和 AutoCAD 应用程序混为一谈，这是错误的，这个主窗口只是 AutoCAD 应用程序众多组成对象中的一员，与其并列的对象见图 4-2，具体的对象内容说明如下。

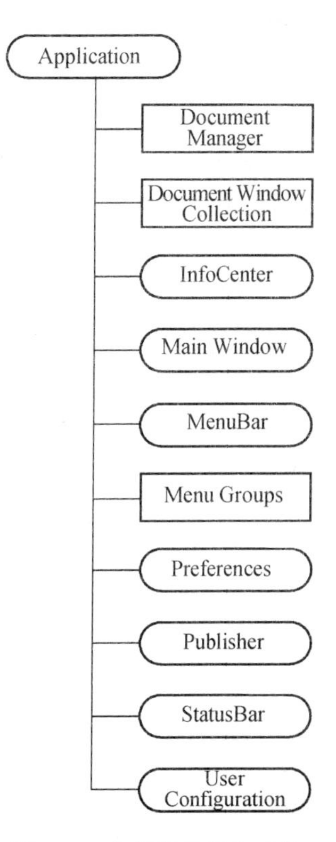

图 4-2　应用程序所含对象

（1）Document Manager：所有文档对象的容器（每个图形都有打开的文档对象）。

（2）Document Window Collection：所有文档窗口对象的容器（Document Manager 中的每个文档对象都有一个文档窗口对象）。

（3）InfoCenter：包含对 InfoCenter 工具栏的引用。

（4）MainWindow：包含对 AutoCAD 的应用程序窗口对象

的引用。

(5) MenuBar：包含对 AutoCAD 中菜单栏的 MenuBar COM 对象的引用。

(6) Menu Groups：包含对包含每个加载的 CUIx 文件的自定义组名称的 MenuGroups COM 对象的引用。

(7) Preferences：包含对 Preferences COM 对象的引用，允许您在“选项”对话框中修改许多设置。

(8) Publisher：包含用于发布图纸的 Publisher 对象的引用。

(9) StatusBar：包含对应用程序窗口的 StatusBar 对象的引用。

(10) User Configuration Manager：包含对 User Configuration Manager 对象的引用，允许使用用户保存的配置文件。

Document Manager(文档管理器)是本书中访问最多的对象，其余对象几乎没有涉及，如需了解其他对象，需要查询其他相关资料。

4.1.2 文档

启动 AutoCAD 程序后，新建两个.dwg 文件，也就是创建了两个文档(Document)对象，在未存盘前，其默认名称分别为 Drawing1 和 Drawing2。将窗口进行层叠，窗口视图应与图 4-3 类似。

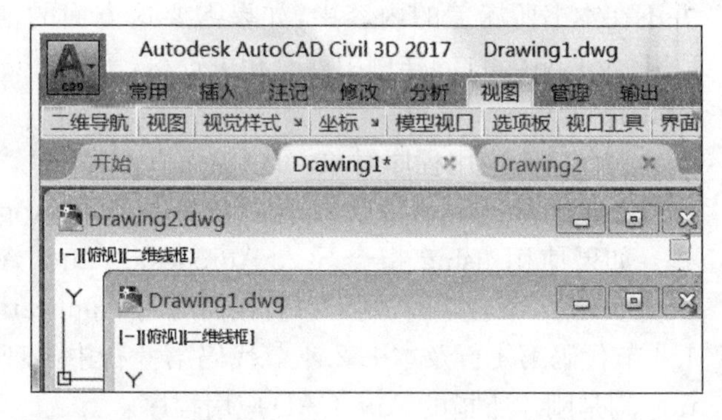

图 4-3 文档

如何访问这些文档呢？通过简单的代码来了解一下。利用向导创建项目，在 MyCommands 类中添加以下代码，然后进行编译、加载并运行命令。

```
01 [CommandMethod("MyGroup", "ListDocs", CommandFlags.Modal)]
02 public void ListDocs()
03 {
04     DocumentCollection docs = Application.DocumentManager;     //获取文档集合
05     Document doc = docs.MdiActiveDocument;                     //获取活动文档
06     Editor ed = doc.Editor;                                    //获取编辑器
07     ed.WriteMessage("\n 文档数量:\t{0}", docs.Count);          //输出文档数量
08     ed.WriteMessage("\n 活动文档为:\t{0}", doc.Name);          //输出活动文档名称
09     IEnumerator enumerator = docs.GetEnumerator();             //枚举器
10     while (enumerator.MoveNext())                              //遍历每个文档
11     {
12         doc = enumerator.Current as Document;
13         ed.WriteMessage("\n 文档名称:\t{0}", doc.Name);        //输出每个文档名称
14     }
15 }
```

本书 4.1.1 节中所说的文档管理器(Document Manager)类型为 Document Collection,也就是一个 Document 集合。上述代码第 4 行首先获取这个文档集合。接下来获取活动文档,通过活动文档的编辑器(或者说命令行)中输出一些信息。代码第 9～14 行,遍历每个文档,并将其名称输出。

本书中各种操作基本都是针对活动文档的,因此经常使用 MdiActiveDocument 属性(上述代码第 5 行)获取活动文档,这种用法在本书中出现的概率极高。

如果您对如何遍历集合尚不清楚,可以再次查看本书 3.6 节中相关内容。

运行上述代码后,按 F2 键,打开文本窗口,可以看到类似图 4-4 的结果。如果创建更多文档,显示的信息行数应有所不同。注意图 4-4 文本窗口标题中的 Drawing1.dwg,如果切换活动文档,该名称会随着改变的,注意这个问题将有助于理解本节后续的内容。

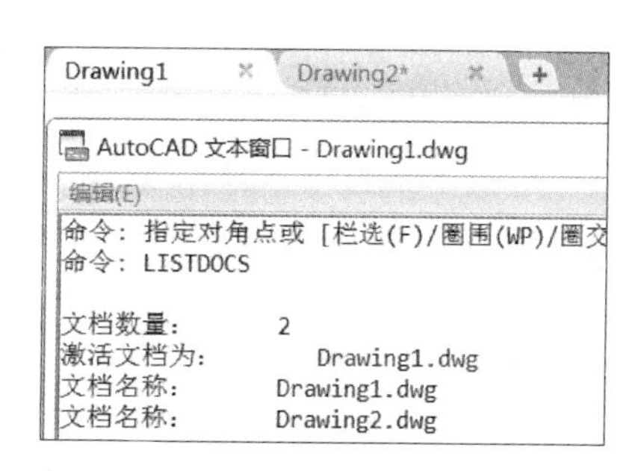

图 4-4　文档清单

在获取指定的文档后,就可以访问文档中的各种对象。新问题又来了:文档中包含哪些对象呢? 这可以通过图 4-5 进行了解。

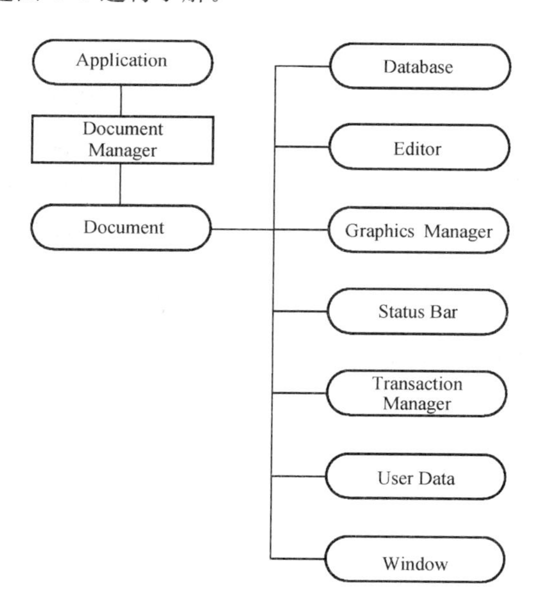

图 4-5　文档所含对象

图 4-5 中列出来文档所包含的 7 种对象,其中的 Database(数据库)、Editor(编辑器)已经在前面的代码中出现,另外一个对象 Transaction Manager(事务管理器),这 3 种对象在本书中出现次数是最多的,其余 4 种对象很少涉及。

(1) Database:存储数据的仓库,画的每一条线、圆弧、文本等组成图纸的各种元素,以及其他看不到的元素如图层都存储在这里,具体内容将在后续 4.1.3 节详述。

(2) Editor:人机交互的场所,数据的输入、信息的输出都可以在这里进行。编辑器是文档的一个组成部分,而不是直接隶属于应用程序。启动应用程序,打开一个文档,可以看到编辑器(命令行);如果关闭文档,只有开始页面的状态,将无法看到编辑器,按下 F2 键也无法打开文本窗口。

(3) Transaction Manager:事务管理器是管理各项事务的。什么是事务? 将在 4.4 节进行讲述。事务是个比较抽象的概念,对于初学者来说是难点。

再来回顾一下本节的内容。一个 AutoCAD 应用程序可以打开多个 .dwg 文件,每个 .dwg 文件也就是一个文档,这些文档由 Document Manager 统一管理;可以通过 MdiActive Document 来访问活动文档;每个文档都由数据库、编辑器、事务管理器等对象组成。

4.1.3 数据库

数据库的结构是什么样的? 对象是如何存储在数据库中的? 这些问题需要搞明白。可以借助工具 ArxDbg 或 MgdDbg 查看数据库结构及其内容。图 4-6 是利用 MgdDbg 工具查看到的内容,可以看到数据库主要由符号表(Symbol Tables)及命名对象字典(Dictionaries)组成。符号表及字典的具体内容在后续小节中详述。

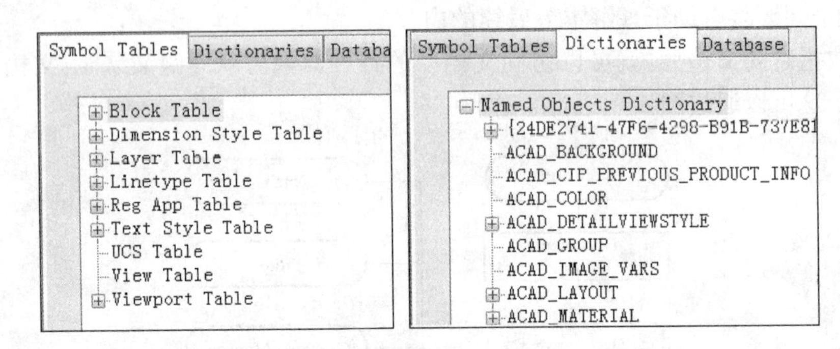

(a) 符号表　　(b) 命名对象字典

图 4-6 数据库主要组成部分

如何从文档中获取数据库,将在后续的代码中直接列出。

4.1.4 符号表

4.1.3 节了解了符号表包含了一系列的表(共 9 个),这些表数量是固定的,用户不能增加新的表,也不能删除现有的表。

表 4-1　　符号表简介

符号表名称		符号表功能
Block Table	块表	存储图形数据库中定义的块。此表中含有两个非常重要的记录:模型空间和图纸空间
Dimension Style Table	尺寸标注样式表	存储尺寸标注样式
Layer Table	层表	存储图层
Linetype Table	线型表	存储线型
RegApp Table	应用程序名注册表	存储为图形数据库中对象的扩展实体数据而注册的应用程序名

（续表）

符号表名称		符号表功能
Text Style Table	文字样式表	存储文字样式
UCS Table	用户坐标系表	存储用户保存的用户坐标系
View Table	视图表	存储与命令 view 相关的视图
Viewport Table	视口表	存储当系统变量 Tilemode 值为 1 时的视口配置，该配置由命令 vports 创建

在 9 个符号表中，接触最多的当属块表，所有的实体都储存在块表中（这说法不够严密，后续内容将逐步讲解），块表中的特殊块表记录：模型空间和图纸空间，使得理解块表遇到不小的困难。

其中，尺寸标注样式表、层表、线型表、应用程序名注册表、文字样式表、用户坐标系表这 6 个表比较简单，看到名称就能明白其用途，也不会造成混淆。

而视图表、视口表容易区分不清，视口表还会与布局中的视口（命令 Mview）产生混淆，这些使初学者在这里遇到更多的麻烦。对此可以借助 ArxDbg 或 MgdDbg 工具及表 4-1 中相关的命令进行对比查看，通过对比分析，逐步理解其用途。

4.1.5　块表

为了清楚了解块表的组成内容，利用 MgdDbg 工具查看一下块表中的块表记录。在开始页面，以无样板模式新建一个 .dwg 文件（图 4-7），这样的话，默认的块表记录只有 3 条（图 4-8），分别是模型空间和两个布局（这 3 条特殊的块表记录暂且不去研究，等把普通的块表记录弄明白之后，再研究这 3 条特殊的块表记录）。这里涉及两个名词：块表和块表记录，需要加以区分，不能混淆。块表是 9 个符号表中的一员，块表中包含的内容是块表记录，块表记录是块表的“成员”，块表是块表记录的集合。

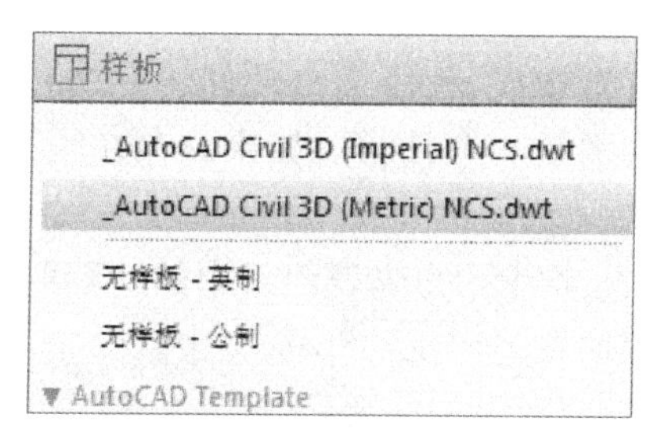

图 4-7　创建无样板文件

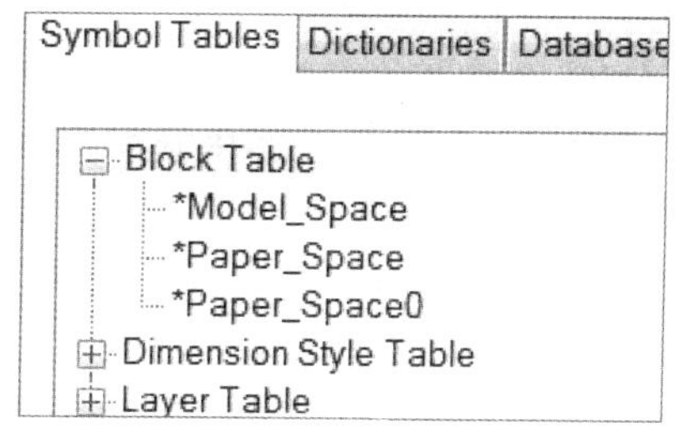

图 4-8　块表记录

接下来创建一个块定义，绘制一个圆心在（0，0）点、直径为 50 的圆，一条直线起点为（—50，0），终点为（50，0），然后输入命令 Block 定义块，块名 TestBlock，并选择刚创建的圆和直线（绘制其他对象也可以，并不影响什么，只是在后续的讲解内容中可能会出现不一致，可能影响理解，所以建议完全按照如下操作进行演练）如图 4-9 所示。

创建块定义后，再次查看块表记录，此时会发现增加了一个 TestBlock 块表记录，如图 4-10 所示，这就是刚才创建的块定义。如果再次创建其他的块定义，相应的块表记录也就会相应增加。也就是说，定义的块，是存储在块表中的，每一个块定义是一条块表记录。

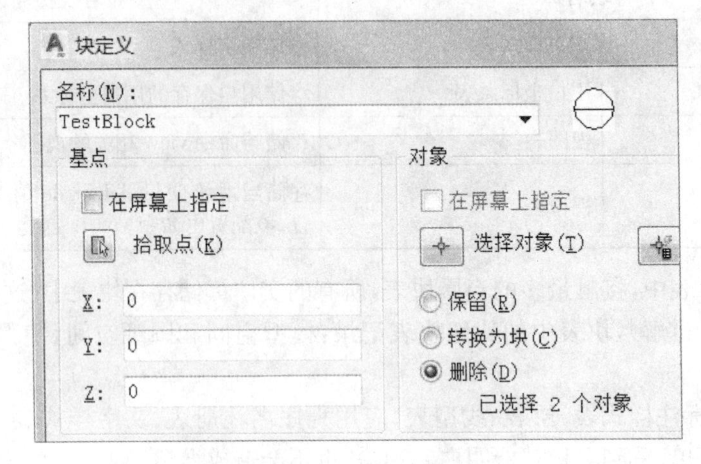

图 4-9　利用命令 Block 创建块定义

在此，读者还要区分两个概念：块定义、块参照。刚才用命令 Block 创建的块是块定义；如果运行命令 Insert 插入块，创建的实体则为块参照。块定义是本节研究的对象；块参照跟模型空间或布局中的一条直线、一段圆弧等对象是类似的，不是本节研究的对象。

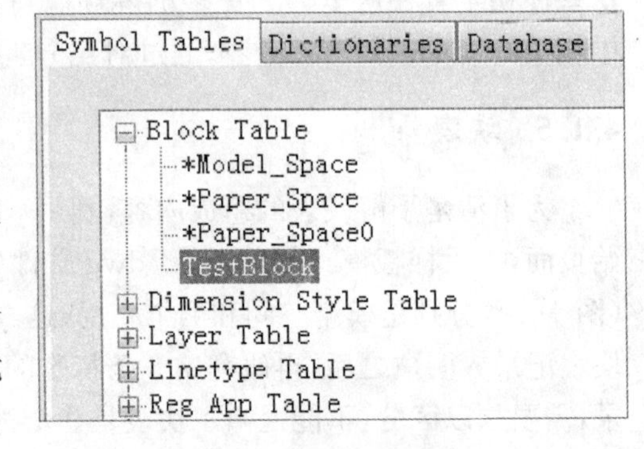

图 4-10　新建"块定义"出现在块表中

这样看来，块表也没什么复杂的，创建一个块定义，在块表中就增加一个块表记录，对，就是这么一回事。这就是普通的块表记录。

让初学者搞不明白的问题是特殊的块表记录——模型空间和布局，默认情况下，模型空间是不能被删除的，布局至少有一个（如果删除所有布局，程序会自动创建一个）。如果增加一个布局，* Paper_Space 前缀的块表记录就会增加一个；同样，如果只存在一个布局的情况下，* Paper_Space 前缀的块表记录就会只有一个。

绘图时创建的各种图形对象，是存储在这几个特殊的块表记录中的，模型空间的对象存储在 * Model_Space 中，图纸空间中的对象存储在 * Paper_Space * 中。

4.1.6　块表记录

块表记录是"包裹"实体对象的最后一层包装了，接下来继续利用 MgdDbg 工具查看本书 4.1.5 节创建的块定义内的对象有哪些。

操作步骤如下：选择块表记录 TestBlock，在右侧列表中找到"Entities within block"，选中该行并单击鼠标左键，弹出 Snoop Objects 对话框，列表中显示出了创建块定义时选择的两个对象：圆和直线。图 4-11 中 BED，BEE 分别为实体对象的句柄(Handle)。

如果在创建块时，选择了删除所选对象，此时模型空间不存在实体对象，如果选择 * Model_Space块表记录，可以发现 Entities within block 为常规字体，没有加粗，点击时不

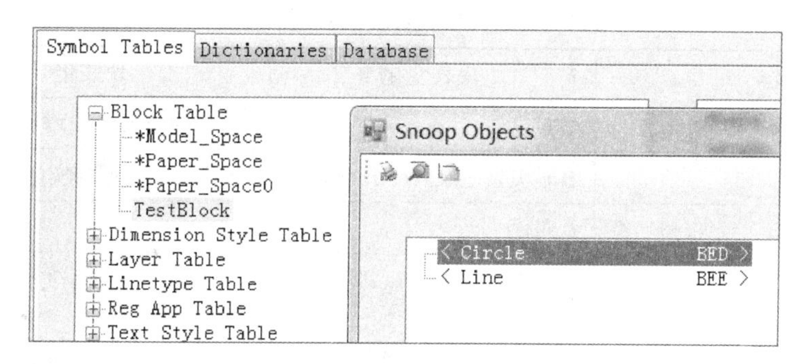

图 4-11　TestBlock 块表记录中的实体对象

会弹出对话框。

如果选择的是保留所选对象，此时模型空间存在一个圆和一条直线，* Model_Space 块表记录中的实体对象与 TestBlock 块表记录中的实体对象一致(图 4-12)(注意图 4-12 中选中的块表记录与图 4-11 不同)。

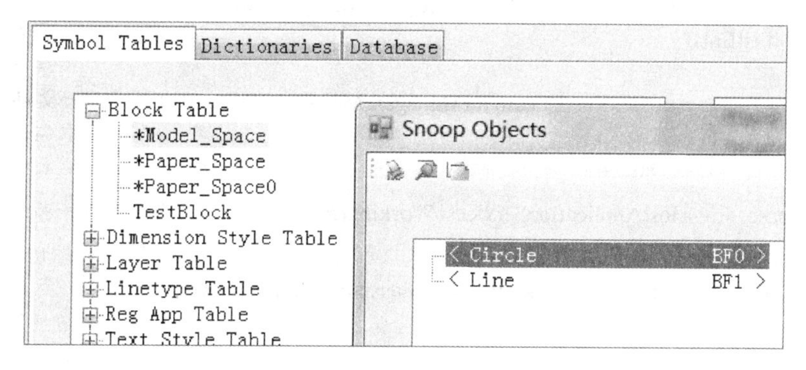

图 4-12　* Model_Space 块表记录中的实体对象

如果选择的是转换为块，此时模型空间中有一个块参照，* Model_Space 块表记录中的实体对象为块参照(图 4-13)。

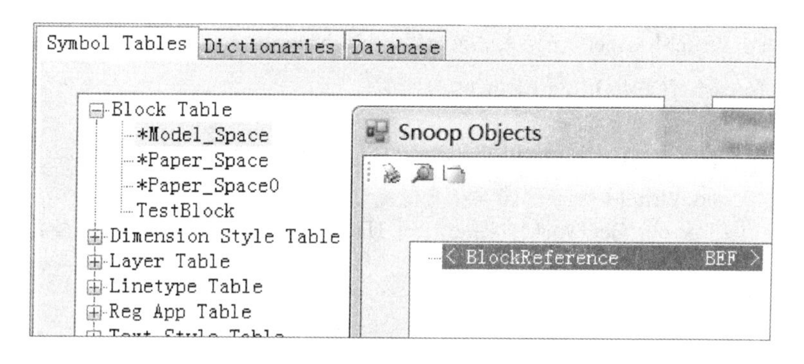

图 4-13　* Model_Space 块表记录中的实体对象

再次回想之前利用命令 Block 创建块的过程，创建“块”过程中块表及块表记录的变化如表 4-2 所列。

表 4-2　　创建“块”过程中块表及块表记录的变化

操作		块表变化	块表记录变化
模型空间创建实体		无变化	* Model_Space 内增加实体
创建块定义		增加块表记录 TestBlock	TestBlock 内增加实体
创建块时的不同选项	保留	无变化	不变
	转换为块	无变化	* Model_Space 中实体被删除，增加块参照
	删除	无变化	* Model_Space 中实体被删除

注：(1) 表中的实体指的是用于创建块的实体，例如之前示例中的圆和直线。
(2) 如果用命令 Bedit 创建块，上述块表及块表记录的变化会有许多不同。

接下来看一下如何采用代码对块表、块表记录及块表记录内部实体进行查询。继续 4.1.2节的项目，在 MyCommands 类中添加以下代码：

```
01 [CommandMethod("MyGroup", "ListEnts", CommandFlags.Modal)]
02 public void ListEnts()
03 {
04     Document doc = Application.DocumentManager.MdiActiveDocument;  //活动文档
05     Editor ed = doc.Editor;                                        //获取编辑器
06     Database db = doc.Database;                                    //获取数据库
07     //Database db = HostApplicationServices.WorkingDatabase;       //另一种方法
08     ObjectId blockTblId = db.BlockTableId;                         //块表 Id
09     using (Transaction tr = db.TransactionManager.StartTransaction())
10     {
11         BlockTable bt = blockTblId.GetObject(                      //块表
12             OpenMode.ForRead) as BlockTable;
13         foreach (ObjectId btrId in bt)                             //遍历块表记录
14         {
15             BlockTableRecord btr = btrId.GetObject(
16                 OpenMode.ForRead) as BlockTableRecord;
17             ed.WriteMessage("\n块表记录:{0}", btr.Name);            //输出块表记录名称
18             foreach (ObjectId entId in btr)                        //遍历实体
19             {
20                 DBObject obj = entId.GetObject(OpenMode.ForRead);
21                 ed.WriteMessage("\n实体类型为:{0}\t句柄:{1}",
22                     obj.GetType().Name, obj.Handle);               //类型名称及句柄
23             }
24         }
25         tr.Commit();
26     }
27 }
```

这段代码输出了每条块表记录的名称，并遍历块表记录的实体，输出实体类型与句柄。代码第 6 行通过活动文档获取数据库，第 7 行(注释的一行)采用另一种方法获取了当前正

在操作的数据库(注意:这种方法获取的数据库并不一定是活动文档的数据库,需要查阅更多资料);代码第 8 行通过数据库获得块表的 Id;代码第 11 行、第 12 行打开块表;代码第 13 行针对块表中的每一个 ObjectId 进行循环操作,这个 Id 是块表记录的 Id;代码第 15 行、第 16 行打开块表记录;代码第 13 行针对块表记录中的每一个 ObjectId 进行循环操作,这个 Id 是数据库对象(实体)的 Id。阅读这段代码,应把重点放在理解对象之间层级关系上,至于如何打开对象、获取对象属性等操作并不是重点。

代码第 9 行中涉及的事务(Transaction)、第 11 行、第 12 行涉及的由 ObjectId 获取 Object 后续章节中详细讲述。

再次回想一下刚才的操作过程:获取文档、获取数据库、从数据库中找到块表、块表内部是块表记录、块表记录内是实体。一层又一层的包装箱,如果能清楚地知道刚才拆了几层包装箱,说明对数据库之间的层级关系也就明白了。

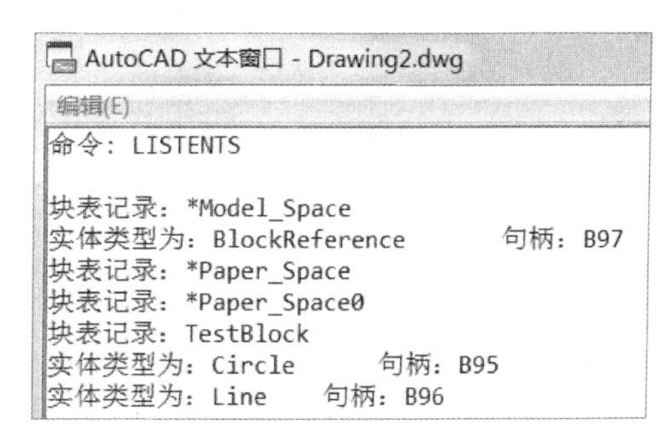

图 4-14　代码运行结果

编译、加载项目,打开之前的 .dwg 文件,输入命令 LISTENTS,看到的结果与图 4-14 类似;如果是其他图形文件,例如用_AutoCAD Civil 3D (Metric) NCS. dwt 样板文件创建的图形,这里列出的块表记录会很多。

注:前后几个截图中实体句柄不同是因为未利用一个图形文件完成测试。

读者可能早就想到这样一个问题:如何直接获取模型空间或某个图纸空间的呢?

在 MyCommands 类中添加以下代码:

```
01 [CommandMethod("MyGroup", "ListBlkRcd", CommandFlags.Modal)]
02 public void ListBlkRcd()
03 {
04     string[] btrNames = new string[]{
05             "*Model_Space","*model_space","*Paper_Space",
06             "*Paper_Space0", "*Paper_Space1", "*Paper_Space2",
07             "Line","TestBlock","Something",
08             BlockTableRecord.ModelSpace, BlockTableRecord.PaperSpace};
09     Document doc = Application.DocumentManager.MdiActiveDocument;   //活动文档
10     Editor ed = doc.Editor;                                        //获取编辑器
11     Database db = doc.Database;                                    //获取数据库
12     //Database db = HostApplicationServices.WorkingDatabase;
13     ObjectId blockTblId = db.BlockTableId;                         //块表 Id
14     using (Transaction tr = db.TransactionManager.StartTransaction())
15     {
16         BlockTable bt = blockTblId.GetObject(                      //块表
17             OpenMode.ForRead) as BlockTable;
18         foreach (string btrName in btrNames)                       //遍历每一名称
19         {
20             if (bt.Has(btrName))                                   //判断是否存在
21             {
```

```
22                  BlockTableRecord btr = bt[btrName].GetObject(
23                      OpenMode.ForRead) as BlockTableRecord;
24                  ed.WriteMessage("\n 块表记录{0}找到了!\t 句柄:{1}",
25                      btr.Name, btr.Handle);                              //输出名称及句柄
26              }
27              else
28              {
29                  ed.WriteMessage("\n 块表记录{0}不存在!", btrName);
30              }
31          }
32          tr.Commit();
33      }
34  }
```

因为目前没有涉及输入操作,因此代码第4~8行用字符串数组存储了若干块表记录名称,注意其大小写,代码第8行中的两个"字符串"是类BlockTableRecord中的两个静态属性,用于返回模型空间及图纸空间的名称。代码第18行对每一块表记录名称进行循环操作;代码第20~30行根据是否存在相应的块表记录输出不同的信息。

代码第22行bt[btrName]用于获取与名称btrName对应的块表记录的ObjectId,是此段代码的核心。也就是说,可以通过名称来获取块表记录的Id,之后就可以进行其他操作。

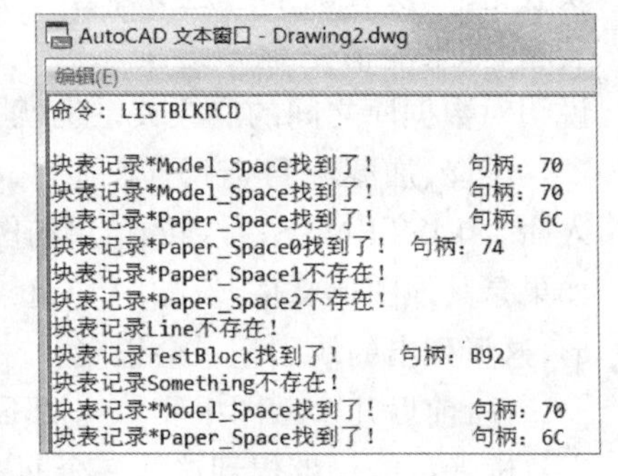

图4-15 块表记录查询结果

经过测试,名称字符串的大小写并不敏感,"*Model_Space","*model_space"都能顺利获取到模型空间。测试结果如图4-15所示。

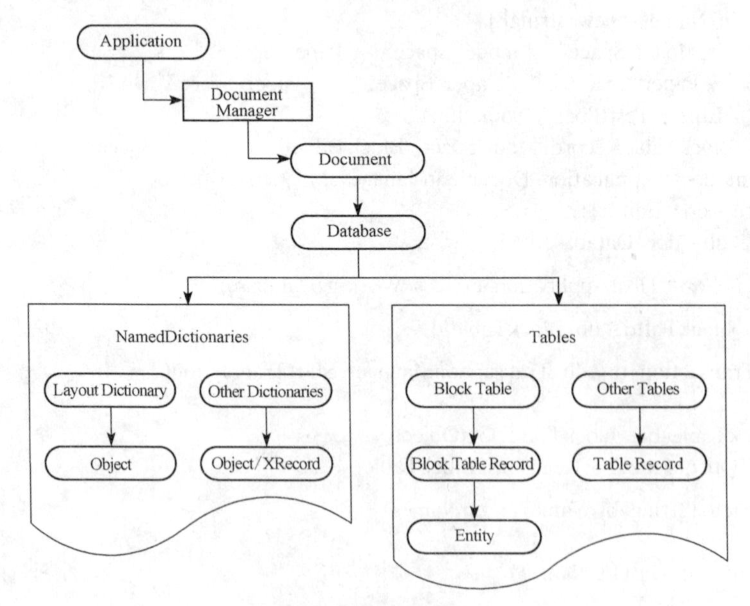

图4-16 对象关系

4.1.7　字典

字典(DBDictionary)是用于存储非图形对象的容器，AutoCAD 数据库中的字典分为命名对象字典和扩展字典，本节内容只涉及命名对象字典。

命名对象字典的内容主要有组(Group)、布局(Layout)、材质(Materials)、表格样式(Tablestyle)等，可以利用 MgdDbg 工具查看一下字典的具体结构(为了简明扼要，这里的图形仍是以“无样板”模式创建的，如果以其他样板创建图形，看到的内容可能有所不同)，可以看到当前字典所包含的内容(图 4-17(a))。

图 4-17(a)中显示出了字典 Named Objects Dictionary，其中包含了 ACAD_COLOR，ACAD_DETAILVIEWSTYLE，ACAD_GROUP，ACAD_LAYOUT，ACAD_MATRIAL，ACAD_MLEADERSTYLE 等众多条目，每一个条目本身也是一个字典对象。对于初学者可能会造成一定的混乱，难以理解。

展开字典 ACAD_LAYOUT 可以看到其中的条目：现有 3 个布局的名称：Model，布局 1，布局 2；展开 ACAD_MATERIAL 可以看到现有材质：ByBlocks，Bylayer，Global。

关闭 MgdDbg 工具，执行一些 AutoCAD 操作后再次查看字典的内容。

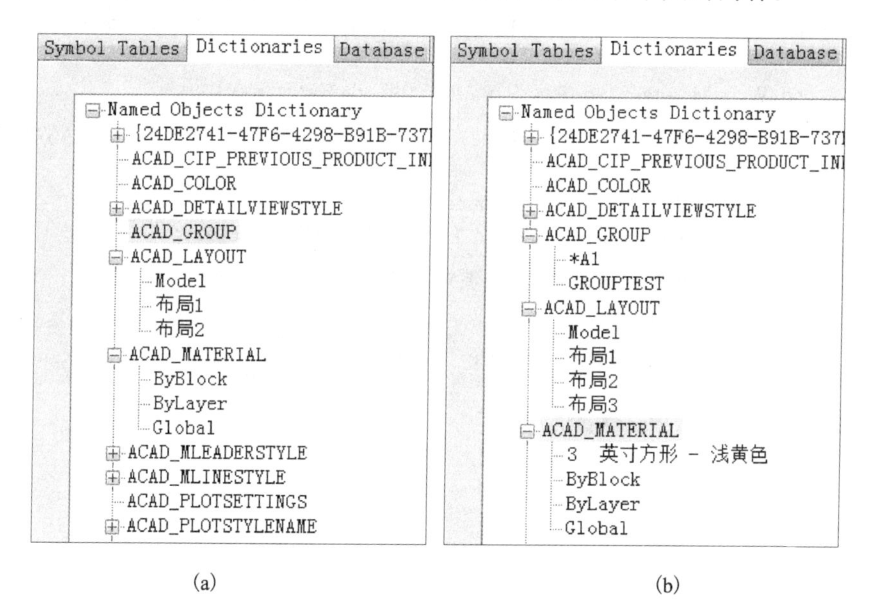

(a)　　(b)

图 4-17　字典内容

执行命令 Group 创建一个匿名组和一个命名组(需要提前添加一些对象，例如一条线段和一个圆)；

执行命令 Layout，新建一个布局；

执行命令 Materials，从材质库拖放一种材质进来。

之后再次用 MgdDbg 工具查看一下字典的内容。此时可以看到字典 ACAD_GROUP 增加了两个条目，内容分别是创建的组名称(名称前面有符号 * 的组为匿名组，这里 * A1 及时刚才创建的匿名组)；ACAD_LAYOUT 增加了新建的布局：“布局 3”；ACAD_MATERIAL 增加了刚才拖放进来的材质“3 英寸方形-浅黄色”(可能与拖放进来的材质有所不同)。

通过上述的操作,希望能对字典有了初步的认识。字典里存放的是“看不见”的东西。

接下来通过代码来查询命名对象字典,输出其条目总数,之后遍历字典的每一个条目,输出其名称。在遇到字典“ACAD_LAYOUT”时,输出其条目总数及条目名称。

```
01 [CommandMethod("MyGroup", "ListNmdDic", CommandFlags.Modal)]
02 public void ListNmdDic()
03 {
04     Document doc = Application.DocumentManager.MdiActiveDocument;
05     Editor ed = doc.Editor;                                    //获取编辑器
06     Database db = doc.Database;                                //获取数据库
07     using (Transaction tr = db.TransactionManager.StartTransaction())
08     {
09         DBDictionary nmdDic = db.NamedObjectsDictionaryId
10             .GetObject(OpenMode.ForRead) as DBDictionary;     //获取命名对象字典
11         ed.WriteMessage("\n 字典条目数量:{0}", nmdDic.Count);
12         string dicName = "ACAD_LAYOUT";
13         foreach (DBDictionaryEntry dicEntry in nmdDic)         //遍历命名对象字典
14         {
15             ed.WriteMessage("\n 字典条目名称:{0}", dicEntry.Key);
16             if (dicEntry.Key == dicName)                       //判断是否为 LAYOUT
17             {
18                 DBDictionary layoutDic = nmdDic.GetAt(dicName)
19                     .GetObject(OpenMode.ForRead) as DBDictionary;
20                 ed.WriteMessage(";字典条目的数量:{0};名称分别为:"
21                     , layoutDic.Count);
22                 foreach (DBDictionaryEntry dicEntry1 in layoutDic)
23                 {
24                     ed.WriteMessage("{0},", dicEntry1.Key);
25                 }
26             }
27         }
28         tr.Commit();
29     }
30 }
```

代码第 9 行、第 10 行,用来获取命名对象字典,其中第 9 行通过数据库的 NamedObjectsDictionaryId 属性来获取命名对象的 ObjectId。代码第 11 行输出字典条目的数量。代码第 13 行,通过字典条目(DBDictionaryEntry)遍历字典,第 15 行中输出条目的名称。

代码第 16 行,判断字典条目名称是否为 ACAD_LAYOUT,如果是,就打开此字典,并输出其条目的总数及条目的名称。注意第 18 行的 GetAt()方法,还可与 Contains()方法配合使用,来查找并访问特定条目,这在创建自定义的字典时会经常用到。

之前已经讲过,命名对象字典中的条目对象类型也是字典,字典中包含字典,这让初学者难以理解,希望通过上述代码,仔细阅读代码第 9 行、第 18 行,能够对字典的结构有进一步的了解。测试结果如图 4-18 所示。

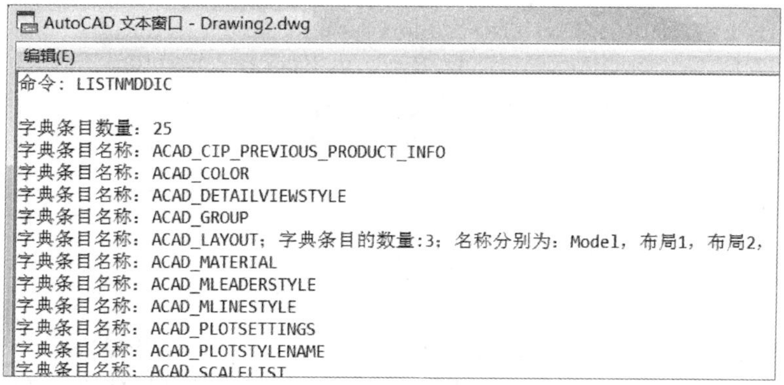

```
AutoCAD 文本窗口 - Drawing2.dwg
编辑(E)
命令: LISTNMDDIC

字典条目数量: 25
字典条目名称: ACAD_CIP_PREVIOUS_PRODUCT_INFO
字典条目名称: ACAD_COLOR
字典条目名称: ACAD_DETAILVIEWSTYLE
字典条目名称: ACAD_GROUP
字典条目名称: ACAD_LAYOUT; 字典条目的数量:3; 名称分别为: Model, 布局1, 布局2,
字典条目名称: ACAD_MATERIAL
字典条目名称: ACAD_MLEADERSTYLE
字典条目名称: ACAD_MLINESTYLE
字典条目名称: ACAD_PLOTSETTINGS
字典条目名称: ACAD_PLOTSTYLENAME
字典条目名称: ACAD_SCALELIST
```

图 4-18　命名对象字典查询结果

接下来以 ACAD_LAYOUT 为例，看一下如何访问特定的字典。在阅读代码之前，先来看一些布局和块表记录之间的对应关系。

任何布局的内容都分布在两个不同的对象之间：一个布局（Layout）和块表记录（BlockTableRecord）对象（这里的块表记录指的是 4.1.6 节中所说的特殊块表记录，* Model_Space 以及 * Paper_Space 前缀的块表记录）。布局对象包含绘图设置和在 AutoCAD 用户界面中显示的布局的可视属性。块表记录对象包含布局上显示的几何元素，如注释、浮动视口和标题块。块表记录对象还包括用于控制用于布局的绘图辅助工具和图层属性的显示的视口（Viewport）对象。

每个布局对象与一个且仅一个块表记录对象相关联。要访问与给定布局相关联的块表记录对象，需要使用 BlockTableRecordId 属性。同样，每个块表记录对象与一个且仅一个布局对象相关联。要访问与给定的块表记录关联的布局对象，需要使用该块表记录的 LayoutId 属性。块表记录的 IsLayout 属性可用于确定是否具有关联的 Layout 对象，如果块表记录与布局对象关联，则返回 TRUE。

清楚了布局与块表记录之间的对应关系，就可以用代码进行一些查询操作。下面一段代码用于获取布局字典并遍历字典条目，输出每个布局对应的块表记录。

```
01 [CommandMethod("MyGroup", "ListLayoutDic", CommandFlags.Modal)]
02 public void ListLayoutDic()
03 {
04     Document doc = Application.DocumentManager.MdiActiveDocument;
05     Editor ed = doc.Editor;                                          //获取编辑器
06     Database db = doc.Database;                                      //获取数据库
07     using (Transaction tr = db.TransactionManager.StartTransaction())
08     {
09         DBDictionary dic = db.LayoutDictionaryId
10             .GetObject(OpenMode.ForRead) as DBDictionary;            //获取布局字典
11         ed.WriteMessage("\n 字典条目数量:{0}", dic.Count);
12         foreach (DBDictionaryEntry dicEntry in dic)                  //遍历布局字典
13         {
```

```
14                Layout layout = dicEntry. Value
15                    . GetObject(OpenMode. ForRead) as Layout;
16                BlockTableRecord btr = layout. BlockTableRecordId
17                    . GetObject(OpenMode. ForRead) as BlockTableRecord;
18                ed. WriteMessage("\n{0}对应的块表记录为{1}",
19                    layout. LayoutName, btr. Name);
20            }
21            tr. Commit();
22        }
23 }
```

上述代码第 9 行、第 10 行，获取布局字典，与第 9 行中的 LayoutDictionaryId 属性类似的属性还有多个，可以直接获取相应字典的 ObjectId。您可以自行猜想一下，获取 ACAD_GROUP 字典需要应采用那个属性来获取其 ObjectId。

这里要注意的是代码第 14 行、第 15 行，这里的字典条目对象类型是 Layout。如果把第 9 行中的 LayoutDictionaryId 换成 TableStyleDictionaryId，这里的 Layout 需要换成什么类型呢?

第 16 行、第 17 行获取与布局对应的块表记录。为加深对特殊块表记录的理解，运行代码测试时，通过_AutoCAD Civil 3D (Metric) NCS. dwt 样板创建文件，新建两个布局，运行代码后的结果可能与图 4-19(a)类似；之后删除与块表记录 * Paper_Space 的布局，再次运行代码，结果可能与图 4-19(b)类似，注意块表记录 * Paper_Space 始终存在。

通过上述代码的演示，希望对字典及块表记录有更进一步的理解。

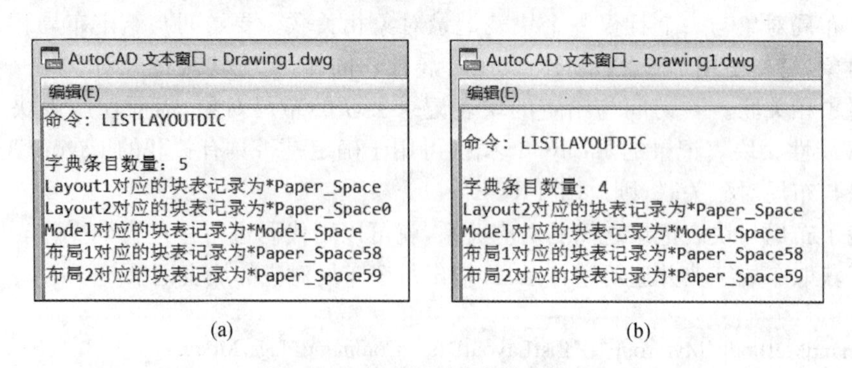

图 4-19　与布局对应的块表记录

4.2　了解 Civil 3D 对象层次结构

理解了 AutoCAD 对象的层次结构，再来理解 Civil 3D 的对象层次结构，就会发现 Civil 3D 的对象层次结构要简单的多，不会存在类似特殊块表记录、字典中的条目还是字典对象的这种难以理解的情况。

虽然直接阅读本节也能理解 Civil 3D 的对象层次结构，但还是建议在阅读完 4.1 节的前提下再阅读本节内容。

4.2.1 应用程序

要了解 Civil 3D 对象的层次结构，还是要从应用程序开始。

Civil 3D .NET 层次结构中的根对象是 CivilApplication 对象。它包含了对当前活动文档的引用以及有关正在运行的产品的信息。CivilApplication 不是从 AutoCAD 对象 Autodesk. AutoCAD. ApplicationServices. Application 继承而来，因此，如果需要访问应用程序级方法和属性(例如所有打开的文档的集合，有关主窗口的信息等)，则需要通过 AutoCAD Application 对象进行访问。

4.2.2 文档

Civil 3D 文档的对象类型 CivilDocument，这与 AutoCAD 文档类型是不同的。

通过 CivilApplication. ActiveDocument 属性访问活动的 CivilDocument 对象。回想 1.4 节代码，代码第 6 行从 CivilApplication 对象中获取了 CivilDocument。要测试此段代码，需添加 using AutodeskCivil. ApplicationServices；指令导入命名空间。

```
01 public void BlockReferenceToCogoPoint()
02 {
03     //获取 AutoCAD 的 Document 对象
04    Document doc = Application.DocumentManager.MdiActiveDocument;
05     //获取 Civil 3D 的 Document 对象
06    CivilDocument civilDoc = CivilApplication.ActiveDocument;
07     //获取几何空间点集
08    CogoPointCollection cogoPts = civilDoc.CogoPoints;
09     以下代码省略
```

4.2.3 集合

CivilDocument 对象不仅包含 AutoCAD Civil 3D 绘图元素(如点、路线)的集合(图4-20)，还包含修改这些元素(如样式和标签样式)的对象。CivilDocument 中的集合是大多数对象的 ObjectID 集合(Autodesk. AutoCAD. DatabaseServices. ObjectIdCollection)。要访问对象，需要开启事务，在事务中打开对象并转为相应类型。

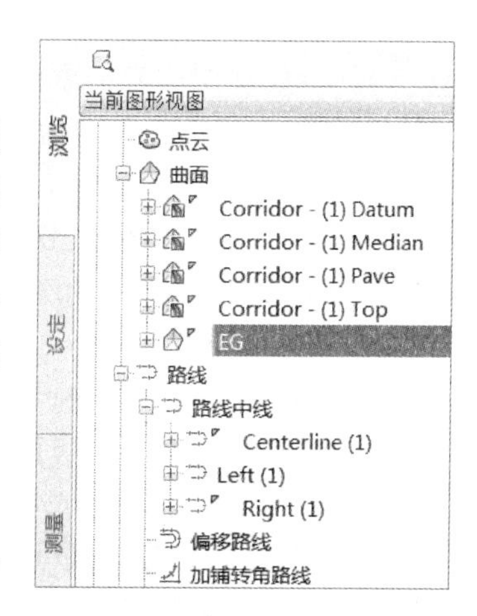

图 4-20 Civil 3D 对象集合

集合的操作，可以查看本书 3.6 节相关内容。如何由 ObjectId 获取 Object 将在后续 4.3 节讲述。

如何获取 Civil 3D 对象的集合呢？看一下 4.2.2 节的代码第 8 行，该行代码从 CivilDocument 对象获取了几何空间点的集合。其他对象如何获取，您现在可以打开 Civil 3D .NET API Reference，浏览到命名空间 Autodesk. Civil. ApplicationServices，找到 CivilDocument 类，查看其方法及属性，如图 4-21 所示。这里就不再用代码进行演示。

可以通过属性及方法来获取各种对象的 ObjectId 集合，需要注意的是有些集合是多层嵌套的，例如 Settings，Styles 等，需要层层“剥开”，直到获取到需要的对象。

Civil 3D .NET API Reference

CivilDocument Members

CivilDocument Class Methods Properties See Also Send Feedback

Methods

	Name	Description
	GetAlignmentIds	Gets the objectId collection of all Alignment objects in the drawing.
	GetAlignmentTableIds	Gets the objectId collection of all alignment tables.
	GetAllPointIds	Gets the objectId collection of all points in the drawing.
S	GetCivilDocument	Gets the CivilDocument object from the AutoCAD Database object.
	GetGeneralSegmentLabelIds	Gets the objectId collection of all GeneralSegmentLabel objects in the drawing.
	GetIntersectionIds	Gets the objectId collection of all intersection objects in

图 4-21　CivilDocument 对象的方法

4.3　由 ObjectId 获取 Object

数据库中的每一个对象都有多个唯一的标识(ID)，访问对象的途径有以下几种方式：

- **实体句柄(Entity handle)**
- **对象标识(ObjectId)**
- **实例指针(Instance pointer)**

其中，最常用的方法就是通过 ObjectId 访问对象。在使用 COM 互操作及托管 .NET API 的项目中，ObjectId 均能很好工作。在其他程序中，例如 Lisp 程序，可能需要通过句柄访问对象。

句柄(Handle)是随同数据库永久保存的；ObjectId 则是当数据库加载到内存中才存在的，数据库关闭后 ObjectId 不复存在，再次打开数据库后 ObjectId 与之前的 ObjectId 相比会发生改变。

这里只关注获得 ObjectId 之后如何获取相应的 Object，而不关注如何获得 ObjectId。

可以通过 GetObject()这个方法由 ObjectId 获取相应的 Object。

获取 Object 有三种方式：只读(Read)、写入(Write)、通知(Notify)。

一个对象在没有被以写入方式或通知方式打开时，可以被以只读方式打开 256 次；对象在没有被以只读方式打开时，可以用写入方式打开，否则会打开失败；对象无论是处于关闭状态或以只读方式打开或以写入方式打开时，都可以以通知方式打开，如果已经以通知方式打开，则不能再次以通知方式打开。

最常用的是以只读和写入方式打开，两种打开方式的效率是不同的，除非需要修改对象，必须要以写入方式打开，否则应以只读方式打开。有些时候不确定即将打开的对象是想要对其操作的那一个(诸如选择集中有多种实体,只对某些实体进行操作),可以先以只读方式打开,确定是要操作的那一个后,再以 UpgradeOpen()方法把只读模式“升级”为写入模式。

之前几节的代码中,多次遇到了将 ObjectId 转换为 Object 的用法。例如:

```
BlockTableRecord btr = btrId.GetObject(OpenMode.ForRead) as BlockTableRecord;
BlockTable bt = blockTblId.GetObject(OpenMode.ForRead) as BlockTable;
DBDictionary nmdDic = db.NamedObjectsDictionaryId
                .GetObject(OpenMode.ForRead) as DBDictionary;
```

注意:这些代码一定是在 using (Transaction tr=…语句块之中的,如果脱离了事务,上述代码将会导致致命错误。

接下来看一下如何显式的利用 Transaction 由 ObjectId 获取 Object。假设已经获得了一个 Circle 的 ObjetId,要由这个 Id 获取 Circle 对象。

```
01    public Circle GetObject(ObjectId id)
02    {
03        Circle circle = null;
04        Database db = HostApplicationServices.WorkingDatabase;
05        Transaction tr = db.TransactionManager.StartTransaction();
06        circle = tr.GetObject(id, OpenMode.ForRead) as Circle;
07        tr.Commit();
08        tr.Dispose();
09        return circle;
10    }
```

上述代码定义了方法 GetCircle();方法的输入参数为 ObjectId id,返回值为 Circle circle。

Transaction tr 是本书 4.4 节将要讲述的,在此不做过多解释。方法的核心在下一句:

circle=tr.GetObject(id, OpenMode.ForRead) as Circle;

tr.GetObject()方法的返回值均为 DBObject 类型,要将 DBObject 类型转换为 Circle 类型,在此使用了 as 进行转换,如果对此不明白,可以详细查看前一章类型转换相关内容。

注意:这里并没有使用 using 语句,所以需要 tr.Dispose();来销毁事务以便释放内存。为了了解更多的用法,可能会造成理解上的困扰,希望在遇到任何一个不清楚的地方,都要试着多问几个为什么,并尝试自己搜索问题的答案。

如果获得了一个 Alignment 的 ObjectId,要获取相应的 Alignment,需要写下类似 GetAlignment();如果获得了一个 Profile 的 ObjectId,要获取相应的 Profile,需要写下类似 GetProfile()…,这些方法及其类似,有没有可能合并成一个方法呢? 答案是肯定的,可以通过泛型方法实现。下面看一下代码:

```
01    public T GetMyObject<T>(ObjectId id) where T : class
02    {
03        T myObject = null;
04        Database db = HostApplicationServices.WorkingDatabase;
05        using (Transaction tr = db.TransactionManager.StartTransaction())
```

```
06        {
07            myObject = tr.GetObject(id, OpenMode.ForRead) as T;
08            tr.Commit();
09        }
10        return myObject;
11    }
```

上述代码定义了泛型方法 GetMyObject〈T〉，where T：class 为泛型约束，T 为类型。可以用下面的方式来调用该方法：

```
Circle circle = GetMyObject<Circle>( circleId );
Alignment alignment = GetMyObject<Alignment>( alignmentId );
Profile profile = GetMyObject<Profile>( profileId );
```

关于泛型方法只作为了解内容，有兴趣的读者可自行搜索以下关键字：泛型方法、泛型约束。

问题：如何由 Handle 获取对象？

4.4 事务(Transaction)

事务，一般是指要做的或所做的事情。在计算机术语中是指访问并可能更新数据库中各种数据项的一个程序执行单元(unit)。

对于初学者来说，从字面上难以理解什么是事务，上面的解释也是晦涩难懂。既然难以理解，干脆不去深究其含义，只需要知道什么时间用它，怎么用它，有哪些注意事项，等到对 AutoCAD 及 Civil 3D 二次开发知识掌握到一定程度，也就会逐渐明白其含义。

什么情况下会用到事务呢？

本书中所涉及的实例中，以下情况都需要用到事务：

(1) 由 ObjectId 访问相应的 Object(或者进行编辑、删除等操作)需要在事务中进行；

(2) 创建新对象并将对象添加到数据库中需要在事务中进行；

怎么使用事务？直接节选本书 4.3 节代码如下：

```
04        Database db = HostApplicationServices.WorkingDatabase;
05        using (Transaction tr = db.TransactionManager.StartTransaction())
06        {
07            myObject = tr.GetObject(id, OpenMode.ForRead) as T;
08            tr.Commit();
09        }
```

要开启事务，首先要获取到事务管理器，之后通过事务管理器开启事务。也就是上面代码编号为 05 的那一行。

为什么要将事务放在using语句中呢？这是为了自动“销毁”事务，用于释放内存。如果不使用using，务必调用Dispose()方法，这是非常重要的，在本书4.3节的注意事项中已经说明，在此重复强调，希望能够引起注意。

代码第8行有什么作用呢？回答问题之前，时刻记住下面一句话——事务要么被提交要么被放弃，二者必选其一。这行代码的作用就是提交事务，确认事务内的各种操作。如果要放弃事务，则执行方法Abort()，事务内的各种操作将不被执行。至于什么情况下放弃事务，应根据异常情况确定。关于异常捕捉，将在本书4.5节中讲述。

注意：初学者很容易忘记提交事务，例如创建新的数据库对象并将对象添加到数据库，因为没有提交事务，程序虽能正常运行，却达不到预期的目的，调试程序也不能发现异常，此类错误比较隐蔽，希望初学者一定注意。

在后续小节的代码中，创建数据库对象并将对象添加到数据库中时，需要通过方法AddNewlyCreatedDBObject()将对象添加到事务中，见本书5.1.1节代码。

希望通过以上简短的介绍，能够对事务有一定的了解，了解事务的主要作用是什么的，掌握如何开启事务，牢记事务要么提交，要么放弃。

除此之外，事务还可以嵌套，也就是在事务内开启新的事务。更多的信息可以查看ObjectARX for AutoCAD Developer's Guide → Advanced Topics → Transaction Management，或者网络搜索关键字：数据库，事务。

4.5 捕捉异常

程序设计应对各种可能出现的情况进行考虑，但智者千虑必有一失，在程序运行过程中总会出现预想不到的情况，可能造成程序中断甚至崩溃，例如尝试访问不存在的对象，或删除不存在或正在使用的对象，这些操作都将导致错误。您应捕获错误并做出相应响应。

C#语言使用try，catch和finally关键字尝试某些操作，用来处理可能遇到的失败情况。

假设要获取的曲面样式并不存在，如果不进行异常处理，程序触发异常后会弹出对话框，之后程序将中断，不能完整执行。以下代码就展示了这样一个过程：

```
01 [CommandMethod("ExceptionTest")]
02 public void ExceptionTest()
03 {
04     CivilDocument civilDoc = CivilApplication.ActiveDocument;
05     Editor ed = Application.DocumentManager.MdiActiveDocument.Editor;
06     ObjectId pointStyleId = civilDoc.Styles.SurfaceStyles["某某样式"];
07     ed.WriteMessage("\n程序中断，此信息不能正常输出。");
08 }
```

如果.dwg文件中不存在名称为“某某样式”的曲面样式，运行上面的代码，当程序运行到第6行时，将出现如图4-22所示的对话框：

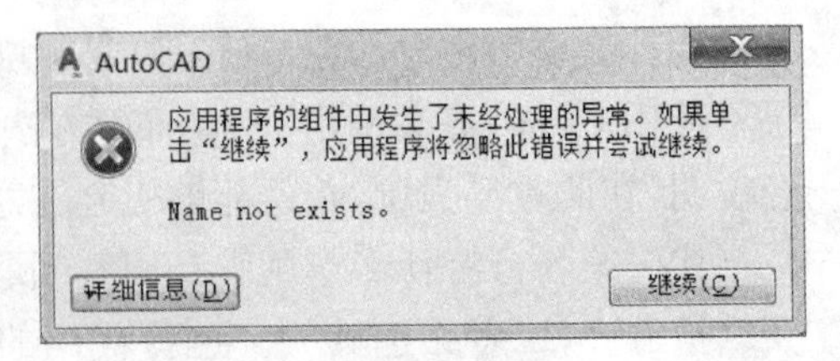

图4-22　未处理异常

选择"继续"后，程序将中断，第7行代码不能运行。

遇到这种情况，可以添加try catch块捕获异常，修改后的代码如下：

```
01 [CommandMethod("ExceptionTest1")]
02 public void ExceptionTest1()
03 {
04     CivilDocument civilDoc = CivilApplication.ActiveDocument;
05     Editor ed = Application.DocumentManager.MdiActiveDocument.Editor;
06     try
07     {
08         ObjectId pointStyleId = civilDoc.Styles.SurfaceStyles["某某样式"];
09     }
10     catch (ArgumentException e)
11     {
12         ed.WriteMessage(e.Message);
13     }
14     ed.WriteMessage("\n程序正常进行，此信息正常输出。");
15 }
```

将可能发生错误的语句放入try语句块内，将遇到错误后如何进行处理的代码放入catch语句块内，当try语句块内的代码触发异常并被准确捕捉后，catch语句块内代码将被执行。在catch语句块内，除了输出异常信息外，还可以进行更多的操作，比如当指定名称的样式不存在，可以在catch语句块内创建该样式，这种用法将在后续的样例代码中出现，例如本书10.2.2节中的代码。

此时进行测试，之前的对话框不再出现，而是在命令行输出相应的信息，之后继续执行后面的代码，如图4-23所示。

命令: EXCEPTIONTEST1
Name not exists.
程序正常进行，此信息正常输出。
键入命令

图4-23　测试结果

这里只是告诉try catch是什么，具体用法可在C#语言参考中搜索，以便获取更多信息。

为使本书中的样例代码尽可能简洁，便于阅读，多数未进行异常捕捉，这并不是一个好习惯，希望读者在代码编写过程中，养成捕捉异常的良好习惯，避免出现因异常未处理造成的程序中断或崩溃。

4.6　人机交互

在AutoCAD操作过程中，需要不断地进行各种数据的输入，在程序的执行过程及结束时，也会有不同的信息输出，用以提示用户下一步的操作或反馈执行结果，这就属于人机交互。下面就先从信息的输出开始，之后是Editor.GetInteger()，Editor.GetDouble()，Editor.GetPoint()，Editor.GetAngle()，Editor.GetEntity()，Editor.GetSelection()等方法的应用，来了解用户与 AutoCAD 之间的交互操作。

4.6.1　命令行输出

目前，已出版的很多程序设计的书，第一个示例基本都是 Hello World！对于 AutoCAD 二次开发来说，向命令行输出信息："Hello World!"，同样是最基本的操作。

本书 2.4 节代码中已经涉及向命令行输出信息的操作，只不过当时的重点是如何进行项目配置，并未对代码进行解释。下面是代码节选，完整代码可在 2.4 节的代码中查找。

```
07    Application.DocumentManager.MdiActiveDocument.Editor.WriteMessage(
08          "\n数据库中几何空间点的数量为{0}个.", CogoPts.Count);
```

这行代码通过 Editor.WriteMessage()方法向命令行输出了几何空间点的数量。当查看帮助文档时，WriteMessage()方法参数类型为 string，个数为 1 个，为什么这里会出现两个参数呢?

这里直接调用了 String.Format()方法来格式化字符串，{0}为索引，后续参数列表中的参数与之对应，这里的参数是 CogoPts.Count，该参数被转换成指定格式的字符串。关于此方法更多的信息，可在.NET Framework 帮助文档中进行搜索。

如果要输出多个对象的信息，可以添加多个参数，参数之间用逗号分隔，例如：

```
ed.WriteMessage("\n几何空间点{0}的描述为{1}。", pt.Name, pt.RawDescription);
```

关于编辑器(Editor)，在前述 4.1.2 节讲述文档时已经涉及，如何访问编辑器，可在 4.1.2节代码中查找，在此不再累述。

4.6.2　输入整数

本节了解如何从命令行获取整数的输入，代码如下：

```
01 [CommandMethod("GetInteger")]
02 public void IntegerTest()
03 {
04     Editor ed = Application.DocumentManager.MdiActiveDocument.Editor;
05     PromptIntegerOptions pio = new PromptIntegerOptions("输入一个整数");
06     pio.AllowNegative = false;                  //不允许输入负数
07     pio.AllowNone = false;                      //不能空输入
08     pio.AllowZero = false;                      //不能输入 0
09     pio.DefaultValue = 1;                       //默认值为 1
10     PromptIntegerResult pir = ed.GetInteger(pio);
11     if (pir.Status == PromptStatus.OK)          //判断是否有效输入
12     {
13         ed.WriteMessage(string.Format("\n您输入的是 {0}。", pir.Value));
14     }
15 }
```

代码第 10 行，Editor.GetInteger()方法有两种重载形式，这里采用的方法参数 pio 类型为 PromptIntegerOptions；另一种方法参数类型为 string，可以简单地输入一些提示信息。这里使用了 PromptIntegerOptions 类型的参数，在此之前需要创建此变量，也就是代码第 5～9 行的内容。

代码第 5～9 行，初始化并设置了变量 pio，从注释内容中可以很清楚地看到每行代码的意义，在此不再解释。读者需要体会 PromptIntegerOptions 类型的用途，此类型变量在获取整数输入时设置了若干"选项"，或者说设置了"限制"，可以对获取的数据提前进行"干预"。在后续小节的代码中，获取其他类型数据时，也将遇到类似的用法，规律很明显，希望在阅读代码的过程中能够总结分析。

图 4-24　测试结果

代码第 11 行，对输入的结果进行判断，当 Status 为 OK 时，pir. Value 才是获取的整数值。Editor. GetInteger()方法的返回值类型为 PromptIntegerResult，试想一下，如果想获取实数或者点，类似方法的返回值类型又是什么呢？

4.6.3　输入实数及关键字

4.6.2 节中示例获取了整数的输入，本节示例将从命令行中获取一个实数，与 4.6.2 节不同之处在于，在获取实数的过程中，可以通过输入关键字来获取预先定义的实数，例如圆周率 π。

```
01 [CommandMethod("GetDouble")]
02 public void DoubleTest()
03 {
04     Editor ed = Application.DocumentManager.MdiActiveDocument.Editor;
05     PromptDoubleOptions pdo = new PromptDoubleOptions("输入一个实数或");
06     pdo.Keywords.Add("Pi", "Pi", "派〈Pi〉");
07     pdo.Keywords.Add("Two-pi", "Two-pi", "二派〈Two-pi〉");
08     pdo.AllowNone = false;
09     pdo.AllowZero = false;
10     pdo.DefaultValue = 1.0;
11     PromptDoubleResult pdr = ed.GetDouble(pdo);
12     if (pdr.Status == PromptStatus.Keyword)
13     {
14         switch (pdr.StringResult)
15         {
16             case "Pi":
17                 ed.WriteMessage("\n 输入的值为 3.14");
18                 break;
19             case "Two-pi":
20                 ed.WriteMessage("\n 输入的值为 6.28");
21                 break;
22             default:
23                 ed.WriteMessage("\n 输入的关键字无效");
24                 break;
25         }
26     }
```

```
27    if (pdr.Status != PromptStatus.OK)
28    {
29        ed.WriteMessage("\n 用户输入: " + pdr.Status.ToString());
30    }
31 }
```

代码第 5 行创建 PromptDoubleOptions 类型变量 pdo，注意分析对比一下本书 4.6.2 节中获取整数时变量类型的区别。

代码第 6 行、第 7 行，添加了两个关键字，"Pi" "Pi" "派<Pi>"分别表示全局名称、本地名称和显示名称；在命令行中输入关键字时，用户需要输入本地名称才能进行关键字的匹配；全局名称是在本地名称翻译未知的情况下，由程序访问关键字时使用。可以简单地理解为有了本地名称时必须使用本地名称，没有本地名称时才使用全局名称。名称将会显示在命令行中。

代码第 8～10 行，设置了变量 pdo 一些属性，分别是不能空输入、不允许输入 0、默认值为 1.0。对比一下本书 4.6.2 节内容，是不是很类似呢？

代码第 11 行，使用 Editor.GetDouble()方法从命令行获取小数的输入。

代码第 12～26 行，对输入结果为关键字时进行相应处理，输入的关键字为 Pi 时，向命令行输出 3.14，输入的关键字为 Two-pi 时，向命令行输出 6.28。

代码第 12～26 行，当输入结果不为 OK 时，将结果状态输出到命令行。测试结果如图 4-25 所示。

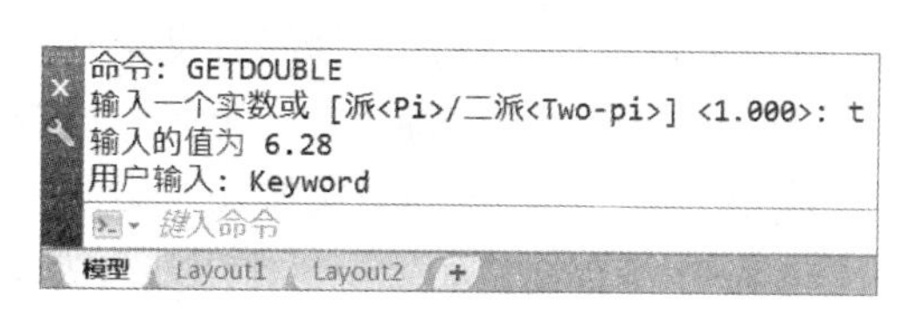

图 4-25　测试结果

4.6.4　拾取点

在进行图形操作过程中，从屏幕中拾取点是经常遇到的操作，本节了解如何实现此操作。下面的代码将实现两个点的拾取并根据两点绘制一条临时向量。

```
01 [CommandMethod("GetPoint")]
02 public void PointTest()
03 {
04     Editor ed = Application.DocumentManager.MdiActiveDocument.Editor;
05     PromptPointOptions ppo = new PromptPointOptions("拾取线段起点:");
06     PromptPointResult ppr = ed.GetPoint(ppo);                  //拾取起点
07     Point3d start = ppr.Value;
08     if (ppr.Status == PromptStatus.Cancel)
09     {
10         ed.WriteMessage("\n 使用(0,0,0) 作为起点。");
11     }
12     ppo.Message = "\n 拾取线段终点:";                          //修改提示信息
13     ppo.UseBasePoint = true;                                   //使用基点
14     ppo.BasePoint = start;                                     //设置基点
15     ppo.UseDashedLine = true;                                  //使用虚线
16     ppr = ed.GetPoint(ppo);                                    //拾取终点
17     Point3d end = ppr.Value;
```

```
18    if (ppr.Status  = =  PromptStatus.Cancel)
19    {
20        ed.WriteMessage("\n使用(50,50,0)作为终点。");
21        end=new Point3d(50, 50, 0);
22    }
23    ed.DrawVector(start, end, 1, false);                    //绘制向量
24 }
```

代码第 5 行创建 PromptPointOptions 类型变量 ppo。

代码第 6 行,使用 Editor.GetPoint()方法获取线段起点的输入。

代码第 8~11 行,当拾取起点过程中按下 ESC 键,将使用(0, 0, 0)作为线段的起点。

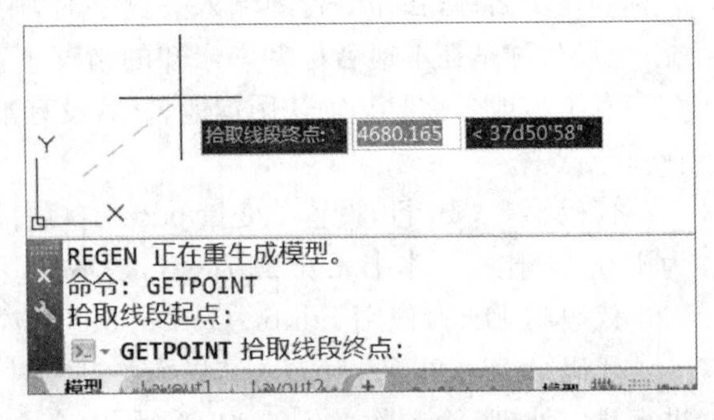

图 4-26 拾取终点的过程

代码第 13~15 行,修改变量 ppo 的属性值。在拾取第二点时,并不需要创建新的 PromptPointOptions 变量,只需要对之前的变量进行适当修改即可。这里设置使用基点为真并将之前拾取的起点设置基点后,在拾取第二点时,将从基点至光标绘制一条"橡皮筋"。橡皮筋是实线还是虚线由代码第 15 行控制。如果设置使用基点为假,则不会绘制橡皮筋。

代码第 18~22 行与第 8~11 行类似,不同点在于需要设置终点的值,为什么使用(0, 0, 0)作为起点时不用设置起点的值呢?原因很简单,ppr.Value 的默认值是点(0, 0, 0)。

代码第 23 行,绘制临时的向量,该向量并不存储到 dwg 数据库中,当屏幕进行重绘时就会消失。

4.6.5 拾取角度

有时需要在屏幕上拾取角度,角度是以 double 类型存储的。测试结果如图 4-27 所示。

```
01 [CommandMethod("GetAngle")]
02 public void AngleTest()
03 {
04     Editor ed=Application.DocumentManager.MdiActiveDocument.Editor;
05     PromptAngleOptions pao=new PromptAngleOptions("拾取角度");
06     pao.AllowNone=false;
07     pao.UseDashedLine=true;
08     pao.UseAngleBase=true;
09     PromptDoubleResult startAngle=ed.GetAngle(pao);
10     if (startAngle.Status  = =  PromptStatus.OK)
11     {
12         ed.WriteMessage("\n拾取的角度为{0}", startAngle.Value);
13     }
14 }
```

这里需要 PromptAngleOptions 类型的参数，Editor. GetAngle()方法的返回值类型为 PromptDoubleResult，与之前获取整数或小数的操作有所不同，这里的返回值类型不是 PromptAngleResult 而是 PromptDoubleResult。

图 4-27　测试结果

代码第 8 行设置使用基准角度为真，但并未设置基准角度，这个基准角度是多少呢？在测试以上代码时，调整一下系统变量 Angbase 试试看。

还应注意到，可以在命令行直接输入角度值，输入的角度值是度分秒还是弧度，由图形单位设置确定(Units)，不论图形单位如何设置，代码第 12 行中输出的结果均为弧度。

4.6.6　拾取单个实体

操作 AutoCAD 或 Civil 3D，实体选择更是经常遇到的操作，本节就以两个示例演示如何实现实体的选择。

1. 选择任意类型单个实体

在选择实体时，可以随意选择任何类型的实体，也就是屏幕上显示的实体都可以通过点击鼠标进行选择。

```
01 [CommandMethod("GetEntity1")]
02 public void EntityTest1()
03 {
04     Document doc = Application.DocumentManager.MdiActiveDocument;
05     Editor ed = doc.Editor;
06     PromptEntityResult per = ed.GetEntity("\n 拾取任意实体:");
07     if (per.Status == PromptStatus.OK)
08     {
09         ObjectId entid = per.ObjectId;
10         using (Transaction tr = doc.Database.TransactionManager.StartTransaction())
11         {
12             Entity entity = (Entity)tr.GetObject(entid, OpenMode.ForRead, true);
13             ed.WriteMessage("\n 所选对象类型为: " + entity.GetType().FullName);
14             tr.Commit();
15         }
16     }
17 }
```

有了前面获取整数、小数、点、角度等数据的经验，读者可能会想到获取实体时需要一个 PromptEntityOptions 类型的变量，但此段代码只是拾取任意的实体，并不需要 PromptEntityOptions 类型的变量，所以直接采用参数类型为 string 的 Editor. GetEntity()方法来获取实体。

方法 Editor. GetEntity()的返回值类型为 PromptEntityResult，同样需要对返回结果的状态进行判断。返回结果中存储的是所选对象的 ObjectId，注意与之前小节的 Value 进行区别。测试结果如图 4-28 所示。

```
命令: GETENTITY1
拾取任意实体:
所选对象类型为: Autodesk.Civil.DatabaseServices.ParcelSegment
键入命令
```

图 4-28　测试结果

2. 使用过滤器选择特定类型实体

如果需要选择特定类型的对象，该如何实现呢？

```
01 [CommandMethod("Getentity2")]
02 public void EntityTest2()
03 {
04     Document doc = Application.DocumentManager.MdiActiveDocument;
05     Editor ed = doc.Editor;
06     PromptEntityOptions peo = new PromptEntityOptions("\n 拾取路线");
07     peo.SetRejectMessage("\n 选择的对象类型不是路线,请重新选择!");
08     peo.AddAllowedClass(typeof(Alignment), true);
09     PromptEntityResult per = ed.GetEntity(peo);
10     if (per.Status  = =  PromptStatus.OK)
11     {
12         ObjectId entid = per.ObjectId;
13         using (Transaction tr = doc.Database.TransactionManager.StartTransaction())
14         {
15             Entity entity = (Entity)tr.GetObject(entid, OpenMode.ForRead, true);
16             ed.WriteMessage("\n 所选对象类型为: " + entity.GetType().FullName);
17             tr.Commit();
18         }
19     }
20 }
```

选择特定类型的实体就需要 PromptEntityOptions 类型的变量了，创建该变量后，需要进行一定的设置，代码第 7 行、第 8 行，分别设置了拒绝信息和允许类型。如果在屏幕上拾取的对象类型与要求的类型不符，就会输出拒绝信息，并要求重新拾取对象。

代码第 8 行，设置允许类型时，使用了 typeof()方法，此方法中的参数即为想要选择的对象类型。代码测试结果如图 4-29 所示。

```
命令: GETENTITY2
拾取路线:
选择的对象类型不是路线, 请重新选择!
拾取路线:
所选对象类型为: Autodesk.Civil.DatabaseServices.Alignment
键入命令
```

图 4-29　测试结果

4.6.7　拾取选择集

需要选择多个实体时，可以通过选择集来实现。

1. 获取选择集的方法

在了解如何获取选择集之前，先了解一下获取选择的各种方法，见表 4-3。

表 4-3　　选择方法

选择方法	说　明
GetSelection	提示用户从屏幕中选择对象
SelectAll	选择图形中的所有对象。 注意　选择所有布局和空间中的对象，包括被锁定或冻结的对象。与执行 AutoCAD 命令 select 并输入关键字 All 时的行为有所不同，需要注意
SelectCrossingPolygon	选择多边形内部或与之相交的所有对象。该多边形可以为任意形状，但不能与自身相交或相切
SelectCrossingWindow	选择矩形内部或与之相交的所有对象
SelectFence	选择与选择栏相交的所有对象
SelectLast	选择最近一次创建的可见对象
SelectPrevious	选择先前创建的选择集
SelectWindow	选择矩形中的所有对象
SelectWindowPolygon	选择多边形中的所有对象。该多边形可以为任意形状，但不能与自身相交或相切
SelectAtPoint	选择通过给定点的对象
SelectByPolygon	选择多边形内的对象

以上方法都是关于获取选择集的，通过其说明不难看出其用法与手工操作 AutoCAD 进行选择大同小异。

2. 简单样例

选择图层为“0”的圆，可以通过以下代码实现：

```
01 [CommandMethod("GetSelection")]
02 public void SelectionTest()
03 {
04     Document doc = Application.DocumentManager.MdiActiveDocument;
05     Editor ed = doc.Editor;
06     TypedValue[] tv = new TypedValue[]
07             {
08                 new TypedValue((int)DxfCode.Start, "CIRCLE"),
09                 new TypedValue((int)DxfCode.LayerName, "0")
10             };
11     SelectionFilter sf = new SelectionFilter(tv);
12     PromptSelectionResult per = ed.GetSelection(sf);
13     if (per.Status == PromptStatus.OK)
```

```
14     {
15         SelectionSet ss = per.Value;
16         ed.WriteMessage("\n 所选对象总数为:{0} ", ss.Count);
17     }
18 }
```

这里使用了参数类型为 SelectionFilter 的方法 Editor.GetSelection()，此方法还有 3 种重载形式，读者可以查看 AutoCAD .NET Reference 以获取更详细的信息。

此段代码的难点在于创建 SelectionFilter 类型变量，为创建此类型变量，需要创建 TypedValue 类型的数组，创建数组时，又会遇到 DxfCode，这些类型相对抽象，从而使初学者阅读此段代码会遇到困难。关于 TypedValue 可以在 AutoCAD Managed .NET Classes Reference Guide → Autodesk.AutoCAD.DatabaseServices Namespace → TypedValue Structure 一节中查找更多信息。DxfCode 可以通过 AutoCAD 帮助→开发人员文档→General Resources → DXF Reference 中查找更多信息。

关于选择集过滤器的更多信息可以查询 AutoCAD .NET Developer's Guide 中选择集操作相关章节，搜索关键字 Selection Sets。

接下来再看一下方法 Editor.SelectAll()，此方法与手工操作 AutoCAD 使用"选择全部"创建选择集是有区别的，方法 Editor.SelectAll()将选择整个 dwg 数据库中符合条件的对象，下面一段代码演示了该方法的应用。

```
01 [CommandMethod("MySelectAll")]
02 public void SelectAllTest()
03 {
04     Document doc = Application.DocumentManager.MdiActiveDocument;
05     Editor ed = doc.Editor;
06     TypedValue[] tv = new TypedValue[]
07         {
08             new TypedValue((int)DxfCode.Start, "CIRCLE"),
09         };
10     SelectionFilter sf = new SelectionFilter(tv);
11     PromptSelectionResult per = ed.SelectAll(sf);
12     if (per.Status == PromptStatus.OK)
13     {
14         SelectionSet ss = per.Value;
15         ed.WriteMessage("\n 所选对象总数为:{0} ", ss.Count);
16         using (Transaction tr = doc.Database.TransactionManager.StartTransaction())
17         {
18             foreach (SelectedObject so in ss)
19             {
20                 Entity ent = so.ObjectId.GetObject(OpenMode.ForWrite) as Entity;
21                 ent.ColorIndex = 3;
22             }
23             tr.Commit();
24         }
25     }
26 }
```

为了证明对象曾被选中，在创建选择集后，将选择集中的每个对象颜色都修改为绿色，测试上面代码时，您可以在不同的图层、模型空间、布局创建若干个圆，之后执行上面的代码，即使图层处于冻结状态，所有的圆都将修改为绿色（图层锁定除外）。

最后再展示一个交叉窗选的示例，该示例中将拾取两点，由此两点构建交叉窗口进行选择，无论拾取窗口的方向是从左向右还是从右向左，窗口内及与窗口相交的对象均会被选中，代码如下：

```
01 [CommandMethod("MySelectCw")]
02 public void SelectCrossingWindowTest()
03 {
04     Document doc = Application.DocumentManager.MdiActiveDocument;
05     Editor ed = doc.Editor;
06     PromptPointOptions ppo = new PromptPointOptions("拾窗口角点:");
07     PromptPointResult ppr = ed.GetPoint(ppo);
08     Point3d start = ppr.Value;
09     PromptCornerOptions pco = new PromptCornerOptions("拾窗口另一角点", start);
10     ppr = ed.GetCorner(pco);
11     Point3d end = ppr.Value;
12     PromptSelectionResult per = ed.SelectCrossingWindow(start, end);
13     if (per.Status == PromptStatus.OK)
14     {
15         SelectionSet ss = per.Value;
16         using (Transaction tr = doc.Database.TransactionManager.StartTransaction())
17         {
18             foreach (SelectedObject so in ss)
19             {
20                 Entity ent = so.ObjectId.GetObject(OpenMode.ForWrite) as Entity;
21                 ent.ColorIndex = 3;
22             }
23             tr.Commit();
24         }
25     }
26 }
```

代码中使用了方法 Editor.GetCorner()来拾取窗口的另一角点，在操作过程中，移动光标，将出现一个矩形窗口示意选择的范围。测试代码的过程中注意与直接操作 AutoCAD 时的交叉窗选有什么异同。

通过本节的多个示例，您现在应对从命令行输出输入数据有了一定的了解，能够完成基本的交互操作，若需要更多数据的输入输出，还可以通过创建自定义界面（例如对话框）来实现，这部分内容将在本书第8章中讲述。

第5章 创建对象

——把大象放冰箱,总共分几步?

本章重点

◇ 通过创建基本 AutoCAD 对象,对 AutoCAD 对象层次结构有进一步了解

◇ 通过创建几何空间点、曲面等对象了解 Civil 3D 对象的创建方法

◇ 初步了解类的继承与多态

5.1 创建 AutoCAD 对象

不积跬步无以至千里,不积小流无以成江海。虽然创建一条直线、添加一个图层这样的小程序没有什么实际意义(内部命令很简单就可以完成),但对于初学二次开发的读者来说,这可是一大步,这一步跨出去,就跨进了二次开发的大门。

这一节通过两个简单和一个相对复杂的例子了解创建 AutoCAD 对象的基本过程。为了增加面向对象程序设计的印象,本节实例的代码比 AutoCAD managed .NET developer's guide 中的例子稍微复杂一些,希望能为读者讲解明白。

首相利用向导创建项目,之后向项目中添加类,示例代码中类名为 CreateEntityDemo。

接下来为类添加三个字段:

```
Document doc;
Editor ed;
Database db;
```

这三个字段是在各方法中经常用到的。添加字段的同时注意 using 相应的命名空间,VS 会给出相应的提示,只要用鼠标点击即可。接下来创建几个方法:

```
public CreateEntityDemo(){}
public void CreateLine(){}
public void CreateLayer(){}
public void CreateLayouts(){}
private void AddEntToModelSpace(Entity ent){}
```

第一个方法 CreateEntityDemo()是类的构造方法,将在这个构造方法中初始化刚才添

加的 3 个字段；第二个方法 CreateLine()将用来创建一条直线；第三个方法 CreateLayer()将创建一个图层；第四个方法 CreateLayouts()将创建多个布局及视口；第五个方法 AddEntToModelSpace()将实体添加到模型空间，将在 CreateLine()中调用。编写创建视口代码过程中，还会出现更多的方法，为了简单明了，在此暂不列出。

在解决方法资源管理中，选中项目，单击鼠标右键，从右键菜单中选择查看→查看类图，找到类 CreateEntityDemo，将其展开，应与图 5-1 类似：

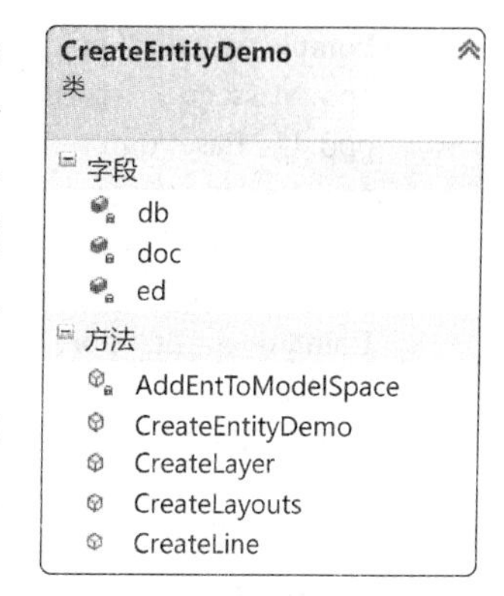

图 5-1　类图

回到文本编辑器，代码应与下列代码类似：

```
01 public class CreateEntityDemo
02 {
03     Document doc;
04     Editor ed;
05     Database db;
06     public CreateEntityDemo(){}
07     public void CreateLine(){}
08     public void CreateLayer(){}
09     public void CreateLayouts(){}
10     private void AddEntToModelSpace(Entity ent){}
11 }
```

现在完成类的构造方法，注意此方法与其他方法的不同，其他方法除了 public 或 private 关键字外，还有类型修饰符，例如 void，bool，double 等，而构造方法只有 public 修饰符而没有类型修饰符。在方法内部添加以下代码，对三个字段进行初始化。

```
01 public CreateEntityDemo()
02 {
03     doc = Application.DocumentManager.MdiActiveDocument;
04     ed = doc.Editor;
05     db = doc.Database;
06 }
```

至此，本节示例的准备工作完成了，接下来完成其他的方法，首先创建一条直线。

5.1.1　创建直线

在方法 CreateLine()内完成以下代码：

```
01 public void CreateLine()
02 {
03     PromptPointOptions ppo = new PromptPointOptions("\n 拾取直线起点:");
04     PromptPointResult ppr = ed.GetPoint (ppo);
05     if (ppr.Status != PromptStatus.OK) return;
```

```
06     Point3d startPt = ppr. Value;
07     ppo. Message = "\n 拾取直线终点： ";
08     ppo. UseBasePoint = true;
09     ppo. BasePoint = startPt;
10     ppr = ed. GetPoint (ppo);
11     if (ppr. Status ! =  PromptStatus. OK) return;
12     Point3d endPt = ppr. Value;
13     Entity line = new Line(startPt, endPt);
14     AddEntToModelSpace(line);
15 }
```

此段代码的逐行解释如下：

```
01 声明方法 CreateLine()
02 {
03     定义 ppo 变量,"拾取直线起点:"将出现在命令行向用户发出提示
04     从 editor 获取点
05     判断输入结果,如果结果不 ok,退出
06     直线起点
07     修改 ppo 提示文本,为获取终点做准备
08     设置使用基点属性为真,拾取终点时可从起点拉一根橡皮筋
09     设置基点
10     从 editor 获取点
11     判断输入结果,如果结果不 ok,退出
12     直线终点
13     创建 line 实体
14     将 line 实体添加到模型空间
15 }
```

在这里提出一个问题：Entity line＝new Line(startPt, endPt);为什么可以这样写呢？那可不可以写成 Line line＝new Line(startPt, endPt);呢？还有没有其他的方式可以呢？这个问题留给读者思考。

接下来将接着实现方法 AddEntToModelSpace。这个方法在以后的代码中可能会多次出现。

```
01 private void AddEntToModelSpace(Entity ent)
02 {
03     using (Transaction tr = db. TransactionManager. StartTransaction())
04     {
05         BlockTable bt = db. BlockTableId. GetObject(OpenMode. ForRead) as BlockTable;
06         BlockTableRecord btr = bt[BlockTableRecord. ModelSpace]
07             . GetObject(OpenMode. ForWrite) as BlockTableRecord;
08         btr. AppendEntity(ent);
09         tr. AddNewlyCreatedDBObject(ent, true);
10         tr. Commit();
11     }
12 }
```

此段代码的逐行解释如下：

```
01 声明方法,输入参数为 entity 类型
02 {
03    定义 tr 变量,开启事务
04    {
05      获取块表,打开方式为只读
06      获取模型空间块表记录,打开方式为写入
07      接上一行
08      将 ent 添加到块表记录(模型空间)中
09      将新创建的实体添加到事务中
10      事务提交
11   }
12 }
```

上述代码实现了将实体对象添加至模型空间的操作，这是一个简化版本，有时可能需要返回新建对象的 ObjectId，或者需要将对象添加到布局（图纸空间）或其他块表记录（图块定义）中，读者可以查找相关资料自行完成。

至此，创建一条直线的代码就完成了，接下来完善命令相关的代码。打开另一个类文件 myCommands.cs，如果是用向导创建的项目，一定会有这个文件的。添加或复制修改原有的方法，使其与下面的代码类似：

```
01 public class MyCommands
02 {
03    [CommandMethod ("MyGroup", "CreateLine","CreateLineLocal", CommandFlags.Modal)]
04    public void CreateLine()
05    {
06      CreateEntityDemo ced = new CreateEntityDemo();
07      ced.CreateLine();
08    }
09 }
```

注意这里的 CreateLine()方法名称与 CreateEntityDemo 类中的方法名称是一样的，会不会混淆呢？如果不明白，请翻阅命名空间相关章节，重复加深一下印象。

编译、加载，在命令行中输入命令 CreateLine，拾取起点、终点，不出意外的话就能成功创建一条直线。接下来可以试着在拾取点的过程中按下 Esc 键，或者直接用键盘输入点的坐标，看一下是什么效果（图 5-2）。

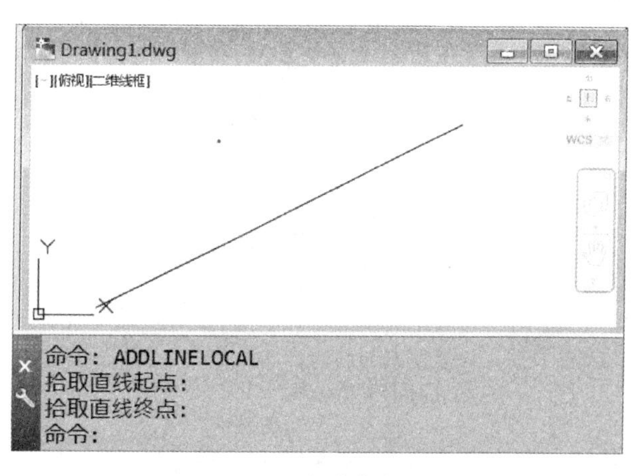

图 5-2 创建直线

对比一下内部命令 Line，看有什

么区别,怎样才能跟内部命令类似呢?读者可以在 AutoCAD Managed .NET Developer's Guide 中搜索关键字:keyword,并在其他资源搜索关键字:递归。

5.1.2 创建图层

在方法 CreateLayer()中输入以下代码:

```
01 public void CreateLayer()
02 {
03     PromptStringOptions pso = new PromptStringOptions("\n输入图层名称:");
04     PromptResult pr = ed.GetString(pso);
05     if (pr.Status != PromptStatus.OK) return;
06     string layerName = pr.StringResult;
07     using (Transaction tr = db.TransactionManager.StartTransaction())
08     {
09       LayerTable lt = db.LayerTableId.GetObject(OpenMode.ForRead) as LayerTable;
10       if (!lt.Has(layerName))
11       {
12           LayerTableRecord ltr = new LayerTableRecord();
13           ltr.Name = layerName;
14           ltr.Color = Color.FromColorIndex(ColorMethod.ByAci, 3);
15           lt.UpgradeOpen();
16           lt.Add(ltr);
17           lt.DowngradeOpen();
18           tr.AddNewlyCreatedDBObject(ltr, true);
19       }
20       tr.Commit();
21     }
22 }
```

为便于初学者更清楚地理解上述代码,将上述代码逐行解释如下:

```
01 声明方法 CreateLayer
02 {
03     定义 pso 变量,"输入图层名称:"将出现在命令行向用户发出提示
04     从 editor 获取字符串
05     判断输入结果,如果结果不 ok,退出
06     获取图层名字符串
07     定义变量 tr,开启事务
08     {
09       获取层表,注意打开方式为只读
10       判断同名图层是否已存在
11       {
12           创建新图层
13           设置图层的名称
14           设置图层的颜色
15           层表打开方式升级
16           将层表记录添加到层表中
17           层表打开方式降级
18           将新创建的实体添加到事务中
```

```
19        }
20    事务提交,永远不要忘记
21    }
22 }
```

上述代码第 9 行,为什么要以只读方式打开层表呢? 这是因为输入的图层名可能已经存在,如果同名图层已经存在,将不进行任何操作,这也就是为什么在第 10 行对图层是否存在进行判断的原因。同时还要注意第 15 行、第 17 行,对层表的打开状态进行了升级和降级操作。

在类 MyCommands 中添加以下方法,创建命令 CreateLayer。

```
01 [CommandMethod("MyGroup", "CreateLayer", "CreateLayerLocal", CommandFlags.Modal)]
02 public void CreateLayer()
03 {
04         CreateEntityDemo ced = new CreateEntityDemo();
05         ced.CreateLayer();
06 }
```

为了清晰知道程序的执行过程,可以启动调试,逐步执行程序,在适当位置插入断点(调试→新建断点或 Ctrl+B),然后启动调试(F5),加载程序并运行命令 CreateLayer(图 5-3)。

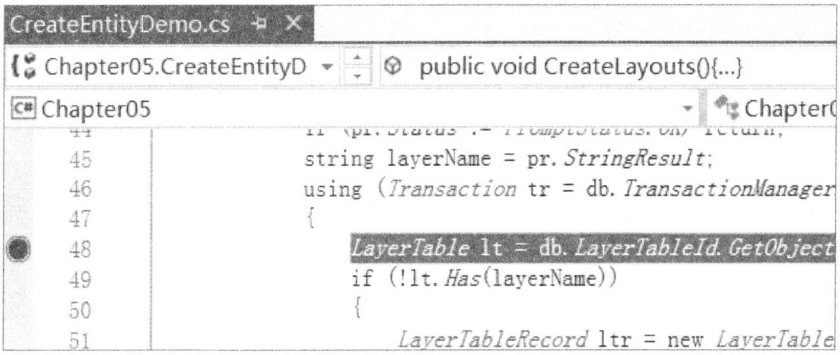

图 5-3　设置断点

当程序运行至断点时,将会暂停,可以选择逐语句(F11)、逐过程(F10)或继续(F5)等操作。重复执行命令 CreateLayer 并输入之前的图层名称时,表达式! lt.Has(layerName)值为假,if 语句块将不被执行。如果您想在存在同名图层时向命令行输出提示信息(例如输出:"图层已存在,未创建图层。")或将图层名添加后缀继续创建新图层等操作,可添加 else 语句进行相关操作,读者可自行完成。

现在来分析总结对比一下前面两小节的内容,本书 5.1.1 节在模型空间创建了一条直线,5.1.2 节创建了一个新图层,区别在哪里? 对于拾取点、获取图层名等操作不做比较,只比较直线、图层添加进数据库的过程。为了更直观地比较这里采用表格形式进行对比,具体结果如表 5-1 所示。

表 5-1 创建直线与创建图层对比

创建直线	创建图层
开启事务	开启事务
从数据库中找到块表	从数据库中找到层表
从块表中找到模型空间(块表记录)	向层表中添加层表记录
向块表记录中添加实体	
事务提交	事务提交

实体(直线、圆弧、多段线、文本等)都从属于块表记录(模型空间、图纸空间及块定义),而图层本身是层表记录,与块表记录处于同一"等级"。换句话说,实体外面比图层多一层"包装箱"。不知道这样解释,能否有助于读者进一步理解AutoCAD的对象层级结构?

如果要创建一个块定义,该如何操作呢?这个问题留给读者查阅相关资料自行解决,例如:AutoCAD Managed .NET Developer's Guide → Advanced Drawing and Organizational Techniques → Use Blocks and Attributes → Work with Blocks → Define Blocks。

5.1.3 创建布局及视口

前面两节的例子非常简单,创建AutoCAD实体的基本过程都是类似的,接下来看一个较为复杂的例子:创建布局及视口,并进行一定的页面设置。为了体现"程序"的优势,这里不止创建一个布局。假设这样一个场景,创建了一系列的表格,要把这些表格分别放入不同布局的视口,然后向图纸集中添加这些视口,之后批量打印,是不是一件挺有趣的事情呢?接下来就看一下具体思路:

(1) 选择表格(这个表格是按行打断的);

(2) 获取表格的几何范围等参数(计算需要创建多少个布局);

(3) 循环操作,创建布局及视口,进行页面设置。

1. 根据表格创建多个布局

```
01 public void CreateLayouts()
02 {
03     PromptEntityOptions peo = new PromptEntityOptions("\n选择表格:");
04     peo.SetRejectMessage("\n选择的对象不是表格,请重新选择。");
05     peo.AddAllowedClass(typeof(Table), true);
06     PromptEntityResult per = ed.GetEntity(peo);
07     if (per.Status != PromptStatus.OK) return;
08     ObjectId tabId = per.ObjectId;
09     LayoutManager lm = LayoutManager.Current;
10     using (Transaction tr = db.TransactionManager.StartTransaction())
11     {
12         Table table = tabId.GetObject(OpenMode.ForRead) as Table;
13         Extents3d ext = table.GeometricExtents;
14         Point3d minPt = ext.MinPoint;
15         Point3d maxPt = ext.MaxPoint;
16         double deltaX = maxPt.X-minPt.X;
17         double deltaY = maxPt.Y-minPt.Y;
```

```
18        double tabWidth = table.Width;
19        double tabBrkSpacing = table.GetBreakSpacing();
20        int i = 1;
21        for (double x = minPt.X; x < maxPt.X; x += tabWidth + tabBrkSpacing, i++)
22        {
23            Point3d insertPt = new Point3d(x, minPt.Y, 0);
24            string layoutName = "表" + string.Format("{0:00}", i);
25            GetName(lm, ref layoutName);
26            ObjectId layoutId = lm.CreateLayout(layoutName);
27            lm.SetCurrentLayoutId(layoutId);
28            Layout layout = layoutId.GetObject(OpenMode.ForWrite) as Layout;
29            PageSetup(layout);
30            CreateViewport(tr, layout, tabWidth, deltaY, insertPt);
31            ed.Command("_.ZOOM", "_E");
32            ed.Regen();
33        }
34        tr.Commit();
35    }
36    lm.SetCurrentLayoutId(lm.GetLayoutId("Model"));
37 }
```

上述代码逐行解释如下：

```
01 声明方法 CreateLayouts
02    {
03    输入提示选项
04    为只选择表格设置拒绝信息,选择的对象不是表格时,将提示此信息
05    添加允许的类,注意 typeof 方法的应用
06    从编辑器拾取实体
07    判断拾取结果,若状态不 OK 将直接返回
08    从 per 中得到表格 ObjectId
09    静态方法获取布局管理器
10    定义变量 tr,开启事务
11    {
12      获取表格实体
13      表格的几何范围
14      几何范围最小点
15      几何范围最大点
16      表格水平方向的总长度
17      表格的“高度”——打断后的实际高度
18      单页表格的宽度
19      表格错开的间距
20      计数器,用于修改布局编号
21      开始循环操作,针对每一页表格创建相应布局
22      {
23          定义每页表格的左下脚点为插入点,用于计算视口中心及视口目标
24          准备布局名称
25          判断布局名称是否可用,并获取可用名称
26          创建布局,返回布局的 ObjectId
```

```
27            通过布局管理器设置新建布局为当前布局
28            获取布局实体
29            进行页面设置
30            创建视口
31            视图缩放
32            重生
33        }
34        事务提交
35      }
36    返回模型空间
37 }
```

本段代码中,按照之前的程序思路,可以简单地分为三部分:代码第3～8行,获取了表格的ObjectId;代码第12～19行获取了表格的几何信息;代码第21～33行进行循环操作,为每一页表格创建一个布局。其中需要注意的部分有以下几点:

(1)代码第9行,布局"管理器"是通过LayoutManager类的静态方法得到的,关于静态方法如何调用,可以自行搜索查询。

(2)代码第13行,GeometricExtents()方法,在获取实体对象和范围时会经常用到。

(3)代码第21行,表格页数计数器的递增放在了for循环的表达式中,这里只告诉读者可以这样用,详细用法可以在MSDN中搜索。

(4)代码第24行,自定义方法,为了演示递归方法的应用,设计了一个获取可用布局名称的方法,这个方法在后面详细介绍。前缀"表"可以通过获取表格标题,为不同表格创建不同的布局名称。如何实现,请读者自行完成。

(5)代码第27行,要切换到新建布局以便进行相应的初始化工作,虽然有Layout. Initialize()方法可进行初始化,能进行创建视口页面设置等工作,但要实现布局的"激活"——视口正常显示,必须要等布局至少第二次手动切换进去后才能实现。

(6)代码第31行,视图缩放,没有类似ObjectARX中AcApLayoutManager :: updateCurrentPaper()的方法,于是利用Editor. Command()方法向命令行发送命令来实现。

2. 根据单页表格创建视口

接下来看一下自定义方法CreateViewport():这个方法具有5个参数,分别为Transaction tr——事务,Layout layout——布局实体,double width——表格宽度,double height——表格高度,Point3d insertPt——定位点。

```
01 private void CreateViewport(Transaction tr, Layout layout,
02     double width, double height, Point3d insertPt)
03 {
04     Viewport vp = null;
05     ObjectIdCollection vpids = layout.GetViewports();
06     foreach (ObjectId id in vpids)
07     {
08         Viewport vp2 = id.GetObject(OpenMode.ForWrite) as Viewport;
09         if (vp2 != null && vp2.Number == 2)
10         {
11             vp = vp2;
```

```
12              break;
13          }
14      }
15      if (vp == null)
16      {
17          BlockTableRecord btr = layout.BlockTableRecordId.GetObject(
18              OpenMode.ForWrite) as BlockTableRecord;
19          vp = new Viewport();
20          btr.AppendEntity(vp);
21          tr.AddNewlyCreatedDBObject(vp, true);
22      }
23      vp.Height = height + 4;
24      vp.Width = width + 4;
25      vp.CenterPoint = new Point3d(210, 148.5, 0);
26      vp.Layer = "Defpoints";;
27      vp.CustomScale = 1
28      vp.ViewHeight = height + 4;
29      vp.ViewTarget = new Point3d(insertPt.X + width / 2, insertPt.Y + height / 2, 0);
30      vp.ViewDirection = new Vector3d(0, 0, 1);
31      vp.ViewCenter = new Point2d(0, 0);
32      if (vp.On == false) vp.On = true;
33  }
```

上述代码逐行解释如下：

```
01 定义方法 CreateViewport 及 5 个参数
02 接上一行
03 {
04     定义变量 vp
05     获取布局中所有视口 objectid
06     利用 for 循环查找所需的视口
07     {
08         获取视口实体
09         判断视口是否是要找的那一个
10         {
11             传递给之前定义的变量 vp
12             跳出循环
13         }
14     }
15     如果没找到视口,需要创建一个新的
16     {
17         获取布局对应的块表记录
18         接上一行
19         新建视口
20         将新建视口添加至块表记录
21         将新建的视口附加到事务
22     }
23     设置视口的高度,比表格高一些,以便完整显示表格边框线宽
24     设置视口宽度
```

```
25    设置视口的中心位置,这里放到A3幅面的中心
26    设置视口的图层,Defpoints默认不打印
27    设置比例
28    设置视图高度,模型空间看到的高度,而不是图纸空间表示视口的那个方框
29    设置视图的目标,这个目标点要用模型空间的世界坐标系
30    设置视图的方向,这里沿Z轴正向,就是平常的俯视图
31    设置视图中心,具体用法不清楚,有兴趣的读者可以换一个数值试试看
32    如果视口没有打开,将其打开
33 }
```

本段代码第4～22行实现了获取布局中视口的功能,第23～32行对视口的相关属性进行了设置。

在创建布局时,可以设置自动创建单个视口(屏幕右键菜单:选项→显示选项卡或命令options)。如果勾选此项,创建布局时将自动创建视口,此时可以获取这个视口(代码第6～14行)。如果没有勾选此项,创建布局时将不创建视口,此时需要新建视口(代码第15～22行)。关于Number属性,视口没有激活的话,会返回－1,如果是自定创建的那个视口,处于激活状态的话返回值为2,所以通过该属性值是否等于2来判断要找的那个视口是否存在。关于此部分读者可以搜索Kean的博客(www. through-the-interface. typepad. com)以获取更多信息。

代码第23～27行设置的是视口的属性,第28～31行则是设置的视口中视图的属性,要充分理解这部分,读者必须对视口的具体操作很清楚才行。如果连布局都没有用过,理解这部分代码恐怕会有很大难度。

3. 页面设置

```
01 private void PageSetup(Layout layout)
02 {
03    PlotSettingsValidator psv = PlotSettingsValidator.Current;
04    psv.RefreshLists(layout);
05    psv.SetPlotConfigurationName(layout, "DWG To PDF.pc3",
06       "ISO_full_bleed_A3_(420.00_x_297.00_MM)");
07    psv.SetPlotWindowArea(layout, new Extents2d(
08       new Point2d(0, 0), new Point2d(420, 297)));
09    psv.SetPlotType(layout, PlotType.Window);
10    psv.SetPlotRotation (layout, PlotRotation.Degrees000);
11    psv.SetStdScaleType(layout, StdScaleType.StdScale1To1);
12 }
```

上述代码逐行解释如下:

```
01 声明方法PageSetup,进行简单页面设置
02 {
03    通过静态方法获取打印设置校验器
04    刷新布局打印列表
05    设置打印机名称及图纸名称
```

```
06     接上一行
07     设置打印窗口范围,须先设置窗口大小,之后设置打印类型
08     为 PlotType.Window,否则会出错,与手工操作次序刚好相反
09     设置打印类型为 PlotType.Window
10     设置打印旋转角度为 0 度,及横向打印
11     设置打印比例为 1∶1
12 }
```

打印设置是通过打印设置校验器(PlotSettingsValidator)完成的,大家查看方法参考时可能会发现上面所涉及的各方法中的第一个参数类型均为 PlotSettings 类型,而这里输入的参数类型为 Layout 类型,这是因为 Layout 派生于 PlotSettings,派生类具备基类所有的属性。另外一个需要注意的问题是代码的第 7 行、第 9 行的顺序,这与平时的操作顺序是相反的。

4. 获取可用布局名称

创建布局时,需要为布局命名,可以查询布局的数量并为之编号。样例中,如果想按照表格的标题为布局命名的话,当多次重复为一个表格创建布局时,就会出现布局重名的问题,为此采用一个递归的方法来获取可用的布局名称。

```
01 private void GetName(LayoutManager lm, ref string layoutName)
02 {
03     ObjectId layoutId = lm.GetLayoutId(layoutName);
04     if (layoutId != ObjectId.Null)
05     {
06         layoutName += "'";
07         GetName(lm, ref layoutName);
08     }
09 }
```

上述代码逐行解释如下:

```
01 声明方法 GetName,获取可用布局名,确保无重名
02 {
03     通过布局名称获取布局 id
04     如果存在同名布局,id! = null
05     {
06         将布局名加后缀'
07         重新测试布局命名是否可用
08     }
09 }
```

关于什么是递归方法,在本书 3.2.6 节中简单讲述过,如果有不清楚的地方,可以再次查看此节。本例中代码比较简单,首先向布局管理器询问是否存在指定名称的布局,布局管理器不会直接回答有或没有,而是告诉你一个 ObjectId,如果这个 ObjectId 是 null,就说明不存在这个名称的布局,也就是说这个名称可以用于新建布局;如果 ObjectId 不是 null,

说明已经有该名称的布局存在，此时需要换一个名称继续相同的操作，新名称是在原有名称后面增加了“'”，直到找到可用的名称为止。递归方法在从 editor 中获取各种数据、进行重复操作(比如连续画线)，以及 Civil 3D 部件设计中都会涉及。

在类 MyCommands 中添加以下方法，创建命令 CreateLayouts。

```
01 [CommandMethod("MyGroup", "CreateLayouts", CommandFlags.Modal)]
02 public void CreateLayouts()
03 {
04     CreateEntityDemo ced = new CreateEntityDemo();
05     ced.CreateLayouts();
06 }
```

细心的读者会发现 CommandMethod 参数列表中与之前样例不一样，这里少了一项，为什么能这样呢?

要测试本程序，需要准备一个类似的 AutoCAD 表格，单页表格(打断后的每一个表)大小能按 1∶1 能放进 A3 打印纸。注意这是一个表格，而不是 3 个表格。打开特性对话框，表格打断中的启用为是。模型空间的表格如图 5-4 所示。表格特性如图 5-5 所示。

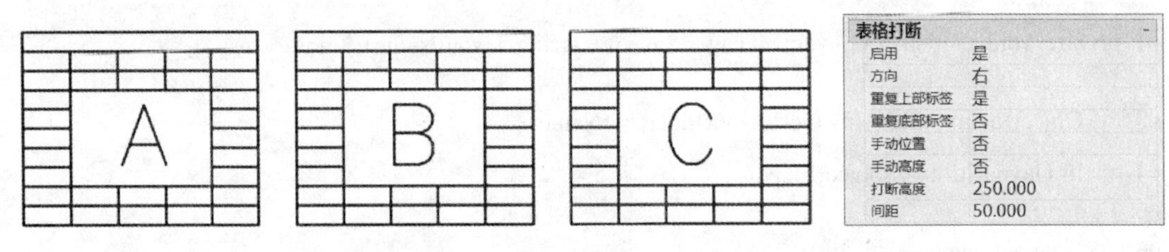

图 5-4 模型空间的表格

图 5-5 表格特性

编译加载程序，运行命令 CreateLayouts，会创建若干个布局，重复操作，则会出现名称加"'"的布局，如图 5-6 所示右下角。创建过程中屏幕会不断闪烁，那是因为在切换到新建布局中，如果能实现静默方式创建就完美了。

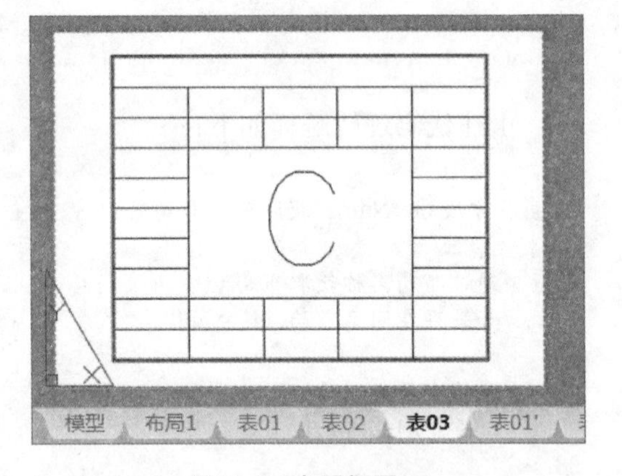

图 5-6 布局视图

本节相对前面两节较为复杂一些，如果把问题分解的话，其实也不复杂。可以分成 5 部分:交互获取对象(选择表格)，查询对象(表格)的属性，创建布局，页面设置，创建视口并设置其属性。

获取对象时，如何选择特定类型的对象?如何获取实体的几何范围?请读者在代码中仔细查找。

创建布局与创建直线、图层的方法都不一样。不是通过块表记录或层表，而是通过布局管理器来创建。若要实现新建布局的完整初始化，只能切换至新建布局。

布局与块表记录具备对应关系。页面设置没有“页面设置管理器”，而是一个“页面设置校验器”。

视口创建要先判断新建布局是不是已经存在一个视口了，如果没有存在则需要新建一个，如果已经存在，则可以修改其参数。注意区分哪些参数是视口“本身”的，哪些是视口中视图的。

CommandMethod 参数数量的变化，涉及到了方法的重载(overload)——方法的方法名虽然相同，但方法特征不同(参数的类型和个数)。

如果现在查看类图，读者的类图应与图 5-7 类似，相比本节刚开始时，增加了三个方法。

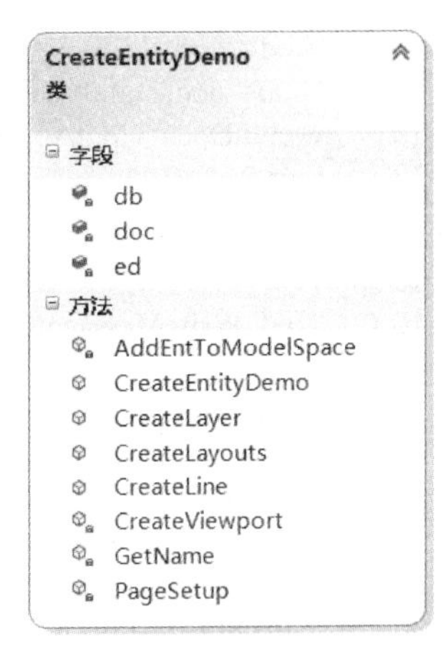

图 5-7 类图

5.2 创建 Civil 3D 对象

本节中通过创建几何空间点、曲面和采样线来了解 Civil 3D 对象的创建方法。因 Civil 3D 对象的创建方法相比 AutoCAD 对象创建要简单得多，比如创建一个几何空间点，最简单的情况采用一行代码就能实现，类似的操作，您完全可以去 Civil 3D Developer's Guide 中查看，因此在本节加入了类的继承及多态的一些知识，这是让程序更加高效、使代码更为简洁的有效方式。本人在学习 Civil 3D 二次开发之初，按照 Civil 3D Developer's Guide 中的样例去写，结果发现存在大量的重复代码，究其原因，是对类没有很好的理解和应用，所以，即使会给您阅读本节内容造成不小的困难，我也要把您往面向对象程序设计的路上引领。如果您只想采用结构化程序设计，可以只关注我对 Civil 3D 对象创建方法的分析及帮助文档查询方法的介绍就行，然后参考 Civil 3D Developer's Guide 其他示例。

在本书 5.1 节中，在同一个类 CreateEntityDemo 中创建了 3 个方法，分别创建了直线、图层、布局，这一节将创建一个名为 CivilCreateEntityDemo 的基类和三个名称分别为 CivilCreateCogoPoint，CivilCreateTinSurface，CivilCreateSampleLine 的派生类，在每个类中的采用重写(override)基类方法 CivilCreateEntity()的方式完成相应的操作。在完成命令方法时，通过多态完成不同的操作。下面先来创建基类 CivilCreateEntityDemo。

在解决方案中添加类，名称 CivilCreateEntityDemo，并添加 4 个字段、构造方法及方法 CivilCreateEntity()及 GetString()(从 editor 获取字符串)。为了实现派生类能够访问基类的字段，需要采用 protected 关键字来修饰。为了实现派生类能够重写基类的方法，方法 CivilCreateEntity()需要用 virtual 关键字修饰。在构造方法中初始化各个字段，在 GetString()方法中添加相应代码，代码应类似如下：

```
01 class CivilCreateEntityDemo
02 {
03     protected Document doc;
04     protected Database db;
05     protected Editor ed;
06     protected CivilDocument civilDoc;
07     public CivilCreateEntityDemo()                    //构造方法
08     {
09       doc = Application.DocumentManager.MdiActiveDocument;
```

```
10          ed = doc.Editor;
11          db = doc.Database;
12          civilDoc = CivilApplication.ActiveDocument;
13      }
14      virtual public void CivilCreateEntity()                    //可重写的虚方法
15      {
16          ed.WriteMessage("\n我什么也没做!");
17      }
18      public void GetString(string mess, ref string stringOut)      //获取字符串
19      {
20          PromptStringOptions pso = new PromptStringOptions(mess);
21          pso.UseDefaultValue = true;
22          pso.DefaultValue = stringOut;
23          PromptResult pr = ed.GetString(pso);
24          if (pr.Status == PromptStatus.OK)
25          {
26              stringOut = pr.StringResult;
27          }
28      }
28  }
```

再次强调如下：注意代码第 3～6 行的 protected 关键字，注意第 14 行的 virtual 关键字。第 16 行中代码是为了测试用的，如果读者有兴趣想测试一下调用基类方法或在派生类中没有重写相应方法时，可以向命令行输出相应的信息。

字段应设为私有(用 private 来修饰)更合适，这里为了简化代码，采用 protected 修饰。如果采用 private 修饰，需要增加属性，以便派生类能顺利访问基类的字段。关于属性，可以查阅 C#语言相关书籍获取更多信息。

一个简单的基类准备完成，下面就创建多个派生类来完成创建 Civil 3D 对象。

5.2.1 创建几何空间点

这一小节，创建派生于 CivilCreateEntityDemo 的类 CivilCreateCogoPoint，创建几何空间点。

1. 创建类并添加字段及方法

首先在项目资源管理器中向本项目中添加类，名称为 CivilCreateCogoPoint，转到文本编辑器，先为类添加几个字段：

```
01      static int PointNumber = 1;
02      static string PointName = "CogoPoint";
03      static string PointDesc = "手动创建的几何空间点";
04      CogoPointCollection cps;
```

这里需要注意的是关键词 static，表示这几个字段为静态字段，关于静态字段可以查询 C#语言相关书籍获取更多资料。在声明静态字段的同时为其赋值初始化。

接下来添加构造方法，可以在文本编辑器中直接键入构造方法，也可以通过以下方式进行添加：查看该类的类图，鼠标右键菜单中添加→构造方法，如图 5-8 所示。

返回文本编辑器，添加基类。在类名称后面添加“冒号基类名称”，然后看起来应像下面这样：

```
class CivilCreateCogoPoint: CivilCreateEntityDemo
```

鼠标悬停在基类名称处，出现▼图标后单击或直接采用快捷键 Shift＋Alt＋Q 弹出窗口，如图 5-9 所示。

图 5-8　添加构造方法　　　　**图 5-9　实现虚方法**

单击 Implement Virtual Methods，出现如图 5-10 所示对话框，并按图进行勾选；现在文本编辑器中的代码应与下列代码类似：

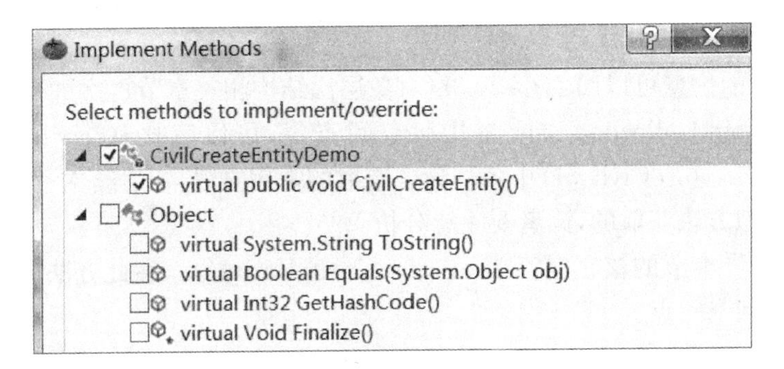

图 5-10　选择要实现的虚方法

```
01 class CivilCreateCogoPoint : CivilCreateEntityDemo
02 {
03     staticlong PointNumber = 1;
04     static string PointName = "CogoPoint";
05     static string PointDesc = "手动创建的几何空间点";
06     CogoPointCollection cps;
07     public CivilCreateCogoPoint()                //构造方法
08     {
09       throw new System.NotImplementedException();
10     }
11     override public void CivilCreateEntity()     //重写基类方法
12     {
13       throw new NotImplementedException();
14     }
15 }
```

2. 实现方法

这里需要注意的是第 11 行代码中的关键字 override，这表示该方法将重写基类中的方法。接下来完成这两个方法：

首先是构造方法，有时派生类的构造方法需要调用基类的构造方法，可在派生类构造方法后面输入“冒号 base(相应的参数列表)”，本例中基类构造方法只有一个，所以只需添加“：base()”。在构造方法中添加以下代码：

```
01 public CivilCreateCogoPoint(): base()
02 {
03     GetString("\n 输入几何空间点名称前缀", ref PointName);
04     GetString("\n 输入几何空间点描述", ref PointDesc);
05     cps = civilDoc.CogoPoints;
06 }
```

代码第 3 行、第 4 行用于在类初始化过程中从命令行获取几何空间点名称前缀及描述文本。第 5 行是 Civil 3D 二次开发中经常要用到的方法——从 Civil 3D 文档中获取特定的集合。下面先来看一下 civilDoc 这个字段，这个字段是基类的字段，为了使派生类能够访问，使用了 protected 关键词来修饰。其值是什么？可以回到基类的构造方法看一看：

```
civilDoc = CivilApplication.ActiveDocument;
```

有关更详细的信息可以回到 Civil 3D 对象层次结构相关章节再次进行消化。

字段 CogoPointCollection cps 为几何空间点集，可以直接从 civilDoc 中使用属性 CogoPoints 获取。这是 Civil 3D 中各种集合获取的常用方法，在后续文章中曲面等对象集合，也是通过类似方法获取的，读者要注意分析总结。

接下来看一看本节的核心内容，方法 CivilCreateEntity()。在此方法中，通过在屏幕上拾取点，创建几何空间点。

```
01 override public void CivilCreateEntity()
02 {
03     PromptPointOptions ppo = new PromptPointOptions("\n 拾取点：");
04     PromptPointResult ppr = ed.GetPoint (ppo);
05     if (ppr.Status != PromptStatus.OK) return;
06     Point3d pt = ppr.Value;
07     ObjectId pointId = cps.Add(pt, false);
08     using (Transaction tr = db.TransactionManager.StartTransaction())
09     {
10         CogoPoint cp = pointId.GetObject(OpenMode.ForWrite) as CogoPoint;
11         cp.PointName = PointName + PointNumber;
12         cp.RawDescription = PointDesc;
13         tr.Commit();
14     }
15     PointNumber++;
16     CivilCreateEntity();
17 }
```

第 3～6 行代码之前章节多次出现，作用是从屏幕上获取点，此处不再解释。

第 7 行代码，是 Civil 3D 创建对象的常用方法——很多对象的创建都是通过向其集合中添加新对象的方式实现的。该方法返回值为创建对象的 ObjectId。

第 8～14 行，对新创建的几何空间点的属性进行了设置。在设置前，需要开启事务将其打开，因为这个几何空间点已经添加到数据库中了。

第 15 行，对点号进行了递增，这个点编号与 Civil 3D 的点编号不同，这里只是为了演示类的静态字段如何工作，可能会引起混淆。程序加载后，用这个程序创建了多少个几何空间点，将由这个静态字段来统计。

第 16 行，调用自己——递归，重复执行操作，以便连续创建多个点。在拾取点的过程中，按下 Esc 键将退出。

完成命令，转到 MyCommands 类中，添加方法如下：

```
01 [CommandMethod("MyGroup", "CCCP", CommandFlags.Modal)]
02 public void CivilCreateCogoPoint()
03 {
04     CivilCreateEntityDemo cced = new CivilCreateCogoPoint();
05     cced.CivilCreateEntity();
06 }
```

注意上述代码的第 4 行，等号左侧变量类型为基类 CivilCreateEntityDemo，而等号右侧却是新建的派生类 CivilCreateCogoPoint。

编译加载，输入命令 CCCP，输入点名称及描述，拾取点、拾取点……按 ESC 键。命令执行完后，在工具空间中找到点编组→所有点，查看一下刚创建的几个点。测试结果如图 5-11。

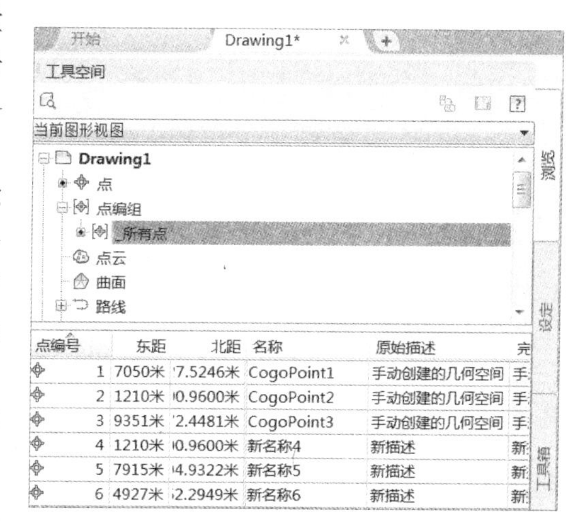

图 5-11 创建几何空间点

在第一次执行命令过程中没有改变点名称及描述，在第二次执行时修改了这两个值，如果第三次执行该命令，这两个值会是什么呢？读者可以试验一下并分析静态字段的用处。

现在再次回忆一下创建几何空间点的步骤：获取 CivilDocument，获取 CogoPoints，然后 Add。就这么简单，在 MyCommands 类中添加如下方法：

```
01 [CommandMethod("MyGroup", "Test", CommandFlags.Modal)]
02 public void Test()
03 {
04     CivilApplication.ActiveDocument.CogoPoints.Add(new Point3d(), false);
05 }
```

编译加载，输入命令 test，看能否在原点创建一个几何空间点。方法中的代码是不是只有一行？文档→集合→Add，记住了吗？

对比一下 AutoCAD 对象的创建过程，Civil 3D 对象的创建是不是很简单呢？

注意：高低版本的 API 会发生变化，就 Add()方法来说，2017 版与 2014 版的参数个数是不同的。

有没有更多的方法创建几何空间点呢？通过查看 Civil 3D .NET API Reference，能够找到如下信息，有 6 种重载的方法(图 5-12)，可以根据不同的情况选择适合的方法，具体的用法查看 API Reference，以后类似情况将不再介绍。

Civil 3D .NET API Reference

CogoPointCollection.Add Method

CogoPointCollection Class See Also Send Feedback

Overload List

	Name	Description
	Add(Point3d, Boolean)	Adds a new CogoPoint at the given location.
	Add(Point3dCollection, Boolean)	Adds new CogoPoints at the given locations.
	Add(Point3d, String, Boolean)	Adds a new CogoPoint at the given location with the specified description information.
	Add(Point3dCollection, String, Boolean)	Adds new CogoPoints at the given locations with the given description information.
	Add(Point3d, String, Boolean, Boolean, Boolean)	Adds a new CogoPoint at the given location with the specified description information, optionally using a DescriptionKey.
	Add(Point3dCollection, String, Boolean, Boolean, Boolean)	Adds new CogoPoints at the given locations with the given description information, optionally using a DescriptionKey.

图 5-12 CogoPointCollection. Add()重载方法

问题：有哪些对象的创建方法与创建几何空间点类似？

5.2.2 创建曲面

创建三角网曲面，通过选择 AutoCAD 实体(点、直线、文本、块)，提取这些对象的位置、起点及终点、插入点等信息，将这些信息作为顶点插入到曲面定义中。

向项目中添加类，名为 CivilCreateTinSurface，同样派生于 CivilCreateEntityDemo。

添加字段：Point3dCollection points；

添加构造方法，重写基类虚方法(同 5.2.1 节)。

另外，添加一个方法 GetPoints()。代码如下：

```
01 class CivilCreateTinSurface: CivilCreateEntityDemo
02 {
03     Point3dCollection points;
04     public CivilCreateTinSurface(): base()                //构造方法
05     {
06         throw new NotImplementedException();
```

```
07    }
08    private void GetPoints()                            //获取点集
09    {
10        throw new NotImplementedException();
11    }
12    override public void CivilCreateEntity()            //重写基类方法
13    {
14        throw new NotImplementedException();
15    }
16 }
```

分别完成三个方法，代码如下：

```
01 public CivilCreateTinSurface() : base()               //构造方法
02 {
03     points = new Point3dCollection();
04     GetPoints();
05 }
```

构造方法比较简单，对点集 points 进行初始化，并运行 GetPoints()方法获取相应点。

```
01 private void GetPoints()
02 {
03     TypedValue[] tv = new TypedValue[]
04                     {
05                         new TypedValue((int)DxfCode.Operator, "<or"),
06                         new TypedValue((int)DxfCode.Start, "Point"),
07                         new TypedValue((int)DxfCode.Start, "Line"),
08                         new TypedValue((int)DxfCode.Start, "Text"),
09                         new TypedValue((int)DxfCode.Start, "Insert"),
10                         new TypedValue((int)DxfCode.Operator, "or>")
11                     };
12     SelectionFilter sf = new SelectionFilter(tv);          //选择集过滤器
13     PromptSelectionResult psr = ed.GetSelection(sf);
14     if (psr.Status == PromptStatus.OK)
15     {
16         ObjectId[] ids = psr.Value.GetObjectIds();
17         using (Transaction tr = db.TransactionManager.StartTransaction())
18         {
19             foreach (ObjectId id in ids)
20             {
21                 Entity ent = id.GetObject(OpenMode.ForRead) as Entity;
22                 if (ent.GetType() == typeof(Line))
23                 {
24                     Line l = ent as Line;
25                     points.Add(l.StartPoint);
26                     points.Add(l.EndPoint);
```

```
27                  }
28                  else if (ent.GetType() == typeof(DBPoint))
29                  {
30                      DBPoint pt=ent as DBPoint;
31                      points.Add(pt.Position);
32                  }
33                  else if (ent.GetType() == typeof(DBText))
34                  {
35                      DBText t=ent as DBText;
36                      points.Add(t.Position);
37                  }
38                  else if (ent.GetType() == typeof(BlockReference))
39                  {
40                      BlockReference br=ent as BlockReference;
41                      points.Add(br.Position);
42                  }
43              }
44          }
45      }
46  }
```

获取点集的方法属于 AutoCAD 选择集、过滤器的应用。代码第 3～11 行，创建了 TypedValue 类型数组，用于第 12 行代码创建选择集过滤器，注意 TypedValue 数组的创建方法。各种对象的 DXF 名称，可以通过 ArxDbg 工具进行查询，或通过简单的 LISP 语句 (Entget(car(entsel))) 查询（在命令行直接输入，注意小括号的对应）。DxfCode. Start 即组码 0 所对应的值，图 5-13 为查询块参照（BlockReference）的结果，组码 0 所对应的值为“Insert”。对于其他类型，可以自行试验。

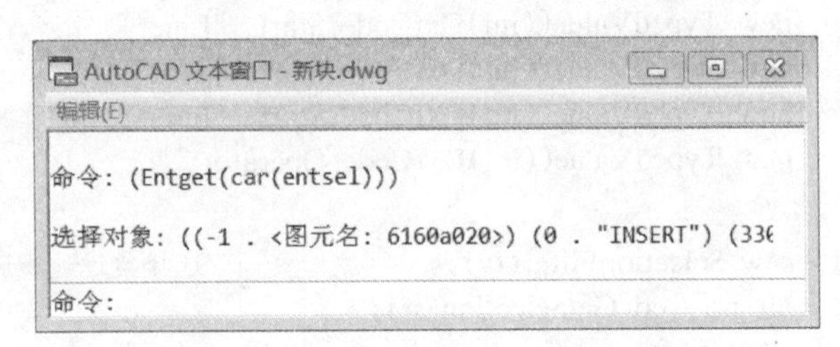

图 5-13　LISP 语句查询对象 DXF 名称

代码第 13 行，用于在屏幕上进行选择来获取选择集，因为设置了过滤器，只有上述 4 种类型会被选中，其他类型对象不会被选中。

代码第 14 行，对获取选择集的结果进行判断，如果状态为 OK，则执行相应的语句块。

代码第 16 行，从选择集中获取 ObjectId 数组。

代码第 19 行，foreach 进行循环操作。

代码第 21 行，这一行可以简化以提高效率，该怎么改呢？为什么在这里写成这样，两个原因：一是，为了给大家演示当多个命名空间的相同类型名称发生重复时如何处理；二是，让大家对类型的转换有进一步的认识，尽可能减少转换。当按照上面的代码进行输入时，可能会遇到类似的错误提示。

错误 CS0104“Entity”是“Autodesk. AutoCAD. DatabaseServices. Entity”和“Autodesk. Civil. DatabaseServices. Entity”之间不明确的引用。

该怎么处理呢？可以在代码顶端的 using 部分加入这样一句：

using Entity=Autodesk. AutoCAD. DatabaseServices. Entity;

或者在代码中直接将相应的命名空间写完整，以避免引用的不明确。

代码第 22～42 行，利用选择语句进行判断，针对不同类型对象进行转换，并将特征点添加进 points 集合中。

```
01 override public void CivilCreateEntity()
02 {
03     if (points.Count<1) return;
04     string surfaceName = "我的曲面";
05     GetString("\n输入曲面名称", ref surfaceName);
06     ObjectId surfaceId = TinSurface.Create(db, surfaceName);
07     using (Transaction tr = db.TransactionManager.StartTransaction())
08     {
09       TinSurface surface = surfaceId.GetObject(OpenMode.ForWrite) as TinSurface;
10       surface.AddVertices(points);
11       tr.Commit();
12     }
13 }
```

与本节主题对应部分的代码只有这么一点点，如果简化一下，又是一行代码就可以完成的任务。

代码第 3 行，对 points 集合是否为空进行了判断，如果选择对象过程中取消了操作或者没有选中所需的对象，程序执行到这里时将退出。如果创建空曲面，可以把此行代码放置第 6 行的后面。

代码第 4～5 行，从命令行获取曲面的名称，GetString()是在基类中定义的方法，希望读者还记得。

代码第 6 行是本小节的核心，与本书 5.2.1 节创建几何空间点的方法有所不同，三角网曲面的创建是通过调用 TinSurface 的静态方法 Create()完成的。

代码第 7～12 行，把点集 points 加入到曲面的定义中。

在 MyCommands 类中添加如下方法：

```
01 [CommandMethod("MyGroup", "CCTS", CommandFlags.Modal)]
02 public void CivilCreateTinSurface()
03 {
04    CivilCreateEntityDemo cced = new CivilCreateTinSurface();
05    cced.CivilCreateEntity();
06 }
```

编译加载，在图形中添加若干对象，点、线、文本、块、圆、多段线等，运行命令 CCTS，选择实体，选择过程中注意添加了过滤器的效果，输入曲面名称，不出意外的话，将会顺利创建一个三角网曲面(图 5-14)。

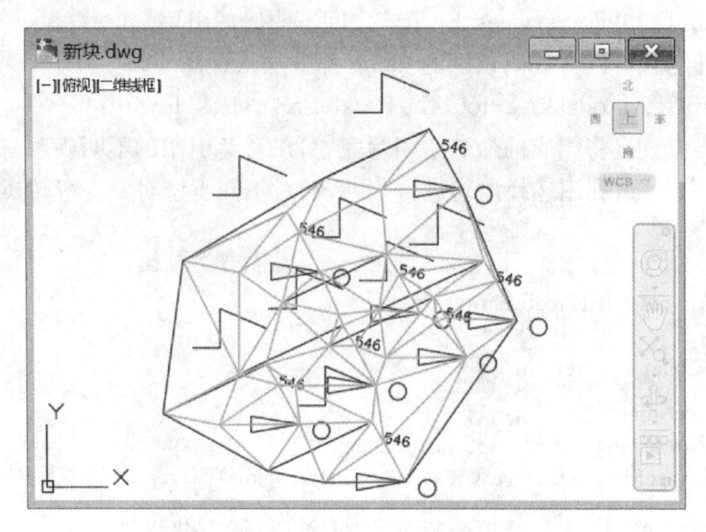

图 5-14　创建三角网曲面

问题:有哪些对象的创建方法与创建曲面类似?

5.2.3　创建采样线

本节创建采样线,采样线的桩号来自于纵断面的变坡点,相对于前两节的实例,本小节所涉及 Civil 3D 对象之间的关系更为复杂一些,这要求您对 Civil 3D 对象之间的从属关系非常熟悉。程序的操作步骤为:从屏幕上拾取纵断面,然后选择采样线编组,其余的操作由程序自动完成。

向项目中添加类,名为 CivilCreateSampleLine,同样派生于类 CivilCreateEntityDemo。

```
01 class CivilCreateSampleLine : CivilCreateEntityDemo
02 {
03     ObjectId profileId;                              //纵断面 Id
04     ObjectId alignmentId;                            //路线 Id
05     ObjectId samplelineGroupId;                      //采样线 Id
06     double leftOffset;                               //左侧偏移
07     double rightOffet;                               //右侧偏移
08     ProfilePVICollection pvis;                       //变坡点集
09     public CivilCreateSampleLine() { }               //构造方法
10     private void GetProfileId() { }                  //获取纵断面 Id
11     private void GetAlignmentId() { }                //获取路线 Id
12     private void GetSamplelineGroupId() { }          //获取采样线 Id
13     private void GetOffset() { }                     //获取采样偏移值
14     private void GetOffsetPoints(Alignment alignment, double station, ref Point2d Collection pts)
                       {}                               //计算偏移点
15     override public void CivilCreateEntity() { }     //重写基类方法
16 }
```

下面将各方法分别实现。

```
01 public CivilCreateSampleLine()                    //构造方法
02 {
03     GetProfileId();
04     GetAlignmentId();
05     GetSamplelineGroupId();
06     GetOffset();
07 }
```

在构造方法中对各字段进行初始化。

```
01 private void GetProfileId()                       //获取纵断面 Id
02 {
03     PromptEntityOptions peo = new PromptEntityOptions("\n 选择纵断面:");
04     peo.SetRejectMessage("\n 选择的对象不是纵断面,请重新选择。");
05     peo.AddAllowedClass(typeof(Profile), true);
06     PromptEntityResult per = ed.GetEntity(peo);
07     if (per.Status != PromptStatus.OK) return;
08     profileId = per.ObjectId;
09 }
```

以上代码实现了从屏幕上拾取纵断面,第4行、第5行设置了选择过滤。

```
01 private void GetAlignmentId()                     //获取路线 Id
02 {
03     if (profileId == ObjectId.Null) return;
04     using (Transaction tr = db.TransactionManager.StartTransaction())
05     {
06       Profile pf = profileId.GetObject(OpenMode.ForRead) as Profile;
07       alignmentId = pf.AlignmentId;
08       pvis = pf.PVIs;
09       tr.Commit();
10     }
11 }
```

纵断面与路线的从属关系是怎样的?上面的代码由纵断面 Id 获取了相应的路线 Id (alignmentId)及纵断面的变坡点集(pvis)。注意第3行代码,要先判断纵断面 Id 是否为 null,如果为 null 则退出,否则将会造成异常。

```
01 private void GetSamplelineGroupId()                        //获取采样线 Id
02 {
03     if (alignmentId == ObjectId.Null) return;
04     using (Transaction tr = db.TransactionManager.StartTransaction())
05     {
06       Alignment alignment = alignmentId.GetObject(OpenMode.ForRead) as Alignment;
07       ObjectIdCollection samplelineGroupIds = alignment.GetSampleLineGroupIds();
```

```
08         if (samplelineGroupIds.Count<1)
09         {
10             samplelineGroupId =
11               SampleLineGroup.Create("自动创建的采样线编组", alignmentId);
12         }
13         else
14         {
15             Autodesk.AutoCAD.Internal.CoreUtils.TextScr ();
16             int i=1;
17             foreach (ObjectId id in samplelineGroupIds)
18             {
19               SampleLineGroup slg =
20                   id.GetObject(OpenMode.ForRead) as SampleLineGroup;
21               ed.WriteMessage("\n{0}\t{1}", i, slg.Name);
22               i++;
23             }
24             PromptIntegerOptions pio =
25                 new PromptIntegerOptions("\n选择采样线编组编号:");
26             pio.AllowNone=true;
27             pio.DefaultValue=1;
28             PromptIntegerResult pir=ed.GetInteger(pio);
29             if (pir.Status == PromptStatus.OK && pir.Value<i)
30             {
31                 samplelineGroupId=samplelineGroupIds[pir.Value-1];
32             }
33             else
34             {
35                 samplelineGroupId=samplelineGroupIds[0];
36             }
37             Autodesk.AutoCAD.Internal.CoreUtils.GraphScr ();
38         }
39       tr.Commit();
40     }
41 }
```

采样线编组与路线的从属关系是怎样的？这一段代码稍微长了一些，目的是获取一个采样线编组，以便向这个采样线编组中添加采样线。代码第 7 行，从路线获取其采样线编组，注意返回值为 ObjectIdCollection。第 8～12 行，如果没有采样线编组，直接创建一个，名称为“自动创建的采样线编组”（这里无形中演示如何创建采样线编组，不过这不是本节的重点）。

因为目前没有涉及对话框，所以采用向命令行输出信息列表，并从命令行获取整数值，从而实现采样线编组的选择，第 13～38 行实现了这个功能。第 15 行、第 17 行设置了文本窗口的切换（就像按下 F2 键一样）。第 16～23 行，将采样线编组的名称输出到命令行，并在前面加上了序号，以便选择。第 24～28 行获取整数输入。第 29～36 行根据获取的整数判断选择哪个采样线编组。经过解释，希望能顺利读懂这段代码。

```
01 private void GetOffset()                    //获取采样线采样偏移值(采样宽度)
02 {
```

```
03     SettingsCmdCreateSampleLines.SettingsCmdSwathWidths widths =
04       civilDoc.Settings.GetSettings<SettingsCmdCreateSampleLines>().SwathWidths;
05     leftOffset = widths.LeftSwathWidth.Value;
06     rightOffset = widths.RightSwathWidth.Value;
07 }
```

采样线的采样宽度是多少，可以从命令设置中获取，这段代码演示了这样的操作，如果对命令设置熟悉，就能看懂这段代码，如果对命令设置不熟悉，恐怕要先深入了解 Civil 3D 设置的相关内容。GetSettings()方法是泛型方法，关于泛型方法前面涉及过，可以通过索引进行查询。

```
01 private void GetOffsetPoints(Alignment alignment,
02     double station, ref Point2dCollection pts)
03 {
04     double east=0.0, north=0.0;
05     alignment.PointLocation(station, -leftOffset, ref east, ref north);
06     Point2d pt=new Point2d(east, north);
07     pts.Add(pt);
08     alignment.PointLocation(station, 0, ref east, ref north);
09     pt=new Point2d(east, north);
10     pts.Add(pt);
11     alignment.PointLocation(station, rightOffset, ref east, ref north);
12     pt=new Point2d(east, north);
13     pts.Add(pt);
14 }
```

创建采样线，需要一个点集，可通过参数路线 alignment 和测站 station 计算出相应的点并放入集合 pts。

```
01 override public void CivilCreateEntity()                //重写基类方法
02 {
03     if (samplelineGroupId == ObjectId.Null) return;
04     using (Transaction tr=db.TransactionManager.StartTransaction())
05     {
06       SampleLineGroup slg =
07            samplelineGroupId.GetObject(OpenMode.ForWrite) as SampleLineGroup;
08       Alignment al=alignmentId.GetObject(OpenMode.ForRead) as Alignment;
09       IEnumerator enu=pvis.GetEnumerator();
10       int n=0;
11       while (enu.MoveNext())
12       {
13           ProfilePVI pvi=enu.Current as ProfilePVI;
14           double station=pvi.Station;
15           if (station<al.StartingStation||station>al.EndingStation) continue;
16           ObjectIdCollection sls=slg.GetSampleLineIds(station, 0.01);
17           if (sls.Count>0) continue;
18           Point2dCollection pts=new Point2dCollection();
19           GetOffsetPoints(al ,station, ref pts);
```

```
20              string name =
21                  "[" + slg. Name + "]" + string. Format("{0:0 + 000.00}", station);
22              ObjectId spId = SampleLine. Create(name, samplelineGroupId, pts);
23              n+ +;
24          }
25          ed. WriteMessage("\n 新增采样线{0}条。", n);
26          tr. Commit();
27      }
28 }
```

上述代码逐句解释如下：

```
01 重写基类方法 CivilCreateEntity
02 {
03     进行简单判断,防止触发异常(这句是否多余呢?请读者分析。)
04     定义变量 tr,开启事务
05     {
06         定义变量 slg——采样线编组
07         接上一行
08         定义变量 al——路线,用于计算采样线点
09         定义枚举器变量 enu——用于遍历变坡点集 pvis
10         计数器——用于统计创建了多少条采样线
11         while 循环
12         {
13             获取当前的变坡点
14             获取当前变坡点的测站
15             进行判断,如果变坡点的测站的路线起点终点之外,进行下一循环
16             根据测站获取当前测站处的采样线,以避免重复,0.01 为容差
17             如果已有采样线,进行下一循环
18             定义三维点集,用于创建采样线
19             根据路线、测站计算采样线点集
20             创建采样线名称
21             采样线编组名称 + 桩号
22             创建采样线,静态方法
23             计数
24         }
25         向命令行输出新增了几条采样线
26         事务提交
27     }
28 }
```

这段程序相对复杂,所以就又用伪代码解释一次。第 9 行、第 11 行、第 13 行展示了枚举器变量的应用方法。第 15～17 行的判断,避免了某次异常的触发。第 22 行为创建采样线的方法,同样创建三角网曲面类似,也采用了静态方法,该方法各参数的具体含义请查询 API Reference。

在 MyCommands 类中添加如下方法：

```
01 [CommandMethod("MyGroup", "CCSL", CommandFlags. Modal)]
02 public void CivilCreateSampleLine()
```

```
03 {
04     CivilCreateEntityDemo cced = new CivilCreateSampleLine();
05     cced.CivilCreateEntity();
06 }
```

编译加载，打开一个有纵断面的图形，输入命令 CCSL，如果之前不存在采样线编组，将自动创建一个采样线编组，如果已存在采样线编组，则会列出编组名称，然后输入数字进行选择，测试结果如图 5-15。

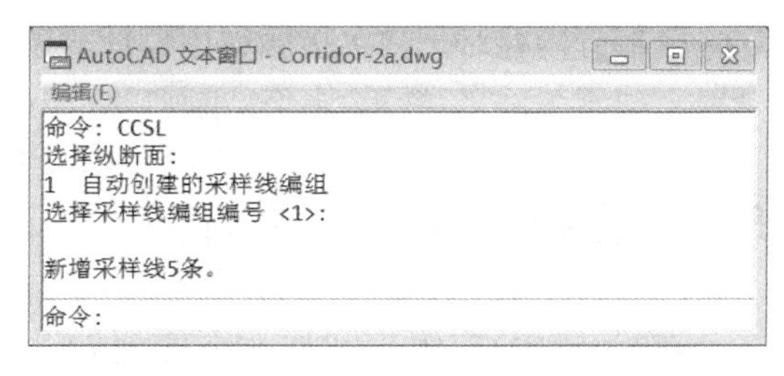

图 5-15　创建采样线

5.2.4　小结

1. Civil 3D 对象的创建方式

通过本节的三个实例，不难发现 Civil 3D 的创建方式可以分为两种：

➢ Collection.Add()——Collection 表示要创建对象所从属的集合。

➢ Type.Create()——Type 表示要创建对象的类型。

这两种情况如何划分呢？这要追溯到获取对象 Id 的途径，可以查看 API Reference 中 CivilDocument 类的成员(现在打开电脑进行查询)，其中属性(Properties)所能获取的各种对象的 Id 集合返回值类型是各种各样的 Civil 3D"自己的"集合，诸如 AssemblyCollection，CogoPointCollection，PointGroupCollection，等等，而方法(Methods)所能获取的各种对象的 Id 集合返回值类型均为 ObjectIdCollection，例如 GetAlignmentIds，GetSiteIds 等方法。

查看 AssemblyCollection，CogoPointCollection，PointGroupCollection 等集合的成员，其方法中均有 Add()方法。

查看 Alignment，Site，TinSurface，GridSurface 等类的成员，其方法中均有静态方法 Create()方法。

找到了以上的规律，创建各类对象就有章可循了。各方法可能存在多个重载，每个方法的参数详见 API Reference。

2. 类的继承与多态

本节的另一部分内容展示了类的继承和多态，创建三种不同 Civil 3D 对象，采用了 3 个不同类，这三个类均派生于同一个类，在基类中实现了文档、数据库、编辑器等的获取，在派生类中直接访问了基类中的相关字段，省去了重复代码的出现——这是类的继承。

查看类图，应与图 5-16 类似。

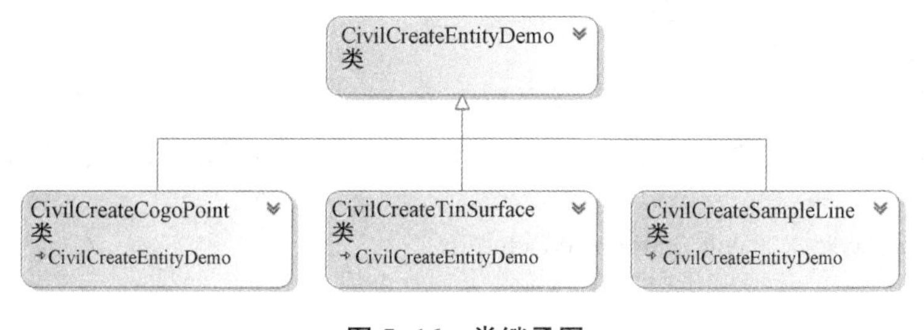

图 5-16　类继承图

在命令方法中，代码几乎是一致的，都是实例化一个类 CivilCreateEntityDemo，并执行了类的方法 CivilCreateEntity()。不同点在于实例化类 CivilCreateEntityDemo 时采用了不同的派生类，而执行的方法其实是各派生类的方法，从而产生了不同的效果，创建了不同的 Civil 3D 对象——这是类的多态。

此部分内容对于初次接触程序设计的读者来说，难度稍高，需要慢慢体会，多查询相关资料。搜索关键字：继承、多态、重写(override)、虚方法(virtual)。

5.3 创建 Civil 3D 样式

在 Civil 3D 应用过程中，经常需要创建、修改 Civil 3D 中的样式，这些样式可能是模型对象(比如路线、曲面、道路等构成模型的对象)的样式，也可能是信息对象(各种标签、标注栏等)的样式。在实现程序时，往往也需要指定某种样式，如果图中没有相应的样式，就需要通过导入或创建样式完成。

导入样式的操作流程如下：制作自己的模板文件，创建所需的样式，在程序中编写代码，从模板文件中导入所需样式到当前操作的文档中，这个模板文件需要与应用程序一起打包。正常情况下这个操作流程不会出现问题，但也有无法导入的情况发生，此时程序运行的结果，就与我们的愿望不符。因此，本书中不介绍如何导入样式，把重点放在利用代码如何创建样式上；如果对导入样式感兴趣，可以参考 Civil 3D Developer's Guide。

5.3.1 创建点样式

在编写代码之前，先手动创建点样式。主要的属性如下：

1. 信息选项卡

(1) 名称：基准点(能够反映出其用途，简明扼要)；

(2) 描述：用于表示某种点的样式(增加补充信息，使其用途更清晰)；

(3) 创建者：木玉泽。

2. 标记选项卡

(1) 使用自定义标记：选择 X 和后面的方框+圆；

(2) 大小：使用以绝对单位度量的大小，值为 2.34。

3. 显示选项卡

注意切换视图方向，每个视图方向均要设置。

例如：平面视图方向；

标记：可见为真，颜色为绿色；

标签：可见为真，颜色为蓝色。

属性众多，在此不一一列举，可以根据需要进行设置，下面看一下在代码中如何实现操作。这一小节创建的类仍然继承本书 5.2 节的类 CivilCreateEntityDemo，类的雏形如下：

```
01 classCivilCreateStyles : CivilCreateEntityDemo
02 {
03     ObjectId id;
04     string desc;
```

```
05    public ObjectId CreateCogoPointStyle(string name){}
06    private void PropertySetting(PointStyle ps)
07 }
```

类 CivilCreateStyles 只有两个字段(id, desc)和两个方法(CreateCogoPointStyle(), PropertySetting()),没有创建构造方法,也没有重写父类的虚方法。CreateCogoPointStyle()方法创建点样式,并返回点样式的 ObjectId; PropertySetting()用于修改现有或设置新建样式的一些属性。

```
01 public ObjectId CreateCogoPointStyle(string name)
02 {
03    PointStyleCollection psIds = civilDoc.Styles.PointStyles;
04    if (psIds.Contains(name))
05    {
06      ed.WriteMessage("\n同名样式已存在。");
07      id = psIds[name];
08      desc = "利用代码修改的样式";
09    }
10    else
11    {
12      id = psIds.Add(name);
13      desc = "利用代码创建的样式";
14    }
15    using (Transaction tr = db.TransactionManager.StartTransaction())
16    {
17      PointStyle ps = tr.GetObject(id, OpenMode.ForWrite) as PointStyle;
18      PropertySetting(ps);
19      tr.Commit();
20    }
21    return id;
22 }
```

代码第 3 行,从文档中获取点样式集合,类型为 PointStyleCollection,看到这个集合可能会想到本书 5.2 节中介绍的创建集合中元素的方法——Add(),这里还不能忙于创建,因为要创建的样式可能已经存在,所以需要先进行判断,看其是否存在(第 4 行),如果已存在,就保存其 ID(第 7 行);如果不存在,新建并保存其 ID(第 12 行)。判断是否存在指定名称的样式,采用了方法 Contains()。第 15~20 行对样式进行了修改或设置,其中第 18 行调用了自定义方法 PropertySetting()。

```
01 private void PropertySetting(PointStyle ps)
02 {
03    ps.CreateBy = "木玉泽";
04    ps.Description = desc;
05    ps.MarkerType = PointMarkerDisplayType.UseCustomMarker;
06    ps.CustomMarkerStyle = CustomMarkerType.CustomMarkerX;
```

```
07     ps.CustomMarkerSuperimposeStyle =
08       CustomMarkerSuperimposeType.SquareCircle;
09     ps.SizeType = MarkerSizeType.AbsoluteUnits;
10     ps.MarkerSize = 2.34;
11     DisplayStyle ds = ps.GetDisplayStylePlan(PointDisplayStyleType.Marker);
12     ds.Visible = true;
13     ds.Color = Color.FromColorIndex(ColorMethod.ByAci, 3);
14     ds = ps.GetDisplayStylePlan(PointDisplayStyleType.Label);
15     ds.Visible = true;
16     ds.Color = Color.FromColorIndex(ColorMethod.ByAci, 5);
17 }
```

上述代码逐句解释如下：

```
01 声明方法 PropertySetting(),注意参数类型
02 {
03     创建者
04     描述
05     使用自定义标记
06     X 标记
07
08     方框 + 圆形标记
09     绝对单位
10     标记大小为 2.34
11     获取平面显示样式——标记的平面显示样式
12     可见性为真
13     颜色为绿色
14     获取平面显示样式——标签的平面显示样式
15     可见性为真
16     颜色为蓝色
17 }
```

方法 PropertySetting()完成的工作就是对样式的属性进行设置。所进行的设置同编写这段代码之前手工创建样式进行的操作是一致的。要注意的是第 11～16 行，为了设置显示样式，需要先定义一个 DisplayStyle 类型变量，修改这个变量的属性，原来样式(PointStyle ps)的相应属性即发生修改，但这个用法有些特殊。第 11 行先获取标记的显示样式，第 12、13 行对其可见性和颜色进行修改；第 14 行又获取标签的显示样式，第 15 行、第 16 行对其可见性和颜色进行修改。类似的用法读者要慢慢体会，编写代码的同时，进行相应的手工操作，相信很快就能发现这部分 API 的规律。

在 MyCommands 类中完成命令方法：

```
01 [CommandMethod("MyGroup", "CCPS", CommandFlags.Modal)]
02 public void CivilCreatePointStyles()
03 {
04     CivilCreateStyles ccs = new CivilCreateStyles();
```

```
05      string styleName = "基准点";
06      ccs.GetString("\n 输入点样式名称", ref styleName);
07      ccs.CreateCogoPointStyle(styleName);
08 }
```

注意这里声明变量的类型不再是基类 CivilCreateEntityDemo，而是刚刚创建的类 CivilCreateStyles，因为要执行的方法 CreateCogoPointStyle()是派生类“自己”的方法，如果用基类声明变量，将无法调用这个方法。代码第 6 行再次调用了基类的 GetString()方法，希望读者还有印象。

编译加载，输入命令 CCPS，看能否顺利创建一个点样式。这样就实现了利用代码创建样式，从某种意义上讲，将特定的样式固化到应用程序之中了。

5.3.2 创建曲面样式

在开始阅读本节代码之前，先回过头看一下本书 5.3.1 节中的一个枚举类型 PointDisplayStyleType，从 API Reference 中可以查到，此枚举类型包含两个成员：Marker 和 Label。接下来可以看一下本节中需要用到的枚举类型 SurfaceDisplayStyleType，查看一下这个类型有多少个成员——12 个。在 5.3.1 节中，代码第 14～16 行就是第 11～13 行的重复，如果按照上次的模式编写代码，要重复 11 次，有没有办法减少这种重复呢？就让我们带着这个问题开始阅读本节的代码。在本书 5.3.1 节的类中，增加两个方法：

```
public ObjectId CreateSurfaceStyle(string name)
private void PropertySetting(SurfaceStyle ss)
```

注意方法 PropertySetting()，与本书 5.3.1 节中定义的方法采用了相同的名称，不同之处在于参数类型不同，本书 5.3.1 节中参数类型为 PointStyle，而这一次为 SurfaceStyle，这是一种典型的重载方式。

```
public ObjectId CreateSurfaceStyle(string name)
01 {
02      SurfaceStyleCollection ssIds = civilDoc.Styles.SurfaceStyles;
03      if (ssIds.Contains(name))
04      {
05        ed.WriteMessage("\n 同名样式已存在。");
06        id = ssIds[name];
07        desc = "利用代码修改的样式";
08      }
09      else
10      {
11        id = ssIds.Add(name);
12        desc = "利用代码创建的样式";
13      }
14      using (Transaction tr = db.TransactionManager.StartTransaction())
15      {
16        SurfaceStyle ss = tr.GetObject(id, OpenMode.ForWrite) as SurfaceStyle;
17        PropertySetting(ss);
```

```
18        tr.Commit();
19      }
20      return id;
21  }
```

这一方法与本书5.3.1节中的方法CreateCogoPointStyle()基本一致，因此不再解释。

```
01 private void PropertySetting(SurfaceStyle ss)
02 {
03     ss.CreateBy = "木玉泽";
04     ss.Description = desc;
05     ss.ContourStyle.MajorContourInterval = 5;
06     ss.ContourStyle.MinorContourInterval = 1;
07     Array sdsts = Enum.GetValues(typeof(SurfaceDisplayStyleType));
08     foreach (SurfaceDisplayStyleType sdst in sdsts)
09     {
10         DisplayStyle ds = ss.GetDisplayStylePlan(sdst);
11         if (sdst == SurfaceDisplayStyleType.MajorContour
12             || sdst == SurfaceDisplayStyleType.MinorContour)
13         {
14             ds.Visible = true;
15         }
16         else
17         {
18             ds.Visible = false;
19         }
20     }
21 }
```

此方法将曲面样式设置为显示主次等高线，主等高距为5 m，次等高距为1 m。创建样式时，样式的默认值随文档的设定不同而不同，因此应对各部件的显示状态（属性Visible）进行控制。因此，本方法采用了遍历枚举类型的方式，进行了循环操作。代码第7行，从枚举类型获取数组，代码第8行，进行foreach循环。因为要保证主、次等高线显示为真，所以在循环内进行了判断。利用了foreach循环，避免了代码的简单重复，本节开始的问题也就有了答案。

代码中只针对平面视图方式进行了设置，其他视图方向也应进行设置，模型视图方向的设置需要调用方法GetDisplayStyleModel()获取相应的DisplayStyle。

在MyCommands类中完成命令方法：

```
01 [CommandMethod("MyGroup", "CCSS", CommandFlags.Modal)]
02 public void CivilCreateSurfaceStyles()
03 {
04     CivilCreateStyles ccs = new CivilCreateStyles();
05     string styleName = "等高线1和5";
06     ccs.GetString("\n输入曲面样式名称", ref styleName);
```

```
07      ccs.CreateSurfaceStyle(styleName);
08 }
```

编译加载,输入命令 CCSS,看能否顺利创建一个曲面样式。图 5-17 为曲面样式。

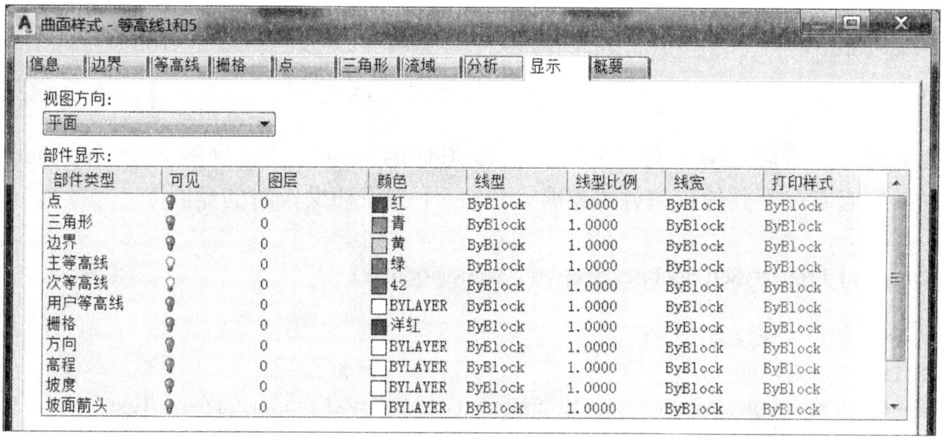

曲面样式 - 等高线1和5

信息 | 边界 | 等高线 | 栅格 | 点 | 三角形 | 流域 | 分析 | 显示 | 概要

视图方向:

平面

部件显示:

部件类型	可见	图层	颜色	线型	线型比例	线宽	打印样式
点		0	红	ByBlock	1.0000	ByBlock	ByBlock
三角形		0	青	ByBlock	1.0000	ByBlock	ByBlock
边界		0	黄	ByBlock	1.0000	ByBlock	ByBlock
主等高线		0	绿	ByBlock	1.0000	ByBlock	ByBlock
次等高线		0	42	ByBlock	1.0000	ByBlock	ByBlock
用户等高线		0	BYLAYER	ByBlock	1.0000	ByBlock	ByBlock
栅格		0	洋红	ByBlock	1.0000	ByBlock	ByBlock
方向		0	BYLAYER	ByBlock	1.0000	ByBlock	ByBlock
高程		0	BYLAYER	ByBlock	1.0000	ByBlock	ByBlock
坡度		0	BYLAYER	ByBlock	1.0000	ByBlock	ByBlock
坡面箭头		0	BYLAYER	ByBlock	1.0000	ByBlock	ByBlock

图 5-17 曲面样式

5.3.3 创建标签样式

本节创建一个标签样式,同 5.3.2 节一样在阅读代码前,先想一下手工创建标签的基本过程,比如创建一个路线偏移标签,操作应是类似这样的过程:工具空间→设定→路线→标签样式→桩号偏移→右键菜单新建…代码中该如何实现上述操作? 在本书 5.3.2 节的类中,增加两个方法:

```
public ObjectIdCreateLabelStyle (string name)
private void PropertySetting(LabelStyle ls)(注意参数变量类型)
```

两个方法代码的实现如下:

```
01 public ObjectIdCreateSurfaceStyle (string name)
02 {
03    LabelStyleCollection lsIds =
04       civilDoc.Styles.LabelStyles.AlignmentLabelStyles.StationOffsetLabelStyles;
05    if (lsIds.Contains(name))
06    {
07       ed.WriteMessage("\n 同名样式已存在。");
08       id = lsIds[name];
09       desc = "利用代码修改的样式";
10    }
11    else
12    {
13       id = lsIds.Add(name);
14       desc = "利用代码创建的样式";
15    }
```

```
16      using (Transaction tr = db.TransactionManager.StartTransaction())
17      {
18        LabelStyle ls = tr.GetObject(id, OpenMode.ForWrite) as LabelStyle;
19        PropertySetting(ls, tr);
20        tr.Commit();
21      }
22      return id;
23        }
```

这里要注意的就是第 3 行、第 4 行，是顺怎样的一根“藤”找到的 StationOffsetLabelStyles(瓜)，查看一下其他标签样式集合，分析一下与手动操作时的异同。

```
01 private void PropertySetting(LabelStyle ls, Transaction tr)
02 {
03     ls.CreateBy = "木玉泽";
04     ls.Description = desc;
05     ObjectIdCollection comIds = ls.GetComponents(LabelStyleComponentType.Text);
06     foreach (ObjectId id in comIds)
07     {
08       LabelStyleComponent lsc =
09           tr.GetObject(id, OpenMode.ForRead) as LabelStyleComponent
10       ls.RemoveComponent(lsc.Name);
11     }
12     ObjectId textComId = ls.AddComponent("桩号偏移", LabelStyleComponentType.Text);
13     LabelStyleTextComponent lstc =
14       textComId.GetObject(OpenMode.ForWrite) as LabelStyleTextComponent;
15     lstc.Text.Contents.Value =
16       "桩号:<[桩号值(Um|FS|P2|RN|AP|Sn|TP|B3|EN|W0|OF)]>";
17     lstc.Text.Contents.Value + =
18       "\\P 偏移:<[偏移(Um|P2|RN|AP|SD|OF)]>m<[桩号偏移侧(CU)]>";
19 }
```

这段代码采用了先删除原有组件再新建所需的组件，当然，也可以直接修改原有组件。

代码第 5～11 行，将创建标签时默认的文本组件全部删除，要考虑到不同的默认设置，创建标签时的默认组件不同，如果您不需要其他组件，应把其他组件一并删除或改造利用，如何操作，可参照 5.3.2 节中关于遍历枚举类型的方式进行，需要注意代码中 ObjectIdCollection comIds 集合可能为 null。

代码第 12～18 行，新建文本组件，并利用字段(Field)(与 C# 语言类中的字段可不是一回事)设置了文本的内容。如何获得这些字段，一个简单的办法就是从 Civil 3D 标签中直接复制出来关于字段，在本书第 6.3.4 节中有进一步的解释。如果要让标签中的文本分行显示，可以添加换行符号“\\P”，注意 P 是大写。

组件的其他属性，诸如定位点、文本高度、旋转角度等，您可以根据需要，查阅 API Reference 进行设置。

在 MyCommands 类中完成命令方法：

```
01 [CommandMethod("MyGroup", "CCLS", CommandFlags.Modal)]
02 public void CivilCreateLabelStyles()
03 {
04     CivilCreateStyles ccs = new CivilCreateStyles();
05     string styleName = "桩号偏移";
06     ccs.GetString("\n 输入路线偏移标签名称", ref styleName);
07     ccs.CreateLabelStyle(styleName);
08 }
```

5.3.4 小结

本节通过三个基本一致的样例，展示了如何创建或修改样式，不论是对象样式，还是标签样式，其新建的方法都是 Collection.Add()。不同点在于如何获取样式集合，找到了如何查询 API Reference 的方法后，这就是一件很简单的事情。

除了关于 Civil 3D API 的展示外，本节关于 C#语言的一些用法也尤为重要。本节中涉及的几个重要的方法如下：

1. 枚举类型的遍历

这是本书 5.3.2 节中方法 PropertySetting()中的几行代码：

```
07    Array sdsts = Enum.GetValues(typeof(SurfaceDisplayStyleType));
08    foreach (SurfaceDisplayStyleType sdst in sdsts)
```

第 7 行从枚举类型 SurfaceDisplayStyleType 获取了数组 Array sdsts，第 8 行采用 foreach进行循环。这种方法，在 Civil 3D 二次开发涉及枚举类型时，可以有效简化代码。关于这部分内容的详细信息，读者可搜索一下关键字：Enum，GetValues。

2. 方法的重载

在三个小节中，均有一个名为 PropertySetting 的方法，不同点在于方法参数的类型不同、参数数量不同。

```
private void PropertySetting(PointStyle ps)
private void PropertySetting(SurfaceStyle ss)
private void PropertySetting(LabelStyle ls, Transaction tr)
```

3. 泛型方法的应用

关于泛型方法，在前述 4.3 节已出现过，但在本节的代码中并没有体现出来，如果直接将泛型方法写出来，对于初学者来说难度稍大，给阅读代码造成困难，所以在本小节进行归纳总结，对前几节的代码进行简化，以此来体会泛型方法的用处。

先看一下三个方法 CreateCogoPointStyle()，CreateSurfaceStyle()，CreateSurface Style()中 if else 语句块的异同，可以发现进行的操作是一模一样的，不同点在于集合对象的类型不一样，有没有方法可以把这一部分的代码简化呢？答案是肯定的——利用泛型方法。

在 VS 中进行如下操作：选中 if else 语句块，右键菜单→Extract Method(Visual Assist 的功能)，输入方法名称 GetId。提取出的新方法应类似如下：

```
01 private void GetId(LabelStyleCollection lsIds, string name)
02 {
03     if (lsIds.Contains(name))
04     {
05       ed.WriteMessage("\n同名样式已存在。");
06       id = lsIds[name];
07       desc = "利用代码修改的样式";
08     }
09     else
10     {
11       id = lsIds.Add(name);
12       desc = "利用代码创建的样式";
13     }
14 }
```

修改方法签名，将 LabelStyleCollection 用 T 替换；也可以修改变量名称 lsIds，比如修改成 styleIds，使其更有代表意义（这不是必须的）；添加类型约束，在方法后面添加 where T : StyleCollectionBase，表示类型 T 为类型 StyleCollectionBase 的派生类。修改后的代码如下：

```
01 private void GetId<T>(T styleIds, string name) where T : StyleCollectionBase
02 {
03     if (styleIds.Contains(name))
04     {
05       ed.WriteMessage("\n同名样式已存在。");
06       id = styleIds[name];
07       desc = "利用代码修改的样式";
08     }
09     else
10     {
11       id = styleIds.Add(name);
12       desc = "利用代码创建的样式";
13     }
14 }
```

原来 Create ***** Style 方法修改后应类似如下，之前的 if else 语句块由方法 GetId 替代，增加了代码的重复利用率。

```
01 public ObjectId CreateLabelStyle(string name)
02 {
03     LabelStyleCollection lsIds =
04       civilDoc.Styles.LabelStyles.AlignmentLabelStyles.StationOffsetLabelStyles;
05     GetId(lsIds, name);
06     using (Transaction tr = db.TransactionManager.StartTransaction())
07     {
08       LabelStyle ls = tr.GetObject(id, OpenMode.ForWrite) as LabelStyle;
09       PropertySetting(ls, tr);
```

```
10         tr.Commit();
11     }
12     return id;
13 }
```

通过上面的修改,读者应能体会泛型方法的用处了,这对于简化代码作用非常大。现在查看类图,应与图 5-18 类似。

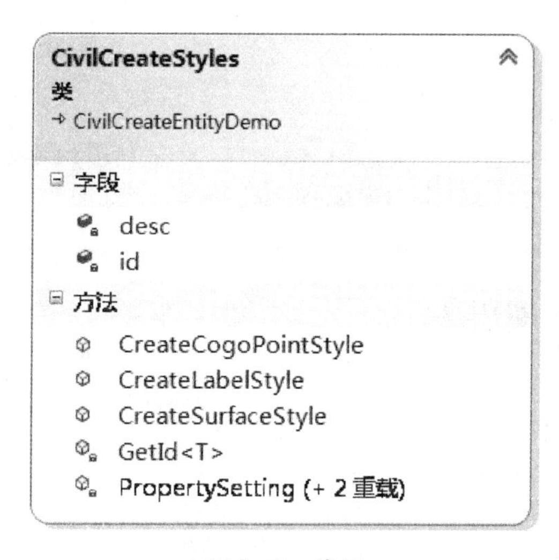

图 5-18 类图

第6章 编辑对象

——精雕细琢方成玉，千锤百炼始见金

本章重点

◇ 掌握对象基本属性修改的过程
◇ 掌握变换矩阵的应用
◇ 熟悉 Jig 的基本原理
◇ 了解多段线的相关操作
◇ 了解抽象类、抽象方法的应用
◇ 了解预处理指令的应用
◇ 向对象添加更多数据

6.1 编辑 AutoCAD 对象

多数情况下，创建实体的同时，设置了对象的属性，但不可避免会遇到修改已有对象各种属性的情况。本节就演示一下如何修改对象的图层、颜色、线型，如何移动、旋转、缩放对象，如何复制、删除、缩放对象以及多段线的修改。

为加深对"类的继承"的印象，本节新建一个基类，与前述第5章的用法稍有不同。

```
01 abstract class ModifyEntityDemo
02 {
03     protected Document doc;                              //文档
04     protected Editor ed;                                 //编辑器
05     protected Database db;                               //数据库
06     protected ObjectId entId;                            //待修改对象的ObjectId
07     //-------------------------------------------------------
08     public ModifyEntityDemo()                            //构造方法
09     {
10         doc = Application.DocumentManager.MdiActiveDocument;
11         ed = doc.Editor;
12         db = doc.Database;
13         entId = ObjectId.Null;
14     }
15     //-------------------------------------------------------
```

```
16      abstract public void DoModify();
17      //----------------------------------------------------------
18      virtual protected void SelectEntity()                        //选择需要修改的实体
19      {
20          PromptEntityOptions peo = new PromptEntityOptions("\n 拾取要修改的对象");
21          peo.AllowObjectOnLockedLayer = false;
22          PromptEntityResult per = ed.GetEntity(peo);
23          if (per.Status == PromptStatus.OK)
24          {
25              entId = per.ObjectId;                               //获取对象 ObjectId
26          }
27      }
28 }
```

本节中新建的类，与前述第 5 章中定义的类，最大的区别在关键字 abstract，代码第 1 行及第 16 行均出现了该关键词，表示该类为抽象类，方法为抽象方法。抽象类只能通过派生类实例化，抽象方法也要在派生类中实现，仔细观察代码第 16 行的方法，没有任何实现，连大括号都不存在。更多信息，读者可查询关键字：abstract。

6.1.1 修改对象的属性

创建类 ModifyEntityDemo1，设置基类为 ModifyEntityDemo，注意 VS 的提示信息，点击“实现抽象类”，VS 将自动添加 override public void DoModify()等代码，这表示需要重写该方法。

修改对象的图层、颜色和线型，具体操作很简单，获取对象后，以写入方式打开，修改相应的属性即可。在修改对象属性时，需要注意类似属性的区别，在日常生活中，某一物体的颜色，指的就是物体确切的颜色，但对于 AutoCAD 中的对象来说，却有两个属性，Entity.Color 和 Entity.ColorIndex，其属性值的类型分别为 Color 和 int。类似的，对象的图层和线型，也同样有两个属性，属性值的类型分别为 string 和 ObjectId。

下面代码中，颜色及线型的获取分别调用了 AutoCAD 内部的对话框，这是本段代码中除了掌握对象属性修改方法外，需要掌握的另一项技能。从编辑器获取关键字，也应进一步熟悉。

程序的操作过程如下：选择对象→输入关键字→进行相应操作。

```
001 class ModifyEntityDemo1 : ModifyEntityDemo
002 {
003     override public void DoModify()                              //执行修改操作
004     {
005         SelectEntity();                                          //选择实体
006         if (entId == ObjectId.Null) return;                      //判断选择是否有效
007         PromptKeywordOptions pko = new PromptKeywordOptions(
008             "\n 选择需要修改的属性");
009         pko.Keywords.Add("LA", "LA", "图层(LA)");                 //添加关键字
010         pko.Keywords.Add("C", "C", "颜色(C)");
011         pko.Keywords.Add("LT", "LT", "线型(LT)");
```

```
012         pko.Keywords.Default = "LA";                         //设置默认关键字
013         pko.AllowNone = true;
014         PromptResult pr = ed.GetKeywords (pko);              //获取关键字
015         if (pr.Status != PromptStatus.OK) return;
016         switch (pr.StringResult)                             //根据关键字进行选择操作
017         {
018             case "LA":
019                 ModifyEntLayer();                            //修改对象图层
020                 break;
021             case "C":
022                 ModifyEntColor();                            //修改对象颜色
023                 break;
024             case "LT":
025                 ModifyEntLinetype();                         //修改对象线型
026                 break;
027         }
028     }
029     //-----------------------------------------------------------
030     private void ModifyEntLinetype()                         //修改实体线型
031     {
032         ObjectId ltId = db.Celtype;                          //获取数据库当前线型
033         LinetypeDialog ld = new LinetypeDialog();            //创建线型对话框
034         ld.IncludeByBlockByLayer = true;                     //设置属性
035         if (ld.ShowDialog() == System.Windows.Forms.DialogResult.OK)
036         {
037             ltId = ld.Linetype;                              //获取对话框返回的线型
038         }
039         using (Transaction tr = db.TransactionManager.StartTransaction())
040         {
041             Entity ent = entId.GetObject(OpenMode.ForWrite) as Entity;
042             ent.LinetypeId = ltId;                           //修改对象线型
043             tr.Commit();
044         }
045     }
046     //-----------------------------------------------------------
047     private void ModifyEntColor()                            //修改实体颜色
048     {
049         Color c = db.Cecolor;                                //获取数据库当前颜色
050         ColorDialog cd = new ColorDialog();                  //创建颜色对话框
051         cd.IncludeByBlockByLayer = true;
052         if (cd.ShowDialog() == System.Windows.Forms.DialogResult.OK)
053         {
054             c = cd.Color;                                    //获取对话框返回的颜色
055         }
056         using (Transaction tr = db.TransactionManager.StartTransaction())
057         {
058             Entity ent = entId.GetObject(OpenMode.ForWrite) as Entity;
059             ent.Color = c;                                   //修改对象颜色
060             tr.Commit();
061         }
062     }
```

```
063     //--------------------------------------------------------
064     private void ModifyEntLayer()                              //修改对象图层
065     {
066         ObjectId layerNameId = GetLayerId();                   //获取图层 ObjectId
067         using (Transaction tr = db.TransactionManager.StartTransaction())
068         {
069             Entity ent = entId.GetObject(OpenMode.ForWrite) as Entity;
070             ent.LayerId = layerNameId;                         //修改对象图层 Id
071             tr.Commit();
072         }
073     }
074     //--------------------------------------------------------
075     private ObjectId GetLayerId()                              //获取图层 Id
076     {
077         ObjectId layerNameId = db.Clayer;                      //获取当前图层 Id
078         PromptStringOptions pso = new PromptStringOptions("\n 输入图层名称:");
079         PromptResult pr = ed.GetString (pso);
080         if (pr.Status != PromptStatus.OK) return layerNameId;
081         string layerName = pr.StringResult;                    //获取输入的图层名
082         using (Transaction tr = db.TransactionManager.StartTransaction())
083         {
084             LayerTable lt = db.LayerTableId.GetObject(OpenMode.ForRead) as LayerTable;
085             if (!lt.Has(layerName))                            //判断图层是否存在
086             {                                                  //不存在则创建
087                 LayerTableRecord ltr = new LayerTableRecord();
088                 ltr.Name = layerName;
089                 lt.UpgradeOpen();
090                 layerNameId = lt.Add(ltr);                     //返回新创建图层的 Id
091                 lt.DowngradeOpen();
092                 tr.AddNewlyCreatedDBObject(ltr, true);
093             }
094             else
095             {
096                 layerNameId = lt[layerName];                   //获取已有图层的 Id
097             }
098             tr.Commit();
099         }
100         return layerNameId;
101     }
102 }
```

在 MyCommands 中创建命令方法，调用 ModifyEntityDemo1.DoModify()，以后各节命令方法均与此类似，不再列出，请读者自行完成。

```
01 [CommandMethod("MyGroup", "MdfEnt1", CommandFlags.Modal)]
02 public void ModifyEntityDemo1()
03 {
04     ModifyEntityDemo med = new ModifyEntityDemo1();
05     med.DoModify();
06 }
```

本节的几个重点：①抽象类的实现；②修改对象的基本属性（分辨类似属性）；③关键字的获取；④颜色对话框、线型对话框的调用。

问题：此节的类中，要 using 哪些命名空间呢？

6.1.2 复制、删除、分解对象

本节演示如何复制、删除及分解对象。同前述 6.1.1 节一样，创建派生类并实现抽象类。程序的结构也基本一致，阅读代码时留意 try catch 的用法。

程序的操作过程如下：选择对象→输入关键字→进行相应操作。

```
01 class ModifyEntityDemo2 : ModifyEntityDemo
02 {
03     public override void DoModify()
04     {
05         SelectEntity();                                          //选择实体
06         if (entId == ObjectId.Null) return;                      //判断选择是否有效
07         PromptKeywordOptions pko = new
08             PromptKeywordOptions("\n选择需要进行的操作");
09         pko.Keywords.Add("C", "C", "复制(C)");                    //添加关键字
10         pko.Keywords.Add("E", "E", "删除(E)");
11         pko.Keywords.Add("X", "X", "分解(X)");
12         pko.Keywords.Default = "C";                              //设置默认关键字
13         pko.AllowNone = true;
14         PromptResult pr = ed.GetKeywords(pko);                   //获取关键字
15         if (pr.Status != PromptStatus.OK) return;
16         switch (pr.StringResult)                                 //根据关键字进行选择操作
17         {
18             case "C":
19                 CopyEnt();                                       //复制对象
20                 break;
21             case "E":
22                 EarseEnt();                                      //删除对象
23                 break;
24             case "X":
25                 ExplodeEnt();                                    //分解对象
26                 break;
27         }
28     }
29     //------------------------------------------------------
30     private void CopyEnt()                                       //复制对象
31     {
32         using (Transaction tr = db.TransactionManager.StartTransaction())
33         {
34             Entity ent = entId.GetObject(OpenMode.ForWrite) as Entity;
35             //原位复制，完全一样，采用方法 Clone
36             Entity newEnt = ent.Clone() as Entity;
37             BlockTableRecord btr = ent.BlockId.GetObject(
```

```
38                 OpenMode.ForWrite) as BlockTableRecord;
39             btr.AppendEntity(newEnt);
40             tr.AddNewlyCreatedDBObject(newEnt, true);
41             //相对移动100,100,采用方法 GetTransformedCopy
42             newEnt=ent.GetTransformedCopy (
43                 Matrix3d.Displacement (new Vector3d(100, 100, 0)));
44             btr.AppendEntity(newEnt);
45             tr.AddNewlyCreatedDBObject(newEnt, true);
46             tr.Commit();
47         }
48     }
49     //-------------------------------------------------------
50     private void EarseEnt()                                     //删除对象
51     {
52         using (Transaction tr=db.TransactionManager.StartTransaction())
53         {
54             DBObject ent=entId.GetObject(OpenMode.ForWrite);
55             ent.Erase();                                        //删除
56             tr.Commit();
57         }
58     }
59     //-------------------------------------------------------
60     private void ExplodeEnt()                                   //分解对象
61     {
62         using (Transaction tr=db.TransactionManager.StartTransaction())
63         {
64             Entity ent=entId.GetObject(OpenMode.ForWrite) as Entity;
65             BlockTableRecord btr=ent.BlockId.GetObject(
66                 OpenMode.ForWrite) as BlockTableRecord;
67             DBObjectCollection newEnts =new DBObjectCollection(); //存储分解后的对象
68             try                                                 //不确定对象能否成功分解
69             {
70                 ent.Explode(newEnts);                           //分解对象
71                 ent.Erase();                                    //删除原有对象
72                 foreach (DBObject obj in newEnts)             //将分解后的对象添加进数据库
73                 {
74                     Entity newEnt=obj as Entity;
75                     btr.AppendEntity(newEnt);
76                     tr.AddNewlyCreatedDBObject(newEnt, true);
77                 }
78             }
79             catch                                               //捕捉异常
80             {
81                 ed.WriteMessage("\n所选对象不能被分解。");
82             }
83             tr.Commit();
84         }
85     }
86 }
```

复制对象时采用两种方法：一种直接克隆，创建一个与原有对象一模一样的实体，另一种方法(GetTransformedCopy())则在复制对象的同时进行了一定的变换，方法涉及变换矩阵，在此仅作了解内容，在后续代码中将多次出现，逐步加深印象，慢慢体会其如何使用。

需要注意的是：复制的对象要添加到数据库中；不是任何对象都能分解，比如Line、Arc等简单对象，所以要进行异常处理。如何获取原有实体所属的块表记录，详见代码第37行及第65行；对象分解后，会产生多个新对象，要将这些对象全部添加进数据库。原有对象是否删除，根据您的需要确定。

6.1.3 平移、旋转、缩放对象

本节中通过平移、旋转、缩放对象，来进一步掌握变换矩阵的使用，为了能够直观地看到对象变换的效果，本节中增加了JIG(即时绘图)的应用，考虑到JIG相对较难，所以在代码中增加了预处理指令，如果您要实现JIG的效果，需要在类文件的最顶端添加如下语句：#define JIG，这也是一条预处理指令，定义了JIG，这个“JIG”可以是您喜欢的任何文本，只需后续代码中与之对应即可；如果您暂时不想研究JIG的内容，可以直接注释掉该条指令。有了预处理指令，使本节的代码显得更难一些了。在编辑代码过程中，注意观察活动文本与非活动文本颜色的变化(如果您的VS设置正常的话)，活动文本与正常代码无异，而非活动代码则可能是灰色的。

本节中涉及三种变换矩阵：平移、旋转、缩放，分别调用了类Matrix3D的三个静态方法Displacement()，Rotation()和Scaling()，阅读代码时注意区别。程序的操作过程如下：选择对象→输入关键字→进行相应操作；选择平移后，需要拾取两点：基点和目标点；选择旋转后，需要拾取三点：旋转中心点、确定基准方向的点及确定旋转角度的点；选择缩放后。也需要拾取三点：缩放基准点、确定相对长度的点及确定目标长度的点，拾取的长度都是相对于基准点。

```
001 class ModifyEntityDemo3: ModifyEntityDemo
002 {
003     public override void DoModify()
004     {
005         SelectEntity();                                  //选择实体
006         if (entId == ObjectId.Null) return;              //判断选择是否有效
007         PromptKeywordOptions pko = new PromptKeywordOptions(
008             "\n选择需要进行的操作");
009         pko.Keywords.Add("M", "M", "平移(M)");           //添加关键字
010         pko.Keywords.Add("R", "R", "旋转(R)");
011         pko.Keywords.Add("S", "S", "缩放(S)");
012         pko.Keywords.Default = "M";                      //设置默认关键字
013         pko.AllowNone = true;
014         PromptResult pr = ed.GetKeywords (pko);          //获取关键字
015         if (pr.Status != PromptStatus.OK) return;
016         switch (pr.StringResult)                         //根据关键字进行选择操作
017         {
018             case "M":
019                 MoveEnt();                               //移动对象
```

```
020                 break;
021             case "R":
022                 RotateEnt();                                //旋转对象
023                 break;
024             case "S":
025                 ScaleEnt();                                 //缩放对象
026                 break;
027         }
028     }
029     //-----------------------------------------------------------
030     private void MoveEnt()                                  //移动对象
031     {
032         Point3d basePoint = Point3d.Origin;
033         PromptPointOptions ppo = new PromptPointOptions(
034             "\n拾取移动参照点");
035         ppo.AllowNone = false;
036         PromptPointResult ppr = ed.GetPoint (ppo);          //拾取参照点
037         if (ppr.Status != PromptStatus.OK) return;
038         basePoint = ppr.Value;
039         Point3d targetPoint = basePoint;
040     #if !JIG                                                //预处理指令 if
041         ppo.Message = "\n拾取移动目标点";                    //拾取目标点
042         ppo.UseBasePoint = true;
043         ppo.BasePoint = basePoint;
044         ppr = ed.GetPoint (ppo);
045         if (ppr.Status != PromptStatus.OK) return;
046         targetPoint = ppr.Value;
047     #endif                                                  //预处理指令 if 结束
048         using (Transaction tr = db.TransactionManager.StartTransaction())
049         {
050             Entity ent = entId.GetObject(OpenMode.ForWrite) as Entity;
051     #if JIG                                                 //预处理指令 if
052             MoveJig rj = new MoveJig(                       //创建 Jig 获取目标点
053                 ent, basePoint);
054             PromptResult res = ed.Drag(rj);
055             if (res.Status == PromptStatus.OK)
056             {
057                 targetPoint = rj.GetPoint ();               //从 Jig 中获取目标点
058                 rj.GetEntity().Dispose();
059             }
060     #endif                                                  //预处理指令 if 结束
061             Matrix3d trans = Matrix3d.Displacement (
062                 targetPoint-basePoint);                     //移动矩阵
063             ent.TransformBy(trans);                         //利用移动矩阵对实体进行变换
064             tr.Commit();
065         }
066     }
```

```
067    //--------------------------------------------------------
068    private void RotateEnt()                                        //旋转实体
069    {
070        Point3d rotationPoint = Point3d.Origin;
071        PromptPointOptions ppo = new PromptPointOptions(
072            "\n拾取旋转中心点");                                    //获取旋转中心点
073        ppo.AllowNone = false;
074        PromptPointResult ppr = ed.GetPoint (ppo);
075        if (ppr.Status != PromptStatus.OK) return;
076        rotationPoint = ppr.Value;
077        double baseAngle = 0;
078        PromptAngleOptions pao = new PromptAngleOptions(
079            "\n拾取基准角度");                                      //获取旋转基准角度
080        pao.UseBasePoint = true;
081        pao.BasePoint = rotationPoint;
082        pao.AllowNone = false;
083        pao.AllowZero = true;
084        PromptDoubleResult pdr = ed.GetAngle(pao);
085        if (pdr.Status != PromptStatus.OK) return;
086        baseAngle = pdr.Value;
087        double newAngle = baseAngle;
088     #if !JIG                                                       //预处理指令 if
089        pao = new PromptAngleOptions("\n拾取旋转角度");               //拾取旋转角度
090        pao.UseBasePoint = true;
091        pao.BasePoint = rotationPoint;
092        pao.UseAngleBase = true;
093        pao.UseDashedLine = true;
094        pao.AllowNone = false;
095        pao.AllowZero = true;
096        pdr = ed.GetAngle(pao);
097        if (pdr.Status != PromptStatus.OK) return;
098        newAngle = pdr.Value;
099     #endif                                                         //预处理指令 if 结束
100        using (Transaction tr = db.TransactionManager.StartTransaction())
101        {
102            Entity ent = entId.GetObject(OpenMode.ForWrite) as Entity;
103            Matrix3d ucs = ed.CurrentUserCoordinateSystem;
104     #if JIG                                                        //预处理指令 if
105            RotateJig rj = new RotateJig(                           //创建 Jig 获取旋转角度
106                ent, rotationPoint, baseAngle, ucs);
107            PromptResult res = ed.Drag(rj);
108            if (res.Status == PromptStatus.OK)
109            {
110                newAngle = rj.GetRotation();                        //从 Jig 中获取旋转角度
111                rj.GetEntity().Dispose();
112            }
```

```
113    #endif                                                    //预处理指令 if 结束
114                Matrix3d trans = Matrix3d.Rotation(           //旋转矩阵
115                    newAngle-baseAngle,
116                    ucs.CoordinateSystem3d.Zaxis,
117                    rotationPoint);
118                ent.TransformBy(trans);                       //利用旋转矩阵对实体进行变换
119                tr.Commit();
120            }
121        }
122        //------------------------------------------------------------
123        private void ScaleEnt()                               //缩放实体
124        {
125            Point3d basePoint = Point3d.Origin;
126            PromptPointOptions ppo = new PromptPointOptions(
127                "\n 拾取基点");                                //获取缩放基准点
128            ppo.AllowNone = false;
129            PromptPointResult ppr = ed.GetPoint (ppo);
130            if (ppr.Status != PromptStatus.OK) return;
131            basePoint = ppr.Value;
132            double refLen = 1;
133            PromptDistanceOptions pdo = new PromptDistanceOptions(
134                "\n 拾取参照长度");                            //拾取参照长度
135            pdo.BasePoint = basePoint;
136            pdo.UseBasePoint = true;
137            pdo.DefaultValue = refLen;
138            PromptDoubleResult pdr = ed.GetDistance (pdo);
139            if (pdr.Status != PromptStatus.OK) return;
140            refLen = pdr.Value;
141            double targetLen = refLen;
142    #if !JIG                                                  //预处理指令 if
143            pdo = new PromptDistanceOptions("\n 拾取目标长度");  //拾取目标长度
144            pdo.UseBasePoint = true;
145            pdo.BasePoint = basePoint;
146            pdo.DefaultValue = refLen;
147            pdr = ed.GetDistance(pdo);
148            if (pdr.Status != PromptStatus.OK) return;
149            targetLen = pdr.Value;
150    #endif                                                    //预处理指令 if 结束
151            using (Transaction tr = db.TransactionManager.StartTransaction())
152            {
153                Entity ent = entId.GetObject(OpenMode.ForWrite) as Entity;
154    #if JIG                                                   //预处理指令 if
155                ScaleJig rj = new ScaleJig(                   //创建 Jig 获取目标长度
156                    ent, basePoint, refLen);
157                PromptResult res = ed.Drag(rj);
158                if (res.Status == PromptStatus.OK)
159                {
160                    targetLen = rj.GetLength();               //从 Jig 中获取目标长度
```

```
161                 rj.GetEntity().Dispose();
162             }
163     #endif
164             Matrix3d trans = Matrix3d.Scaling (          //缩放矩阵
165                 targetLen / refLen, basePoint);
166             ent.TransformBy(trans);                      //利用缩放矩阵对实体进行变换
167             tr.Commit();
168         }
169     }
170 }
```

预处理指令＃if 与＃endif 告诉编译器在编译过程中编译哪一段代码，如果项目同时针对多个版本的 AutoCAD，预处理指令的应用将更加必要和广泛。如果将文件顶端的＃define JIG 预处理指令做注释处理使其失效，则代码第 41～46 行将被编译，第 52～59 行将不被编译，结果将无法预览平移对象的实时效果。如果要预览操作的实时效果，就要使文件顶端的＃define JIG 指令有效。

实时预览的效果是如何实现的呢？这是通过 Jig 来实现的。什么是 Jig，简单地说就是用鼠标在屏幕上拖动，来获取点、距离、角度等数据，同时可以实现拖动的对象实时变化。更详细的信息读者可查询关键字：Jig。本节通过平移、旋转和缩放 Jig 分别获取点、距离和角度，以此来演示 Jig 的应用，希望通过这三个实例的学习，读者能对 Jig 有所了解。

下面首先来看平移 Jig 的实现。

1. 平移 Jig

创建类 MoveJig，设置基类为 EntityJig，类 EntityJig 也是抽象类，根据 VS 的提示，点击“实现抽象类”和在“MoveJig 中实现构造方法”。代码应与下面代码类似。

```
01 classMoveJig: EntityJig
02 {
03     publicMoveJig (Entity entity) : base(entity)
04     {
05     }
06
07     protected override SamplerStatus Sampler(JigPrompts prompts)
08     {
09         throw new NotImplementedException();
10     }
11
12     protected override bool Update()
13     {
14         throw new NotImplementedException();
15     }
16 }
```

构造方法和方法 Sampler()、方法 Update()必须要实现，构造方法中的参数 Entity 也是必须的。除此之外，可以根据需要添加自己需要的参数。方法 Sampler()用来获取所需的数据；方法 Update()用来更新实体。除以上方法外，还需要添加一些自定义方法，用来返回所需的数据。下面是平移 Jig 的完整代码。

实现平移 Jig 的目的就是通过鼠标拖动，获取想要的目标点。通过目标点与基准点创建向量，实现对象的平移。

```
01 class MoveJig : EntityJig                                        //平移 Jig
02 {
03     Point3d m_basePoint;                                         //基准点
04     Point3d m_targetPoint;                                       //目标点
05     //--------------------------------------------------------
06     public MoveJig(Entity entity, Point3d basePoint)
07         : base(entity.Clone() as Entity)                         //构造方法
08     {
09         m_basePoint = basePoint;
10     }
11     //--------------------------------------------------------
12     protected override SamplerStatus Sampler(JigPrompts jp)      //采样
13     {
14         JigPromptPointOptions jo = new                           //获取目标点
15             JigPromptPointOptions("\n拾取移动目标点");
16         jo.BasePoint = m_basePoint;
17         jo.UseBasePoint = true;
18         PromptPointResult pdr = jp.AcquirePoint(jo);
19         if (pdr.Status == PromptStatus.OK)
20         {
21             if (m_basePoint == pdr.Value)                        //与原基准点相同
22             {
23                 return SamplerStatus.NoChange;                   //返回未变
24             }
25             else
26             {
27                 m_targetPoint = pdr.Value;                       //存储新基准点
28                 return SamplerStatus.OK;                         //返回 OK
29             }
30         }
31         return SamplerStatus.Cancel;
32     }
33     //--------------------------------------------------------
34     protected override bool Update()                             //更新
35     {
36         Matrix3d trans = Matrix3d.Displacement(                  //平移矩阵
37             m_targetPoint-m_basePoint);
38         Entity.TransformBy(trans);                               //平移变换
39         m_basePoint = m_targetPoint;                             //存储新基准点
40         return true;
41     }
42     //--------------------------------------------------------
43     public Point3d GetPoint ()                                   //返回目标点
44     {
45         return m_ targetPoint;
46     }
47     //--------------------------------------------------------
48     public Entity GetEntity()                                    //返回实体
```

```
49      {
50          return Entity;                                    //这是基类 EntityJig 的属性
51      }                                                     //不是类型名称
52 }
```

代码第 7 行，注意基类构造方法中参数，采用了 entity 的一个副本，在拖动过程中，可能会取消操作（按 Esc 键），如果直接用 entity 的话，取消操作将会导致对象停留在已经拖动到的位置，而不会保留在初始位置，所以采用了这样一个笨办法。

代码第 38 行及第 50 行的 Entity 是基类的属性，不是类型名称，这个有点儿迷惑，很容易混淆，不知道为什么会这样命名。

方法 Sampler()，Update()暂不解释，对比三个不同的 Jig 类后，相信不用解释，读者可能就明白了。

代码第 43～46 行，返回需要的数据：目标点。

代码第 48～51 行，返回构造方法中复制的对象，以便销毁。见本书 6.1.3 节的第一段代码第 58 行、第 111 行、第 161 行。测试过程如图 6-1 所示。

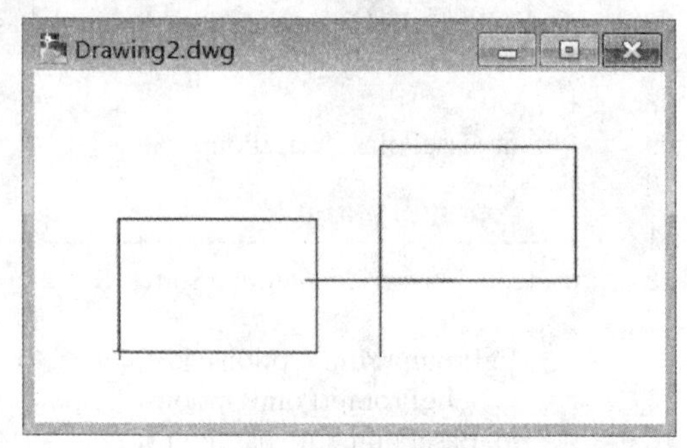

图 6-1　平移对象

2. 旋转 Jig

方法同前，字段有所不同。实现旋转 Jig 的目的就是获取一个角度。通过这个角度与基准角度实现对象的旋转。

```
01 class RotateJig : EntityJig                                    //旋转 Jig
02 {
03     double m_baseAngle, m_deltaAngle;                          //基准角度、变化角度
04     Point3d m_rotationPoint;                                   //旋转中心点
05     Matrix3d m_ucs;                                            //坐标系
06     //------------------------------------------------------
07     public RotateJig(                                          //构造方法
08         Entity entity, Point3d rotationPoint,
09         double baseAngle, Matrix3d ucs)
10         : base(entity.Clone() as Entity)
11     {
12         m_rotationPoint = rotationPoint;
13         m_baseAngle = baseAngle;
14         m_ucs = ucs;
15     }
16     //------------------------------------------------------
17     protected override SamplerStatus Sampler(JigPrompts jp)    //采样
18     {
19         JigPromptAngleOptions jo = new                         //获取角度
20             JigPromptAngleOptions("\n 拾取旋转角度");
21         jo.BasePoint = m_rotationPoint;
```

```
22          jo.UseBasePoint = true;
23          PromptDoubleResult pdr = jp.AcquireAngle(jo);
24          if (pdr.Status == PromptStatus.OK)
25          {
26              if (m_baseAngle == pdr.Value)              //如基准角度相同
27              {
28                  return SamplerStatus.NoChange;         //返回未变
29              }
30              else
31              {
32                  m_deltaAngle = pdr.Value;              //设置变化角度
33                  return SamplerStatus.OK;               //返回 OK
34              }
35          }
36          return SamplerStatus.Cancel;
37      }
38      //-------------------------------------------------------
39      protected override bool Update()                   //更新
40      {
41          Matrix3d trans = Matrix3d.Rotation(            //旋转矩阵
42              m_deltaAngle-m_baseAngle,
43              m_ucs.CoordinateSystem3d.Zaxis,
44              m_rotationPoint);
45          Entity.TransformBy(trans);                     //旋转变换
46          m_baseAngle = m_deltaAngle;                    //存储新的基准角度
47          return true;
48      }
49      //-------------------------------------------------------
50      public double GetRotation()                        //返回旋转角度
51      {
52          return m_ deltaAngle;
53      }
54      //-------------------------------------------------------
55      public Entity GetEntity()                          //返回实体//返回实体
56      {
57          return Entity;                                 //这是基类 EntityJig 的属性
58      }                                                  //不是类型名称
59  }
```

测试过程如图 6-2 所示。

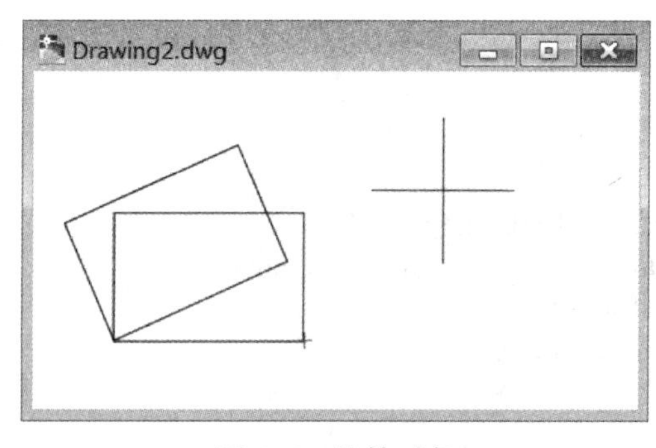

图 6-2　旋转对象

3. 缩放 Jig

实现缩放 Jig 的目的就是获取一个目标长度。通过目标长度与参照长度的比值缩放对象。

```
01 class ScaleJig : EntityJig                                            //缩放 Jig
02 {
03     Point3d m_basePoint;                                              //基点
04     double m_refLen;                                                  //参照长度
05     double m_newLen;                                                  //目标长度
06     //------------------------------------------------------------
07     public ScaleJig(Entity entity, Point3d basePoint, double refLen)
08         : base(entity.Clone() as Entity)                              //构造方法
09     {
10         m_basePoint = basePoint;
11         m_refLen = refLen;
12     }
13     //------------------------------------------------------------
14     protected override SamplerStatus Sampler(JigPrompts jp)           //采样
15     {
16         JigPromptDistanceOptions jo = new                             //获取长度
17             JigPromptDistanceOptions("\n 指定新长度");
18         jo.BasePoint = m_basePoint;
19         jo.UseBasePoint = true;
20         PromptDoubleResult pdr = jp.AcquireDistance(jo);
21         if (pdr.Status == PromptStatus.OK)
22         {
23             if (m_refLen == pdr.Value)                                //如果长度未变
24             {
25                 return SamplerStatus.NoChange;                        //返回未变
26             }
27             else
28             {
29                 m_newLen = pdr.Value;                                 //储存新长度
30                 return SamplerStatus.OK;                              //放回 OK
31             }
32         }
33         return SamplerStatus.Cancel;
34     }
35     //------------------------------------------------------------
36     protected override bool Update()                                  //更新
37     {
38         if (m_newLen != 0)
39         {
40             Matrix3d trans = Matrix3d.Scaling(                        //缩放矩阵
41                 m_newLen / m_refLen, m_basePoint);
42             Entity.TransformBy(trans);                                //缩放变换
43             m_refLen = m_newLen;
44         }
45         return true;
```

```
46      }
47      //-----------------------------------------------------------
48      public double GetLength()                    //返回长度值
49      {
50          return m_newLen;
51      }
52      //-----------------------------------------------------------
53      public Entity GetEntity()                    //返回实体
54      {
55          return Entity;                           //这是基类 EntityJig 的属性
56      }                                            //不是类型名称
57 }
```

测试过程如图 6-3 所示。

现在来对比分析一下 3 个类中方法 Sampler()的异同(表 6-1)。3 个方法中都创建了 JigPrompt *** Options,选项与编辑器交互时的选项类似,不再累述;然后通过 jp. Acquire *** 方法获取相应的值。用一句话描述方法 Sampler()的话,就是"通过 Acquire *** 来获取相应的值"。

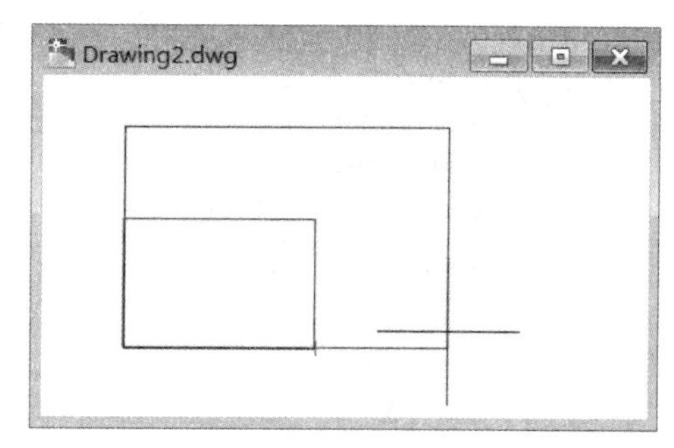

图 6-3 缩放对象

表 6-1 三种"即时绘图"对比

类	主要"动作"	获取的结果	类型
MoveJig	AcquirePoint	m_targetPoint	点
RotateJig	AcquireAngle	m_deltaAngle	角度
ScaleJig	AcquireDistance	m_newLen	长度

方法 Update()更为简单,通过变换矩阵实现对拖动对象的变换,以便实时观察拖动后的结果。

希望通过简单的对比,能够了解 Jig 的工作原理并能实现自己的 Jig,从而在编辑器中操作对象时,实现即时预览。

6.1.4 多段线修改

在类 Autodesk. AutoCAD. DatabaseServices. Curve 的派生类中,有 3 种类型表示多段线:Polyline,Polyline2d,Polyline3d,在 Civil 3D 中不论是 Polyline 还是 Polyline3d 都会经常用到,因此在这里演示一下关于多段线的一些操作(PLINETYPE 变量设置为 0 时,命令 Pline 创建的对象类型为 Polyline2d,设置为 1 或 2 时,创建的对象类型为 Polyline)。

本节中将演示如何偏移多段线,将 Polyline 转换为 Polyline3d,以及 Polyline3d 如何插入顶点。

```
001 class ModifyEntityDemo4 : ModifyEntityDemo
002 {
003     static double Offset=100;
004     public override void DoModify()
005     {
006         SelectEntity();
007         if (entId == ObjectId.Null) return;
008         PromptKeywordOptions pko=new
009             PromptKeywordOptions("\n选择需要进行的操作");
010         pko.Keywords.Add("O", "O", "偏移(O)");              //添加关键字
011         pko.Keywords.Add("C", "C", "转换(C)");
012         pko.Keywords.Add("I", "I", "插入顶点(I)");
013         pko.Keywords.Default="O";                            //设置默认关键字
014         pko.AllowNone=true;
015         PromptResult pr=ed.GetKeywords (pko);                //获取关键字
016         if (pr.Status != PromptStatus.OK) return;
017         switch (pr.StringResult)                             //根据关键字进行选择操作
018         {
019             case "O":
020                 OffsetPl();                                  //偏移对象
021                 break;
022             case "C":
023                 ConvertPl();                                 //转换对象
024                 break;
025             case "I":
026                 InsertVertex();                              //添加顶点
027                 break;
028         }
029     }
030     //------------------------------------------------------
031     private void OffsetPl()                                  //偏移对象
032     {
033         PromptDoubleOptions pdo=new PromptDoubleOptions(
034             "\n输入偏移值");                                   //获取偏移值,正值向右偏移,
035         pdo.DefaultValue=Offset;                             //负值向左偏移
036         pdo.UseDefaultValue=true;
037         PromptDoubleResult pdr=ed.GetDouble(pdo);
038         if (pdr.Status != PromptStatus.OK) return;
039         Offset=pdr.Value;
040         using (Transaction tr=db.TransactionManager.StartTransaction())
041         {
042             Curve ent=entId.GetObject(OpenMode.ForWrite) as Curve;
043             BlockTableRecord btr=ent.BlockId.GetObject(
044                 OpenMode.ForWrite) as BlockTableRecord;
045             try                                              //不是所有 Curve 都能偏移
046             {
```

```
047                 DBObjectCollection newEnts = ent.GetOffsetCurves(Offset);
048                 foreach(DBObject obj in newEnts)           //将新对象添加到数据库
049                 {
050                     Entity newEnt = obj as Entity;
051                     btr.AppendEntity(newEnt);
052                     tr.AddNewlyCreatedDBObject(newEnt, true);
053                 }
054             }
055             catch                                          //捕捉异常
056             {
057                 ed.WriteMessage("\n所选对象不能被偏移。");
058             }
059             tr.Commit();
060         }
061     }
062     //---------------------------------------------------------
063     private void ConvertPl()                               //Polyline 转换为 Polyline3d
064     {
065         using (Transaction tr = db.TransactionManager.StartTransaction())
066         {
067             Polyline ent = entId.GetObject(OpenMode.ForWrite) as Polyline;
068             Point3dCollection pts = new Point3dCollection();
069             if (ent != null)
070             {
071                 ent.Erase();                               //删除原有对象
072                 BlockTableRecord btr = ent.BlockId.GetObject(  //获取块表记录
073                     OpenMode.ForWrite) as BlockTableRecord;
074                 ent.GetStretchPoints(pts);                 //获取原有对象点集
075                 Polyline3d newEnt = new Polyline3d(        //新建 Polyline3d 对象
076                     Poly3dType.SimplePoly, pts, ent.Closed);
077                 entId = btr.AppendEntity(newEnt);
078                 tr.AddNewlyCreatedDBObject(newEnt, true);
079                 ed.WriteMessage("\n将 Polyline 转换为 Polyline3d。");
080             }
081             else
082             {
083                 ed.WriteMessage("\n所选对象不是 Polyline,未转换。");
084             }
085             tr.Commit();
086         }
087     }
088     //---------------------------------------------------------
089     private void InsertVertex()                            //Polyline3d 插入顶点
090     {
091         if (entId.ObjectClass == RXObject.GetClass(typeof(Polyline)))
092         {
093             ConvertPl();                                   //Polyline 转换为 Polyline3d
094         }
```

```
095         if (entId.ObjectClass == RXObject.GetClass(typeof(Polyline3d)))
096         {
097             SelectionSet ss = null;                        //获取表示高程的对象
098             GetSelectset(ref ss);
099             if (ss == null)
100             {
101                 ed.WriteMessage("\n 未选择到有效高程对象。");
102                 return;
103             }
104             ObjectId[] ids = ss.GetObjectIds();            //获取选择集中对象 Id
105             InsertVertex(ids);                             //插入顶点
106         }
107     }
108     //-------------------------------------------------------
109     private void InsertVertex(ObjectId[] ptIds)            //插入顶点
110     {
111         using (Transaction tr = db.TransactionManager.StartTransaction())
112         {
113             Point3d pt = Point3d.Origin;
114             foreach (ObjectId id in ptIds)                 //循环选择集中的每一个对象
115             {
116                 DBObject obj = id.GetObject(OpenMode.ForRead);
117                 GetPoint (obj, ref pt);                    //获取高程点
118                 if (pt == Point3d.Origin) continue;        //如果获取高程点失败,继续下一个
119                 Polyline3d pl3d = entId.GetObject(
120                     OpenMode.ForWrite) as Polyline3d;
121                 ObjectId[] vtxIds =                        //获取 Polyline3d 中顶点 Id 集合
122                     pl3d.Cast <ObjectId>().ToArray();
123                 Point3d refPt = pl3d.GetClosestPointTo(
124                     pt, Vector3d.ZAxis, false);            //获取最低点
125                 double para = pl3d.GetParameterAtPoint(refPt); //参照点的参数
126                 int i = (int)Math.Floor(para);             //取整,用于判断添加顶点的位置
127                 int n = vtxIds.Length;
128                 Point3d newVtx = new Point3d(              //几何点
129                     refPt.X, refPt.Y, pt.Z);
130                 if (para-i<Tolerance.Global.EqualPoint || i == n)
131                 {                                          //如果新建点与现有顶点重合,
132                     PolylineVertex3d pv = vtxIds[i].GetObject(
133                         OpenMode.ForWrite) as PolylineVertex3d;
134                     pv.Position = newVtx;                  //修改现有顶点
135                 }
136                 else                                       //否则添加新顶点
137                 {
138                     PolylineVertex3d pv = new PolylineVertex3d(newVtx);
139                     ObjectId newId = pl3d.InsertVertexAt(vtxIds[i], pv);
140                     tr.AddNewlyCreatedDBObject(pv, true);      //!!!很重要
141                 }
142             }
```

```
143            tr.Commit();
144        }
145    }
146    //------------------------------------------------------------
147    private void GetPoint (DBObject obj, ref Point3d pt)  //获取高程点
148    {
149        if (obj.GetType() == typeof(MText))          //从文本中提取高程信息
150        {
151            MText text=obj as MText;
152            double data=0.0;
153            if (double.TryParse (text.Text, out data))
154            {                                             //注意,不是所有文本都是数字文本
155                pt=new Point3d(text.Location.X, text.Location.Y, data);
156            }
157        }
158        else if (obj.GetType() == typeof(DBText))     //从文本中提取高程信息
159        {
160            DBText text=obj as DBText;
161            double data=0.0;
162            if (double.TryParse(text.TextString, out data))
163            {
164                pt=new Point3d(text.Position.X, text.Position.Y, data);
165            }
166        }
167        else if (obj.GetType() == typeof(DBPoint))    //从点中提取高程信息
168        {
169            DBPoint dp=obj as DBPoint;
170            pt=dp.Position;
171        }
172        else if (obj.GetType() == typeof(CivilDbs.CogoPoint))
173        {                                             //从几何空间点中提取高程信息
174            CivilDbs.CogoPoint point=obj as CivilDbs.CogoPoint;
175            pt=point.Location;
176        }
177    }
178    //------------------------------------------------------------
179    private void GetSelectset(ref SelectionSet ss)         //获取选择集
180    {
181        PromptSelectionOptions pso=new PromptSelectionOptions();
182        pso.MessageForAdding="\n 选择文本或高程点:";
183        TypedValue [] tv=new TypedValue[]              //过滤器,可以选择多种类型对象
184        {
185                new TypedValue((int)DxfCode.Operator, "<or"),
186                new TypedValue((int)DxfCode.Start, "MText"),
187                new TypedValue((int)DxfCode.Start, "AECC_COGO_POINT"),
188                new TypedValue((int)DxfCode.Start, "Text"),
189                new TypedValue((int)DxfCode.Start, "Point"),
190                new TypedValue((int)DxfCode.Operator, "or>")
191        };
192        SelectionFilter sf=new SelectionFilter(tv);
```

```
193         PromptSelectionResult psr=ed.GetSelection(pso, sf);
194         if (psr.Status != PromptStatus.OK)
195         {
196             throw new System.Exception("\n 未选择到所需要的点");
197         }
198         ss=psr.Value;
199     }
200     //--------------------------------------------------
201     override protected void SelectEntity()                    //重写基类方法
202     {
203         PromptEntityOptions peo=new PromptEntityOptions(
204             "\n 选择需要编辑的多段线");
205          peo.SetRejectMessage("\n 请选择多段线");
206          peo.AddAllowedClass(typeof(Polyline), true);        //允许选择 Polyline
207          peo.AddAllowedClass(typeof(Polyline2d), true);      //允许选择 Polyline2d
208          peo.AddAllowedClass(typeof(Polyline3d), true);      //允许选择 Polyline3d
209         PromptEntityResult per=ed.GetEntity(peo);
210         if (per.Status == PromptStatus.OK)
211         {
212             entId=per.ObjectId;                               //获取对象 ObjectId
213         }
214     }
215 }
```

偏移是调用类 Curve 的方法，但并不是说所有 Curve 的派生类都可以进行偏移，例如 Polyline3d 无法实现偏移，因此需要进行异常捕捉，当无法偏移时，捕捉异常，并输出提示信息（代码第 57 行）。偏移创建的对象，有可能是多个，比如一条自相交的多段线，创建偏移时就可能创建多条新的多段线。因此，创建偏移的返回值为 DBObjectCollection 类型（代码第 47 行）。

将 Polyline 转换为 Polyline3d，并不能像将 int 值转换为 double 值那样直接转换，而是通过新建 Polyline3d 对象，将 Polyline 一些属性值复制给新建对象。程序只考虑了 Polyline 中不含圆弧的最简单情况，因此采用 GetStretchPoints()方法直接获取 Polyline 的顶点几何信息，用于新建 Polyline3d 对象。代码中只将 Polyline 转换为 Polyline3d，如果读者想实现 Polyline2d 与 Polyline3d 的转换，或者将 Polyline3d 转换为两者，可参照上述代码自行实现。Civil 3D 已经有了内部命令实现此功能，所以读者也不必花费太大精力来完善此部分代码。

添加顶点这部分的功能稍微复杂，通过选择多段线附近的文本、点及几何空间点，获取相应的高程信息，并求取这些对象与多段线的最近点，并在这个最近点添加顶点。对于 Polyline，首先将其转换为 Polyline3d，然后进行相应操作。

代码第 91、第 95 行，判断一个 ObjectId 的对象类型，该用法在第 1 章就涉及，其效率应比开启事务、获取相应对象并判断具体类型要高。

在 Polyline3d 内部，顶点是顺序排列的，要遍历 Polyline3d 中顶点的 ObjectId，可以利用 foreach 进行：

```
01            foreach (ObjectId id in pl3d)
02            {                                    //进行相应操作
03            }
```

但此段代码中需要知道顶点的具体序号,所以采用了数组存储顶点的 ObjectId(代码第121、第 122 行),以便获取指定的顶点。相信该用法在您以后编写代码中会大有用处。

代码第 140 行很重要,创建的新顶点添加到了 Polyline3d 中,同样要告知事务,不然就会出错,读者可注释掉该行代码进行试验。

方法 GetPoint()是为方便代码阅读提取出来的,根据所选对象的不同类型,获取相应的高程信息,并创建相应的点。注意并不是所有的文本都能转换成数字。

方法 GetSelectset()用于获取选择集,选择集过滤器是此段代码的关键,属于经常用到的方法,应熟练掌握。

方法 SelectEntity()重写了基类的方法,再一次体会虚方法的用途,可与 6.1.3 节进行比较,慢慢体会其用途。

测试此程序,可创建图 6-4 所示的 Polyline,并在 Polyline 附近创建点、文本和几何空间点,测试结果如图 6-5 所示,注意对比两图中 Polyline 夹点的变化。

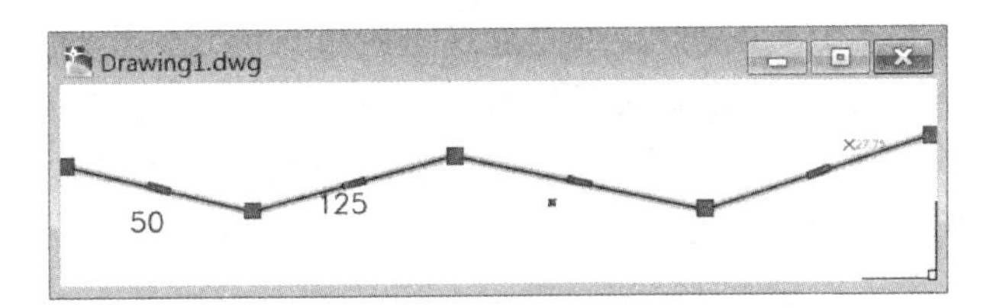

图 6-4 插入顶点前的 Polyline

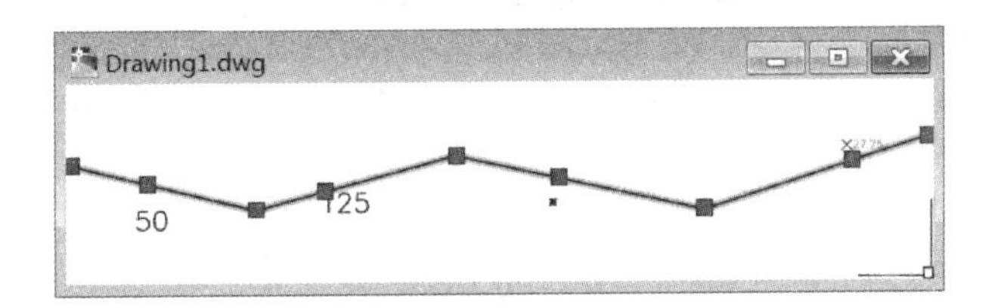

图 6-5 转换为 Polyline3d 并插入顶点

6.2 编辑 Civil 3D 对象

在进行本节内容之前,先回顾一下第 5 章中所用到的两个基类:CreateEntityDemo 第 5.1 节和 CivilCreateEntityDemo 第 5.2 节,可以发现,这两个类很像,重复的内容很多,有没有办法可以进行简化呢? 答案是有。下面就看一下如何实现简化,让代码不重复,或者说让代码尽可能多地得到重复利用。

通过类的继承来实现上述所需的简化工作。创建一个抽象类,添加一个字段,并创建构造方法,代码如下:

```
01 abstract class CivilModifyEntityDemo : ModifyEntityDemo
02 {
03     protected CivilDocument civilDoc;
04     public CivilModifyEntityDemo(): base()
05     {
06         civilDoc = CivilApplication. ActiveDocument;
07     }
08 }
```

可能读者会问,前述第5章为什么不直接这样做吗？答案很简单,为了对比,没有对比,就没有反差,也就不会带来更深刻的印象。仔细对比本书第5.2节类CivilCreateEntity-Demo与本节类CivilModifyEntityDemo的区别,体会“类的继承”所带来的便利。

6.2.1 修改曲面顶点

本节了解一下曲面修改的一些方法。Civil 3D曲面编辑相关操作中,其中提供不少编辑点的功能,但这远远不能满足各种各样的需求,利用API实现一些特殊的功能显得尤为重要。

假设需要同时修改多个点的高程,可以通过不到百行的代码实现。程序流程如下:选择曲面→选择边界→输入高程,在输入高程的过程中,可以通过输入关键字来设置相对高程或绝对高程。选择相对高程后,将相对原有高程进行修改;选择绝对高程后,边界范围内所有的点其高程将被修改为指定的值。

```
01 enum EleType { absolute, relative };                  //定义枚举类型
02 class CivilModifyEntityDemo1 : CivilModifyEntityDemo
03 {
04     static double elevation = 0;                        //高程
05     TinSurface ts;                                      //曲面
06     ObjectId plId;                                      //边界 ObjectId
07     string promptStr;                                   //提示文本
08     EleType et;                                         //高程类型
09     public override void DoModify()
10     {
11         SelectEntity();                                 //选择曲面
12         if (entId == ObjectId. Null) return;
13         SelectPolyline();                               //选择边界
14         if (plId == ObjectId. Null) return;
15         et = EleType. relative;                         //相对高程
16         promptStr = "\n 输入绝对高程或";
17         GetElevation();                                 //获取高程值
```

```
18            using (Transaction tr = db.TransactionManager.StartTransaction())
19            {
20                ts = entId.GetObject(OpenMode.ForWrite) as TinSurface;
21                ObjectIdCollection ids = new ObjectIdCollection();
22                ids.Add(plId);
23                TinSurfaceVertex[] vtxs = ts.GetVerticesInsidePolylines(ids);
24                switch (et)
25                {
26                    case EleType.relative:
27                        ts.RaiseVertices(vtxs, elevation);            //抬升曲面点
28                        break;
29                    default:
30                        ts.SetVerticesElevation(vtxs, elevation);     //设置曲面点高程
31                        break;
32                }
33                tr.Commit();
34            }
35        }
36        //-----------------------------------------------------------
37        override protected void SelectEntity()                        //重写基类方法
38        {
39            PromptEntityOptions peo = new PromptEntityOptions(
40                "\n拾取要修改的三角网曲面");
41            peo.SetRejectMessage("\n请选择三角网曲面");
42            peo.AddAllowedClass(typeof(TinSurface), true);
43            peo.AllowObjectOnLockedLayer = false;
44            PromptEntityResult per = ed.GetEntity(peo);
45            if (per.Status == PromptStatus.OK)
46            {
47                entId = per.ObjectId;                                 //获取对象ObjectId
48            }
49        }
50        //-----------------------------------------------------------
51        void SelectPolyline()                                         //选择边界
52        {
53            PromptEntityOptions peo = new PromptEntityOptions(
54                "\n拾取边界");
55            peo.SetRejectMessage("\n请选择二维多段线");
56            peo.AddAllowedClass(typeof(Polyline), true);
57            peo.AllowObjectOnLockedLayer = false;
58            PromptEntityResult per = ed.GetEntity(peo);
59            if (per.Status == PromptStatus.OK)
60            {
61                plId = per.ObjectId;                                  //获取对象ObjectId
62            }
```

```
63     }
64     //-----------------------------------------------------
65     void GetElevation()                                    //获取高程
66     {
67         PromptDoubleOptions pdo = new PromptDoubleOptions(promptStr);
68         pdo.Keywords.Add("R", "R", "相对高程(R)");          //添加关键字
69         pdo.Keywords.Add("A", "A", "绝对高程(A)");
70         pdo.Keywords.Default = "A";
71         pdo.AllowNone = true;
72         pdo.DefaultValue = elevation;
73         PromptDoubleResult pdr = ed.GetDouble(pdo);
74         if (pdr.Status == PromptStatus.OK)
75         {
76             elevation = pdr.Value;
77         }
78         else if (pdr.Status == PromptStatus.Keyword)
79         {
80             if (pdr.StringResult == "R")
81             {
82                 et = EleType.relative;
83                 promptStr = "\n输入相对高程或";             //修改提示信息
84             }
85             else
86             {
87                 et = EleType.absolute;
88                 promptStr = "\n输入绝对高程或";             //修改提示信息
89             }
90             GetElevation();                                //递归获取高程
91         }
92     }
93 }
```

上述代码第1行定义了一个枚举类型,用来表示不同的高程类型,相对高程或绝对高程,以便以不同的方式修改曲面点的高程。

获取指定边界内的点以及修改点的高程(代码第23行、第27行及第30行),均是通过曲面的API直接完成,这使代码显得非常简单。通过编写此段代码,您应学会如何查找API,在您准备实现自己的想法之前,首先要确定Civil 3D是否已经提供了相应的命令,如果没有提供命令,就够查找有没有相关的API可用,不要盲目直接写代码。

代码中需要进一步熟悉的另一知识点是获取实数过程中,实现关键字的输入以及递归方法的运用。在查找API过程中,应分清楚Surface, TinSurface, GridSurface等之间的联系与区别。有没有发现Civil 3D的代码要比AutoCAD的简单呢?

6.2.2 修改纵断面

本节及6.2.3节的代码,是作者所在团队在做施工图设计过程中为解决实际问题所编写的,搬到此处时做了小小的改动。

代码使用的背景如下:设计山地公园步道过程中,要创建步道的模型,步道中存在不少

的踏步，为了真实地反应踏步的形态，利用下面的代码，修改纵断面踏步段，根据踏步的宽度及高度，添加若干个变坡点，再利用自定义的部件，顺利实现了踏步的建模。因为代码是针对特殊的项目需求设计的，所以其中的数据采用了硬代码的方式写入，使程序没有任何通用性。您在阅读代码时，应把注意力放在如何遍历变坡点集、递归方法如何结束，而不是挑剔这段程序如何不合理。

程序的思路如下，踏步段的坡度相对固定，只有两种情况，一种踏步高宽分别为 300 及 150，另一种踏步高宽分别为 350 及 125，所以通过变坡点的 gradeOut 或 gradeIn 很容易找到相应的踏步段。找到相应的踏步段后，根据踏步的实际高宽依次添加变坡点。

此段代码展示的是如何对纵断面的变坡点集进行操作。

```
01 class CivilModifyEntityDemo2: CivilModifyEntityDemo
02 {
03     ProfilePVICollection pvis;
04     public override void DoModify()
05     {
06         SelectEntity();
07         if (entId == ObjectId.Null) return;
08         using (Transaction tr = db.TransactionManager.StartTransaction())
09         {
10             Profile profile = entId.GetObject(OpenMode.ForWrite) as Profile;
11             if (profile.ProfileType == ProfileType.FG)      //判断是否为设计纵断面
12             {
13                 pvis = profile.PVIs;                        //获取变坡点集
14                 int i = pvis.Count-2;
15                 AddPvi(i);                                  //添加变坡点
16             }
17             else
18             {
19                 ed.WriteMessage("\n 纵断面不是设计纵断面,未添加变坡点.");
20             }
21             tr.Commit();
22         }
23     }
24     //----------------------------------------------------------
25     override protected void SelectEntity()                  //重写基类方法
26     {
27         PromptEntityOptions opt = new PromptEntityOptions("\n 选择纵断面");
28         opt.SetRejectMessage("\n 请选择纵断面!");
29         opt.AddAllowedClass(typeof(Profile), false);
30         PromptEntityResult res = ed.GetEntity(opt);
31         if (res.Status == PromptStatus.OK)
32         {
33             entId = res.ObjectId;
34         }
35     }
36     //----------------------------------------------------------
37     private void AddPvi(int i)                               //添加变坡点
```

```
38     {
39         if (i<0) return;                                        //设置跳出递归的条件
40         ProfilePVI startPVI = pvis[i];                          //踏步段起点
41         ProfilePVI endPVI = pvis[i+1];                          //踏步段终点
42         double gradeOut = startPVI.GradeOut;                    //获取坡度
43         double length = endPVI.Station-startPVI.Station;        //总长度
44         double height = endPVI.Elevation-startPVI.Elevation;    //总高差
45         double ww = 0.35;                                       //默认台阶宽度
46         if (Math.Abs(Math.Abs(gradeOut) - 0.5) <= 0.002)
47         {
48             ww = 0.3;                                           //宽度改为 0.3m
49         }
50         int n = (int)Math.Round(length / ww);                   //踏步级数
51         double w = length / n;                                  //计算实际宽度
52         double h = height / n;                                  //计算实际高度
53         if (gradeOut > 0.2 && gradeOut<1)                       //上坡踏步
54         {
55             pvis.AddPVI(startPVI.Station + 0.002,
56                 startPVI.Elevation + h);
57             for (int j = 1; j<n; j++)
58             {
59                 pvis.AddPVI(startPVI.Station + j * w,
60                     startPVI.Elevation + j * h);
61                 pvis.AddPVI(startPVI.Station + j * w + 0.002,
62                     startPVI.Elevation + (j+1) * h);
63             }
64             AddPvi(i-2);                                        //递归下一段
65         }
66         else if (gradeOut > -1 && gradeOut<-0.2)                //下坡踏步
67         {
68             for (int j = 0; j<n-1; j++)
69             {
70                 pvis.AddPVI(startPVI.Station + (j+1) * w-0.002,
71                     startPVI.Elevation + j * h);
72                 pvis.AddPVI(startPVI.Station + (j+1) * w,
73                     startPVI.Elevation + (j+1) * h);
74             }
75             pvis.AddPVI(startPVI.Station + n * w-0.002,
76                 startPVI.Elevation + (n-1) * h);
77             AddPvi(i-2);                                        //递归下一段
78         }
79         else                                                    //非踏步段
80         {
81             AddPvi(i-1);                                        //递归下一段
82         }
83     }
84 }
```

程序中要注意的是第10行中对象打开方式，这里如果以只读方式打开，程序也能将变坡点添加进去，但纵断面不能立即更新，必须重新生成(regen)后才能看到结果。

添加变坡点时需要遍历变坡点集，如何遍历变坡点集是此段代码的核心，随着添加变坡点，变坡点集自身是变化的，如何让这种变化不影响后续的操作。根据变坡点集存储的规律，可以从后先前进行操作，比如变坡点集中总共有 11 个点，其编号分别为 0～10，其中最后一段踏步位于第 9 和第 10 号变坡点之间，在确定了这两个变坡点之间为踏步段后，向变坡点集添加若干变坡点，新建变坡点将存储在原有的第 9 及第 10 号变坡点之间，而原有的 0～8 号变坡点并不受影响；处理完这一段后，继续向前（点号变小的方向）查找，如果找到踏步段，继续添加变坡点，以此类推。这就是程序第 14 行 i 为什么取值 pvis. Count-2 的原因。

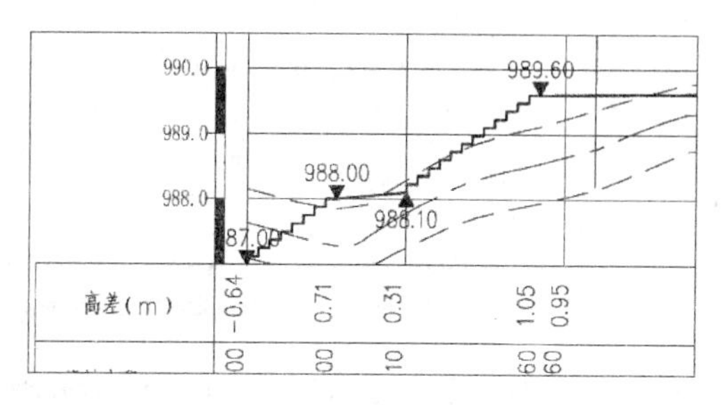

图 6-6 踏步

在 Civil 3D 纵断面中，不能出现绝对的竖直段，也就是说表示踏步踢面的上下两点，不能在同一桩号处，程序中设置了 2 mm 的偏差，也就是程序中第 55 行、61 行、70 行、75 行中的 0.002。这种直接将数字写进代码的习惯并不好，该怎么修改呢？这个问题留给读者思考！

6.2.3 拆分道路区域

在场地设计中，挡墙模型是必不可少的。在 Civil 3D 软件中，可以利用 Corridor 模拟挡墙，但挡墙毕竟是挡墙，有自己的特点，与常规的道路有所不同的是挡墙不连续，截面是变化的，基础是存在台阶的……要实现快速创建挡墙模型，不得不创建小型的工具。

代码使用的背景如下：挡墙顶部高程由一个纵断面控制，挡墙基础高程由另一条纵断面线控制，这条纵断面线是带有“台阶”的，台阶的错台位置一定是挡墙的变形缝，当然其他位置也可能存在变形缝，但基础不一定有错台。

程序的简单思路：Corridor 模型可以具有多条 Baseline，先行获取 BaselineCollection，然后遍历每一条 Baseline；每一条 Baseline 又存在若干个 BaselineRegion，同样需要获取 BaselineRegionCollection，然后进行遍历。对于每一个 BaselineRegion，获取其目标信息，从中查找高程目标——纵断面，根据纵断面的变坡点集拆分 BaselineRegion。在拆分 BaselineRegion 时，BaselineRegionCollection 同时发生变化，如何不受这些变化的影响，方法与前述 6.2.2 节有所不同，在阅读代码时注意分析。

当拆分完一条 Baseline 后，程序中将变形缝部位的区域进行删除。下面这段代码实现了上述功能，其本质就是如何对道路区域进行操作。

```
01 class CivilModifyEntityDemo3 : CivilModifyEntityDemo
02 {
03     const double DeformationJointWidth = 0.03;                    //变形缝宽度
04     public override void DoModify()
05     {
06         SelectEntity();
07         if (entId == ObjectId.Null) return;
08         using (Transaction tr = db.TransactionManager.StartTransaction())
09         {
10             Corridor crd = entId.GetObject(OpenMode.ForWrite) as Corridor;
11             BaselineCollection bls = crd.Baselines;
```

```
12            foreach (Baseline bl in bls)                        //对每一条 Baseline 进行操作
13            {
14                ModifyOneBaseline(bl, tr);                      //修改每一条 Baseline
15            }
16            crd.Rebuild();                                      //重新生成道路模型
17            tr.Commit();
18        }
19    }
20    //-----------------------------------------------------------
21    private void ModifyOneBaseline(Baseline bl, Transaction tr    //修改一条 Baseline
22    {
23        BaselineRegionCollection brs = bl.BaselineRegions;
24        List<string> regionNames = new List<string>();
25        foreach (BaselineRegion br in brs)                       //获取现有 BaselineRegion 名称
26        {
27            regionNames.Add(br.Name);
28        }
29        foreach (string regionName in regionNames)               //拆分每一个区域
30        {
31            SplitOnRegion(brs[regionName], tr);                  //拆分一个区域
32        }
33        regionNames.Clear();
34        foreach (BaselineRegion br in brs)                       //重新获取区域名称
35        {
36            regionNames.Add(br.Name);
37        }
38        foreach (string regionName in regionNames)               //删除变形缝部位的区域
39        {
40            if (brs[regionName].EndStation-brs[regionName].StartStation
41                <= DeformationJointWidth)
42            {
43                brs.Remove(brs[regionName]);
44            }
45        }
46    }
47    //-----------------------------------------------------------
48    private void SplitOnRegion(BaselineRegion br, Transaction tr)
49    {
50        SubassemblyTargetInfoCollection targetInfos = br.GetTargets();
51        double start = br.StartStation;                          //区域起点桩号
52        double end = br.EndStation;                              //区域终点桩号
53        foreach (SubassemblyTargetInfo targetInfo in targetInfos)
54        {
55            SubassemblyLogicalNameType slnt = targetInfo.TargetType;
56            if (slnt != SubassemblyLogicalNameType.Elevation) continue;
57            ObjectIdCollection ids = targetInfo.TargetIds;
58            foreach (ObjectId id in ids)                         //获取目标纵断面
59            {
```

```
60                  Profile pf = tr.GetObject(id, OpenMode.ForRead) as Profile;
61                  if (pf == null) continue;
62                  ProfilePVICollection pvis = pf.PVIs;            //获取变坡点
63                  int n = pvis.Count;
64                  for (int i = n-2; i > 0; i--)                   //根据每一个变坡点进行拆分
65                  {
66                      double station = pvis[i].Station;
67                      if (station > start && station<end)
68                      {
69                          br.Split(station);                      //拆分区域
70                      }
71                  }
72              }
73          }
74      }
75      //---------------------------------------------------------
76      override protected void SelectEntity()                      //重写基类方法
77      {
78          PromptEntityOptions opt = new PromptEntityOptions("\n选择挡墙");
79          opt.SetRejectMessage("\n请选择挡墙!");
80          opt.AddAllowedClass(typeof(Corridor), false);
81          PromptEntityResult res = ed.GetEntity(opt);
82          if (res.Status == PromptStatus.OK)
83          {
84              entId = res.ObjectId;
85          }
86      }
87  }
```

上述程序第3行，定义了一个const常量，用来表示变形缝宽度，看到这里，本书6.2.2节中最后的问题也就有了答案，也应为那个0.002定义一个类似的常量。

上述程序第24行，定义了一个泛型表——List〈string〉，用来存储现有BaselineRegion的名称，随着BaselineRegion的拆分，BaselineRegionCollection是变化的，但原有Baseline-Region的名称是不变的，因此可以通过这种方式，从不断变化的BaselineRegionCollection中找到原有的BaselineRegion。如果读者不清楚List〈string〉的用法，请查询关键字：泛型，List。

如何创建新的BaselineRegion，API中有多种方法，代码中使用的Split（第69行）是一种；还可以通过修改原有区域的起始桩号，然后新建BaselineRegion，再匹配区域的各项参数，哪种方式更合适，要针对不同情况灵活运用（图6-7、图6-8）。

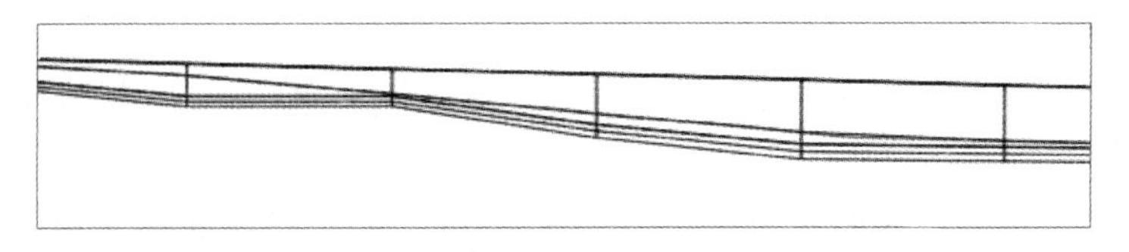

图6-7 挡墙模型（拆分区域前）

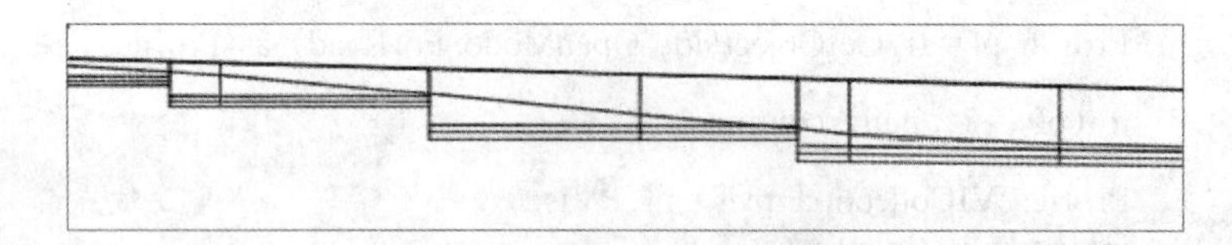

图 6-8　挡墙模型(拆分区域后)

通过这段代码再一次反映出要进行二次开发,必须熟练掌握软件的应用。如果对 Corridor, Baseline, BaselineRegion 之间的关系不熟悉,查找上述对象的 API 时也就不知从何入手。

6.3　编辑 Civil 3D 设定

在利用 Civil 3D 进行实际项目设计前,需要准备自己的. DWT 文件,这些. DWT 文件中包含了可能用到的各种样式及相应的设定,但这些样式及设定的数量毕竟是有限的,不可能满足所有需求,在利用代码操作的过程中,可能需要创建或编辑样式(见本书 5.3 节),也可能需要修改个别的设定(Settings),了解如何获取及修改相应的设定。

Civil 3D 具有图形、要素和命令三个层次的设定,如果您还不了解,需要查询帮助文档了解此部分内容。掌握了此部分内容,您对 Civil 3D 的应用将会更加得心应手,只不过是帮助文档中对此部分内容的强调不够突出,所以您更要注重此部分功能的应用。

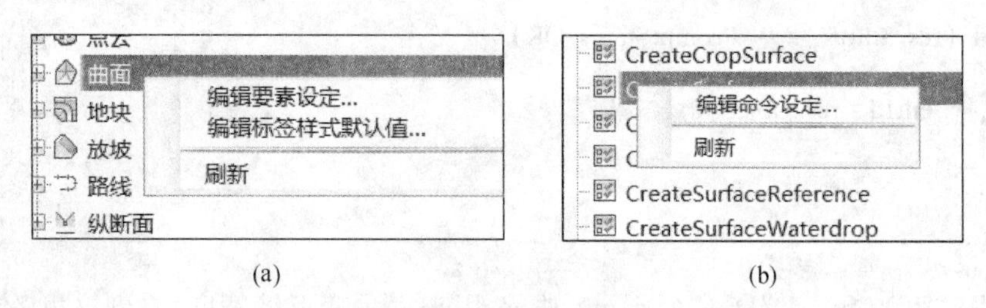

图 6-9　Civil 3D 设定操作

回想一下前述第 5 章创建曲面的过程,需要提供曲面的名称,能不能通过获取设定中的名称模板,"自动"实现曲面的命名呢?如果能,怎么获取并利用这些设置呢?

6.3.1　访问各种设定

访问设定根对象可以通过属性 CivilDocument. Settings 实现,其类型为 SettingRoot。这里重点介绍 SettingsRoot 类的泛型方法 GetSettings⟨T⟩()(关于泛型方法,在本书5.3.4 节中详细讲述,也可以通过索引进行查找),这里的 T 为 SettingsAmbient 及其派生类。通过这个方法可以直接访问要素级、命令级设定。例如,可以修改曲面默认样式、曲面名称模板等。

要素设定派生于类 SettingsAmbient,如图 6-10 所示的路线设定类 SettingsAlignment 就派生于此类。

命令设定派生于相应的要素设定,如图 6-11 所示创建路线曲线表命令设定 Settings CmdAddAlignmentCurveTable 派生于路线设定类 SettingsAlignment。

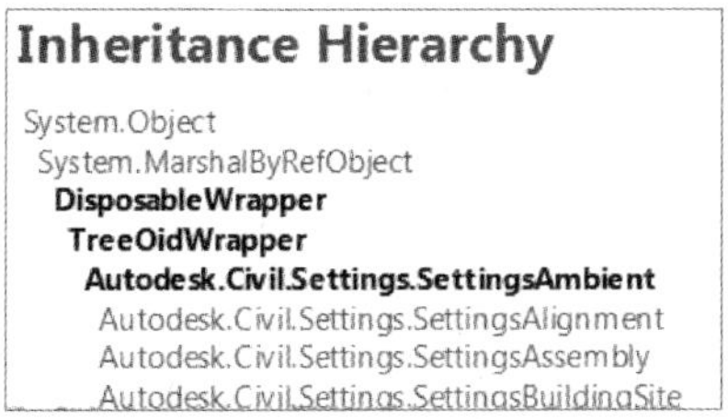

Inheritance Hierarchy

System.Object
System.MarshalByRefObject
DisposableWrapper
TreeOidWrapper
Autodesk.Civil.Settings.SettingsAmbient
Autodesk.Civil.Settings.SettingsAlignment
Autodesk.Civil.Settings.SettingsAssembly
Autodesk.Civil.Settings.SettingsBuildingSite

图 6-10 要素设定类

Inheritance Hierarchy

System.Object
System.MarshalByRefObject
DisposableWrapper
TreeOidWrapper
Autodesk.Civil.Settings.SettingsAmbient
Autodesk.Civil.Settings.SettingsAlignment
Autodesk.Civil.Settings.SettingsCmdAddAlignmentCurveTable
Autodesk.Civil.Settings.SettingsCmdAddAlignmentLineTable
Autodesk.Civil.Settings.SettingsCmdAddAlignmentOffLbl

图 6-11 命令设定类

以上两幅图片均是从 Civil 3D .NET API Reference 中截图所得，需要查看更多信息，您可在命名空间 Autodesk. Civil. Settings 下进行查找。

如何使用泛型方法 GetSettings〈T〉()访问这些设定将在本书 6.3.2 节中讲述。

6.3.2 编辑要素设定

这里以设置曲面默认样式为例，展示如何编辑要素设定。代码如下：

```
01 class CivilSetingsDemo
02 {
03     Document doc;
04     CivilDocument civilDoc;
05     public CivilSetingsDemo()                        //构造方法
06     {
07         doc = Application.DocumentManager.MdiActiveDocument;
08         civilDoc = CivilApplication.ActiveDocument;
09     }
10     public void SetSurfaceStyle(string styleName)    //设置曲面样式设定
11     {
12         if (!civilDoc.Styles.SurfaceStyles.Contains(styleName))
13         {
14             civilDoc.Styles.SurfaceStyles.Add(styleName);
15         }
16         civilDoc.Settings.GetSettings<SettingsSurface>()
17             .Styles.Surface.Value = styleName;       //设置曲面样式名称
18     }
19 }
```

上述代码第 10～18 行，实现了编辑默认样式的操作，该方法需要提供一个字符串参数，该参数为默认曲面样式的名称。代码第 12～15 行，判断指定名称样式是否存在，若不存在，则新建一个。代码第 16 行、第 17 行设置默认曲面样式。在查看 API Reference 过程中，大多数属性都是只读属性，这可能给您造成困惑，属性是只读的，怎么修改呢？不要放弃，当你找到最内层的属性后，就会发现其为可写属性，允许编辑。

有了泛型方法 GetSettings〈T〉()，使访问各种设定都变得简单，如果要访问其他类型的要素设定，只需将上述代码中的类型进行相应修改，但要注意不同要素设定有不同的属性，代码只是相似，不一定完全一样。如果要设置路线的默认样式，该如何实现呢？

测试这段代码，需要完成以下命令方法：

```
01 [CommandMethod("MyGroup", "MdfSt1", CommandFlags.Modal)]
02 public void CivilModifySettingsDemo1()
03 {
04     CivilSetingsDemo csd = new CivilSetingsDemo();
05     csd.SetSurfaceStyle("测试样式");                          //测试样式名称
06 }
```

这里要为方法提供一个字符串，这个字符串既是曲面默认样式的名称。

运行此段代码后，可以在曲面样式列表中看到增加了一个名为“测试样式”的曲面样式，查看曲面要素设定，可以发现默认的曲面样式为“测试样式”。如图 6-12 所示。

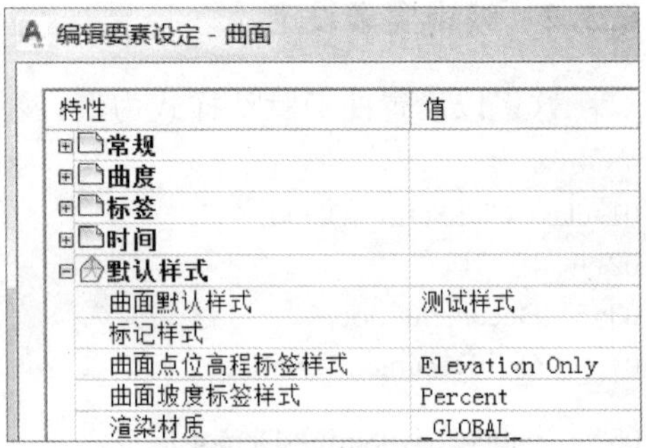

编辑要素设定 - 曲面

特性	值
⊞常规	
⊞曲度	
⊞标签	
⊞时间	
⊟默认样式	
曲面默认样式	测试样式
标记样式	
曲面点位高程标签样式	Elevation Only
曲面坡度标签样式	Percent
渲染材质	_GLOBAL_

图 6-12　曲面默认样式

6.3.3　编辑命令设定

为了进一步加深印象，再次演示一个简单示例，在 6.3.2 节类中添加以下方法：

```
01 public void SetSurfaceNameTemplete(string nameTemplete)
02 {
03     civilDoc.Settings.GetSettings〈SettingsCmdCreateSurface〉()
04         .NameFormat.Surface.Value = nameTemplete;
05 }
```

这段代码其实只有一行，为了避免自动换行带来的阅读不便，这里将代码分成了两行。这段代码实现了设置曲面名称模板的操作。

阅读到这里，您应打开 Civil 3D .NET API Reference，查看类 SettingsCmdCreateSurface 与类 SettingsSurface 之间的关系，再次体会本书 6.3.2 节中的内容。

测试这段代码，需要完成以下命令方法：

```
01 [CommandMethod("MyGroup", "MdfSt2", CommandFlags.Modal)]
02 public void CivilModifySettingsDemo2()
03 {
04     CivilSetingsDemo csd = new CivilSetingsDemo();
05     csd.SetSurfaceNameTemplete("设计地形 〈[下一个编号(CP)]〉");
06 }
```

运行这段代码后，可以在创建曲面命令设定中看到曲面名称模板修改为“设计地形〈[下一个编号(CP)]〉”(图 6-13)，如果创建一个曲面，曲面名称将按照这个模板自动命名。

如果执行创建曲面命令，在弹出的对话框中，曲面名称及曲面样式均是按照上述测试代码设定的内容，如图 6-14 所示。

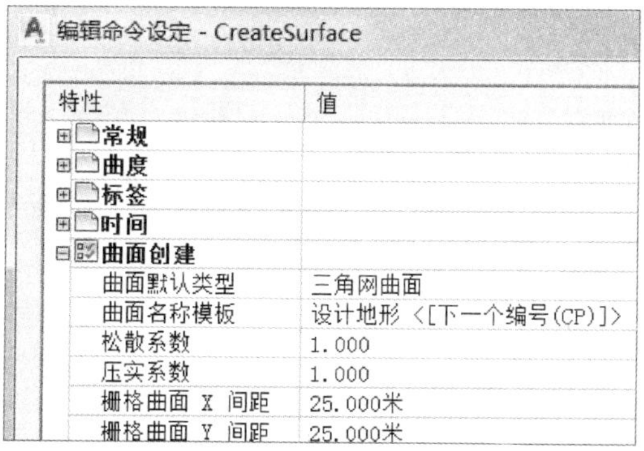

编辑命令设定 - CreateSurface
特性
值
常规
曲度
标签
时间
曲面创建
曲面默认类型
三角网曲面
曲面名称模板
设计地形 <[下一个编号(CP)]>
松散系数
1.000
压实系数
1.000
栅格曲面 X 间距
25.000米
栅格曲面 Y 间距
25.000米

图 6-13　曲面名称模板

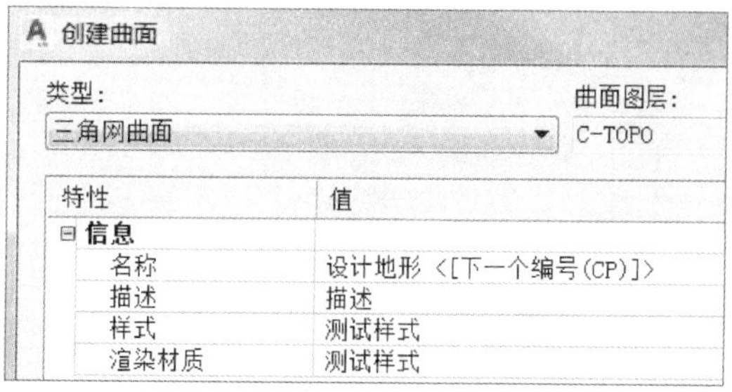

创建曲面
类型:
三角网曲面
曲面图层:
C-TOPO
特性
值
信息
名称
设计地形 <[下一个编号(CP)]>
描述
描述
样式
测试样式
渲染材质
测试样式

图 6-14　创建曲面

6.3.4　使用属性字段

在 6.3.3 节代码中设置曲面名称模板时，提供的字符串为“设计地形〈[下一个编号(CP)]〉”，其中“设计地形”为普通文本，“〈[下一个编号(CP)]〉”为属性字段，Civil 3D 会根据此字段自动“计算”曲面的名称。使用默认设置创建一个曲面，在“浏览”对话框中，将看到曲面“设计地形 1”，如图 6-15 所示。也可再次创建多个曲面，观察曲面名称的规律。

每种要素有哪些有效的字段，在 Civil 3D API Developer's Guide 相应章节中均详细地列举出来，但这些字段与 Civil 3D 程序语言版本是对应的，中文版对应的字段是怎样的，可以通过 Civil 3D 对话框找到。例如要查找偏移路线名称模板有效的字段有哪些，可以打开相应的要素设定对话框，在其名称模板对话框中即可找到相应的属性字段(图 6-16)。至于如何能够实现多国语言版，作者目前尚不清楚。

浏览
设定
当前图形视图
Drawing1
点
点编组
点云
曲面
设计地形 1
路线
要素线

图 6-15　默认设置创建的曲面

名称模板
名称格式模板
特性字段:
侧
名称:
<[初始路线名称(CP)]>-<[侧]>-<[偏移距离]>
递增编号格式

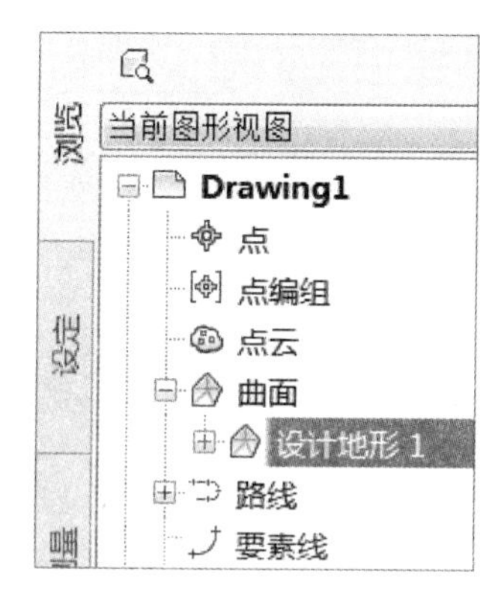

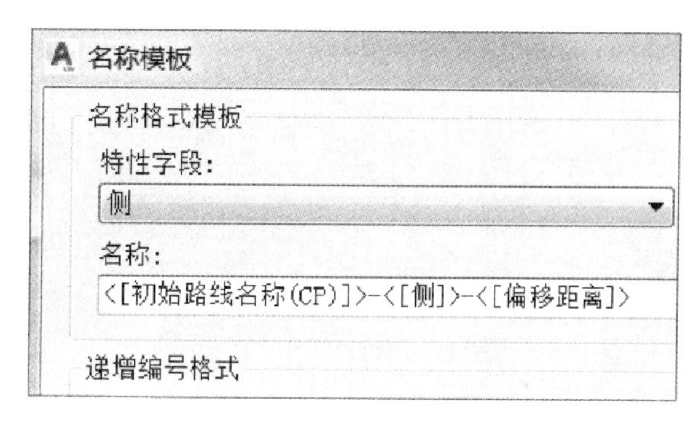

图 6-16　查找属性字段

注意：这些属性字段能够正确工作是有前提条件的，只能在调用 Civil 3D 命令时才能全部正确工作，如果是在利用自己的代码创建某种要素，很有可能不会正常工作，这是因为目前 .NET API 尚不完善，相对 .NET API 来说，COM API 中会有稍多的情况能够正常工作。

第3部分

进 阶 应 用

第 7章 对象信息的提取

——寄蜉蝣于天地，渺沧海之一粟

本章重点

◇ 利用标签注记模型信息
◇ 利用表格提取模型信息
◇ 模型信息输出到外部文件

Civil 3D 的数字模型蕴含了海量的数据信息，不久的将来，施工现场可能完全见不到纸质蓝图，全部由电子设备代替，需要什么信息都可以随时随地查询出来，但目前还没有达到如此高度，仍要将数字模型转换为二维纸质蓝图。如何把这些信息表达在图纸上，是目前仍要完成的任务。

7.1 创建标签

Civil 3D 注记功能非常强大，模型中存在的数据信息都可以用标签的形式展现出来。不同的国家、不同的行业有不同的标准，Civil 3D 不可能把注记全部实现自动化完成，这就需要根据自己行业或企业标准来创建自己的工具，实现标签注记的自动化。本节以沿道路坡脚线添加路线偏移标签为例，演示如何将数字信息展示在二维图纸中。

测试本程序，需要创建一条道路模型并提取要素线。程序执行过程中将提示选择路线及要素线，之后将沿要素线创建路线偏移标签若干。程序的思路如下：根据所选路线获取桩号集→针对每个桩号求取路线法线与要素线的交点→在交点处添加路线偏移标签。

```
001 class CreateStationOffsetLabel
002 {
003     static string[] labelNames = new string[] { "Left", "Right" };
004     Document doc;
005     Database db;
006     Editor ed;
007     CivilDocument civilDoc;
008     ObjectId alignmentId;                    //路线 ObjectId
009     ObjectId[] labelStyleIds;                //标签样式 ObjectId 集
010     ObjectId markerStyleId;                  //标记样式 ObjectId
011     ObjectId[] featureLineIds;               //要素线集
```

```
012    const double MajInterval = 100;                //主要间距
013    const double MinInterval = 25;                 //次要间距
014    //------------------------------------------------------------------
015    public CreateStationOffsetLabel()              //构造方法
016    {
017        doc = Application.DocumentManager.MdiActiveDocument;
018        ed = doc.Editor;
019        db = doc.Database;
020        civilDoc = CivilApplication.ActiveDocument;
021        alignmentId = ObjectId.Null;
022        labelStyleIds = new ObjectId[2];
023        markerStyleId = ObjectId.Null;
024    }
025    //------------------------------------------------------------------
026    public void CreateLabels()                     //创建标签
027    {
028        SelectEntity();                            //选择实体
029        if (alignmentId == ObjectId.Null|featureLineIds == null) return;
030        GetLabelStyleIds();                        //获取标签样式集
031        GetMarkerStyleId();                        //获取标记样式
032        using (Transaction tr = db.TransactionManager.StartTransaction())
033        {
034            Alignment al = alignmentId.GetObject(
035            OpenMode.ForRead) as Alignment;
036        Station[] stations = al.GetStationSet(     //获取路线桩号集合
037            StationTypes.Major | StationTypes.Minor
038            , MajInterval, MinInterval);
039        Point3d sp, ep;                            //用于代表路线法线起点、终点
040        double north = 0, east = 0;                //北距、东距
041        foreach (ObjectId featureLineId in featureLineIds)
042        {
043            FeatureLine fl = featureLineId.GetObject(
044              OpenMode.ForRead) as FeatureLine;
045            Curve curve = fl.BaseCurve;            //获取要素线的 BaseCurve
046            Curve projectedCurve = curve.GetProjectedCurve(
047                al.GetPlane(), al.GetPlane().Normal);    //获取投影曲线
048            double offset = 0, sta = 0;            //获取要素线起点桩号偏移
049            al.StationOffset(fl.StartPoint.X
050              , fl.StartPoint.Y, ref sta, ref offset);
051            ObjectId labelStyleId;
052            if (offset <= 0)                       //根据要素线偏移选择样式
053            {
054               labelStyleId = labelStyleIds[0];    //选择左侧标签样式
055            }
056            else
```

```
057                 {
058                     labelStyleId = labelStyleIds[1];                    //选择右侧标签样式
059                 }
060             foreach (Station station in stations)
061                 {
062                     al.PointLocation(                                   //获取路线法线起点
063                         station.RawStation, 10, ref east, ref north);
064                     sp = new Point3d(east, north, 0);
065                     al.PointLocation                                    //获取路线法线终点
066                         (station.RawStation, -10, ref east, ref north);
067                     ep = new Point3d(east, north, 0);
068                     Line line = new Line(sp, ep);                       //路线法线
069                     Point3dCollection pts = new Point3dCollection();
070                     projectedCurve.IntersectWith(                       //获取路线法线与要素线交点
071                         line, Intersect.ExtendArgument
072                         , pts, new IntPtr(0), new IntPtr(0));
073                     foreach (Point3d pt in pts)
074                     {
075                         StationOffsetLabel.Create(                      //创建路线偏移标签
076                             alignmentId, labelStyleId
077                             , markerStyleId, new Point2d(pt.X, pt.Y));
078                     }
079                 }
080             }
081             tr.Commit();
082         }
083     }
084     //---------------------------------------------------------------
085     void SelectEntity()                                                 //选择实体
086     {
087         PromptEntityOptions peo = new PromptEntityOptions(              //提示选项
088             "\n 拾取路线");
089         peo.SetRejectMessage("\n 请拾取路线");                          //拒绝信息
090         peo.AddAllowedClass(typeof(Alignment), true);                   //允许类型
091         peo.AllowObjectOnLockedLayer = false;
092         PromptEntityResult per = ed.GetEntity(peo);                     //选择实体
093         if (per.Status != PromptStatus.OK) return;
094         alignmentId = per.ObjectId;
095         PromptSelectionOptions pso = new PromptSelectionOptions();
096         pso.MessageForAdding = "\n 拾取道路要素线:";                    //选择集选项
097         TypedValue[] tv = new TypedValue[]                              //用于创建过滤器
098             {
099                 new TypedValue(                                         //组码名称
100                     (int)DxfCode.Start,"AECC_AUTO_CORRIDOR_FEATURE_LINE")
101             };
102         SelectionFilter sf = new SelectionFilter(tv);                   //选择集过滤器
```

```
103             PromptSelectionResult psr = ed.GetSelection(pso, sf);
104             if (psr.Status != PromptStatus.OK) return;
105             featureLineIds = psr.Value.GetObjectIds();
106     }
107     //-----------------------------------------------------------------
108     void GetMarkerStyleId()                                      //获取标记样式 Id
109     {
110         string name = "_No Markers";                             //样式名称
111         if (civilDoc.Styles.MarkerStyles.Contains(name))         //测试是否已有
112         {
113             markerStyleId = civilDoc.Styles.MarkerStyles[name];
114         }
115         else                                                     //如果没有,新建一个
116         {
117             markerStyleId = civilDoc.Styles.MarkerStyles.Add(name);
118             using (Transaction tr = db.TransactionManager.StartTransaction())
119             {
120                 MarkerStyle ms = markerStyleId.GetObject(
121                     OpenMode.ForWrite) as MarkerStyle;
122                 ms.GetMarkerDisplayStylePlan().Visible = false;
123                 tr.Commit();
124             }
125         }
126     }
127     //-----------------------------------------------------------------
128     void GetLabelStyleIds()                                      //获取标签样式 Id
129     {
130         for (int i = 0; i < 2; i++)
131         {
132             string labelName = labelNames[i];
133             if (civilDoc.Styles.LabelStyles.AlignmentLabelStyles
134                 .StationOffsetLabelStyles.Contains(labelName))
135             {                                                    //如果已有,选择已有
136                 labelStyleIds[i] = civilDoc.Styles.LabelStyles
137                     .AlignmentLabelStyles.StationOffsetLabelStyles[labelName];
138             }
139             else                                                 //如果没有,新建一个
140             {
141                 labelStyleIds[i] = CreatelabelStyle(labelName);
142             }
143         }
144     }
145     //-----------------------------------------------------------------
146     ObjectId CreatelabelStyle(string labelName)                  //创建标签样式
```

```
147     {
148         ObjectId id = civilDoc.Styles.LabelStyles.AlignmentLabelStyles
149             .StationOffsetLabelStyles.Add(labelName);
150                                                     //创建标签样式后,应进行相应设置,
151                                                     //此处省略,仅使用默认样式,之后可手工修改
152         return id;
153     }
154 }
```

因为路线两侧的标签需要采用不同的样式,所以采用了一个数组来存储两个不同的标签样式 Id(代码第 9 行)分别应用于道路左、右两侧的标签。同理,为了可以一次选择多条要素线,要素线 Id 也采用数组来存储(代码第 11 行)。

代码第 36～38 行,方法 GetStationSet()是提取路线信息时经常用到的方法,这里只提取了两种类型的桩号,Major 和 Minor,此方法的更多信息读者可查看 API 参考。

要确定要素线与路线的左右关系(这里只考虑要素线与路线无交叉的情况),可以通过要素线上某点的偏移来实现,代码中就是通过要素线起点来实现的。代码第 48～59 行,通过上述方法来确定了该用哪一个标签样式。

为了确定标签位置,需要确定桩号处路线法线与要素线的交点,代码第 62～68 行创建了一条路线的法线。代码第 69～72 行获取了法线与要素线的交点,也即是需要添加标签的位置。在哪些位置添加标签,应根据实际需求来确定,比如直接在每个要素线顶点处添加标签,这里只是为了演示更多的方法,所以采用了创建法线、求交点的方式进行演示,导致程序的效率有点低。注意获取交点的方法 IntersectWith 返回值为 Point3dCollection,是一个集合,对于这种情况,集合中应只有一个元素。

代码第 75～77 行,采用静态方法 Create()创建了路线偏移标签。

方法 SelectEntity()用来选择路线及要素线,路线采用拾取单个对象的方式,而选择要素线则采用拾取选择集的方式。创建选择集过滤器是用到的 DxfCode.Start 值如何获取,前面介绍过,如果印象不深,可以返回去进一步研究。

方法 GetMarkerStyleId()用来获取标记样式 Id,这里选择一个无标记的样式,如果没有该样式,创建一个并将标记的可见性设置为不可见。(**注意**:这里只设置了一个视图方向,读者应将每个视图方向的可见性都进行设置)。

方法 GetLabelStyleIds()用来获取标签样式 Id 集,如果图形中没有相应名称的样式,就创建一个,当然创建完,应进行各种相应的设置,使标签样式符合个性化要求,为了简化代码,

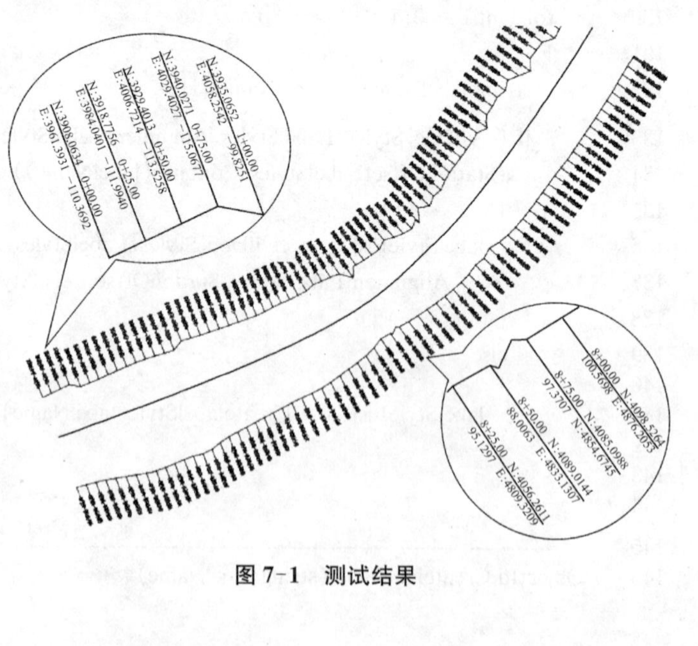

图 7-1　测试结果

将这一份省略了，可自行添加，创建自己的标签样式。

为测试程序，可以打开一条具有道路模型的文件，例如样例文件中的 Corridor-5c.dwg，提取 Daylight 要素线之后执行程序，其结果应与图 7-1 类似（图中标签样式是作者手工修改过的）。

7.2　数据插入表格

Civil 3D 的表格虽然可以将绝大多数信息汇总出来，但多数格式不能符合相关标准的要求，可以自行创建 AutoCAD 表格插入到图形中。本节以在当前图形中插入逐桩坐标表为例，演示如何获取路线测站信息及如何创建 AutoCAD 表格样式及表格。

创建类 CreateStationTable，为了区分 AutoCAD 与 Civil 3D 的 Table，添加别名指令：

```
using Table = Autodesk.AutoCAD.DatabaseServices.Table;
using TableStyle = Autodesk.AutoCAD.DatabaseServices.TableStyle;
```

以下代码中 Table 均为 AutoCAD 的 Table。

```
01 Document doc;
02 Database db;
03 Editor ed;
04 CivilDocument civilDoc;
05 ObjectId alignmentId;                                   //路线 Id
06 ObjectId tableStyleId;                                  //表格样式 Id
07 Table table;                                            //表格
08 const string TableStyleName = "逐桩坐标表";              //表格样式名称
09 const double TxtHeight = 2.5;                           //表格数据文本高度
10 const double MajInterval = 1000;                        //主要间距
11 const double MinInterval = 25;                          //次要间距
12 const int NumRows = 5;                                  //表头行数
13 const int NumCols = 11;                                 //表格列数
14 const double TableBreakHeight = 240;                    //表格打断高度
15 const double TableBreakSpacing = 100;                   //表格打断间距
16 const double DataRowHeight = 7.85;                      //表格数据行高度
17 const double HeaderRowHeight = 7.20;                    //表格表头行高度
18 const double TitleRowHeight = 11.45;                    //表格标题行高度
19 double[] widths = {37.5, 37.5, 37.5, 11.25,             //表格各列宽度
      37.5, 37.5, 37.5, 11.25, 37.5, 37.5, 37.5};
```

以上为类 CreateStationTable 的字段，其中以 const 修饰的各字段，用来设置表格样式或表格基本属性。

```
01 public CreateStationTable()                             //构造方法
02 {
03         doc = Application.DocumentManager.MdiActiveDocument;
04         ed = doc.Editor;
05         db = doc.Database;
06         civilDoc = CivilApplication.ActiveDocument;
07         alignmentId = ObjectId.Null;
```

```
08        tableStyleId = ObjectId.Null;
09        table = new Table();
10 }
```

类的构造方法,对需要初始化的字段进行了初始化。

```
01 public void CreateTable()                          //创建表格
02 {
03        try
04        {
05          SelectEntity();                             //选择路线
06          if (alignmentId == ObjectId.Null) return;
07          GetTableStyleId();                          //获取表格样式
08          CreateTableHeader();                        //创建表头
09          SetTableHeaderStyle();                      //设置表头样式
10          SetTableHeaderText();                       //设置表头中文本
11          PopulateData();                             //填充表格数据
12          SetGridLineVisiablity();                    //设置栅格线可见性
13          SetGridLineWeight();                        //设置栅格线宽度
14          InsertTable();                              //插入表格
15        }
16        catch (System.Exception ex)
17        {
18          ed.WriteMessage(ex.Message);
19        }
20 }
```

此方法完成了表格的创建。为了简单明了地看清表格的创建过程,这里采用了9个自定义方法依次完成,各方法存在先后的依存关系,不能随意调整。接下来对每个方法逐一进行解释。上面的9个方法直接展示创建表格的步骤。

```
01 void SelectEntity()                                //选择实体
02 {
03       PromptEntityOptions peo = new PromptEntityOptions(
04            "\n 拾取路线");
05       peo.SetRejectMessage("\n 请拾取路线");
06       peo.AddAllowedClass(typeof(Alignment), true);
07       peo.AllowObjectOnLockedLayer = false;
08       PromptEntityResult per = ed.GetEntity(peo);
09       if (per.Status != PromptStatus.OK) return;
10       alignmentId = per.ObjectId;
11 }
```

选择路线,这个方法在之前的代码中多次出现,不再累述。

7.2.1 获取表格样式

```
01 void GetTableStyleId()                             //获取 AutoCAD 表格样式 Id
02 {
```

```
03     ObjectId tsdId = db.TableStyleDictionaryId;
04     using (Transaction tr = db.TransactionManager.StartTransaction())
05     {
06       DBDictionary tsd = tsdId.GetObject(OpenMode.ForRead) as DBDictionary;
07       if (tsd.Contains(TableStyleName))                          //是否已有
08       {
09         tableStyleId = tsd.GetAt(TableStyleName);
10       }
11       else                                                       //如果没有,新建一个
12       {
13         TableStyle ts = new TableStyle();
14         ObjectId txtStyleId = ObjectId.Null;                     //字体样式 Id
15         GetTxtStyleId("表格标题", "黑体", true, ref txtStyleId);   //字体样式
16         ts.SetTextStyle(txtStyleId, (int)RowType.TitleRow);
17         GetTxtStyleId("表格表头", "宋体", false, ref txtStyleId);
18         ts.SetTextStyle(txtStyleId, (int)RowType.HeaderRow);
19         GetTxtStyleId("表格数据", "宋体", false, ref txtStyleId);
20         ts.SetTextStyle(txtStyleId, (int)RowType.DataRow);
21         ts.SetTextHeight(TxtHeight * 2, (int)RowType.TitleRow);
22         ts.SetTextHeight(TxtHeight * 1.2, (int)RowType.HeaderRow);
23         ts.SetTextHeight(TxtHeight, (int)RowType.DataRow);
24         ts.HorizontalCellMargin = TxtHeight * 0.2;
25         ts.VerticalCellMargin = TxtHeight * 0.5;
26         ts.SetAlignment(CellAlignment.MiddleCenter, (int)RowType.DataRow);
27         tsd.UpgradeOpen();
28         tableStyleId = tsd.SetAt(TableStyleName, ts);
29         tr.AddNewlyCreatedDBObject(ts, true);
30         tsd.DowngradeOpen();
31       }
32       tr.Commit();
33     }
34 }
```

AutoCAD 表格也需要设置样式,因此需要获取样式名称或者其 ObjectId,如果所需样式不存在,则要创建相应样式(图 7-2)。

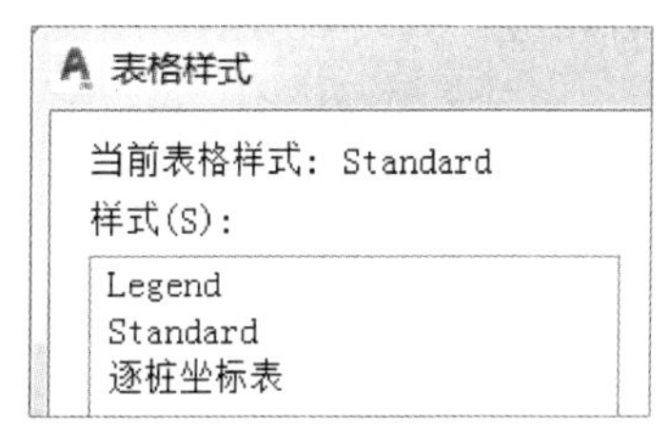

图 7-2　表格样式

表格样式存储在 TableStyleDictionary 中,其类型为 DBDictionary。代码第 7 行利用 Contains()方法对是否存在指定名称在样式进行了判断。代码第 9 行通过方法 GetAt 获取了相应的 Id。

代码第 13～30 行新建了样式,其中第 15 行、第 17 行、第 19 行获取了文字样式,如何获取文字样式将在接下来的代码中进行解释。代码第 28 行通过 SetAt()方法将新建的样式添加进 TableStyleDictionary 中。

上述代码执行后,将创建名为"逐桩坐标表"的表格样式。在命令行中输入命令

TABLESTYLE即可看到。

```
01 void GetTxtStyleId(                                          //获取文字样式
02     string txtStyleName,
03     string fontName, bool bold,
04     ref ObjectId txtStyleId)
05 {
06     ObjectId tstId = db.TextStyleTableId;
07     using (Transaction tr = db.TransactionManager.StartTransaction())
08     {
09       TextStyleTable tst = tstId.GetObject(
10         OpenMode.ForRead) as TextStyleTable;
11       if (tst.Has(txtStyleName))                             //是否已有
12       {
13         txtStyleId = tst[txtStyleName];
14       }
15       else                                                   //如果没有,新建一个
16       {
17         TextStyleTableRecord tstr = new TextStyleTableRecord();
18         tstr.Name = txtStyleName;                            //设置样式名称
19         FontDescriptor fd = new FontDescriptor(
20             fontName, bold, false, 1, 1);                    //字体描述器
21           tstr.Font = fd;
22           tst.UpgradeOpen();
23           txtStyleId = tst.Add(tstr);
24           tr.AddNewlyCreatedDBObject(tstr, true);
25           tst.DowngradeOpen();
26       }
27       tr.Commit();
28     }
29 }
```

在创建表格样式过程中,需要指定相应的文字样式,文字样式存储于文字样式表中。代码第 11 行通过方法 Has()判断文字样式表中是否存在指定名称的文字样式。如果没有相应样式,就创建一个,如图 7-3 所示。

代码第 19～21 行,设置了文字样式中的字体,要注意其设置方法。

图 7-3　文字样式

7.2.2　创建表头

```
01 void CreateTableHeader()                                     //创建表头
02 {
03     if (table == null) return;
04     table.SetSize(NumRows, NumCols);                         //设置表格大小
05     if (tableStyleId == ObjectId.Null) return;
06     table.TableStyle = tableStyleId;                         //设置表格样式
```

```
07      for (int i = 0; i < NumCols; i++)                    //设置表格列宽
08      {
09        table.Columns[i].Width = widths[i];
10      }
11 }
```

这里的表头，指的是不含数据行的表格，表头创建完成并设置相应格式后，再根据数据量的多少插入数据行。

```
01 void SetTableHeaderStyle()                                      //设置表格表头
02 {
03      table.Cells[0, -1].Style = "_TITLE";                       //第一行为标题行
04      for (int i = 1; i < NumRows; i++)                          //其余各行为"表头"行
05      {
06        table.Cells[i, -1].Style = "_HEADER";
07      }
08      table.Rows[0].Height = TitleRowHeight;                     //设置标题行高度
09      table.Rows[1].Height = HeaderRowHeight;                    //设置表头行高度
10      for (int i = 2; i < NumRows; i++)                          //设置数据行高度
11      {
12        table.Rows[i].Height = DataRowHeight;
13      }
14      table.BreakFlowDirection = TableBreakFlowDirection.Right;  //设置跟随方向
15      table.BreakOptions = TableBreakOptions.EnableBreaking |    //打断选项
16        TableBreakOptions.RepeatTopLabels |
17        TableBreakOptions.RepeatBottomLabels;
18      //table.BreakEnabled = true;                               //错误代码组合
19      //table.BreakOptions = TableBreakOptions.RepeatTopLabels |
20      //      TableBreakOptions.RepeatBottomLabels;
21      table.SetBreakHeight(0, TableBreakHeight);                 //设置打断高度
22      table.SetBreakSpacing(TableBreakSpacing);                  //设置打断间隔
23 }
```

因为表格样式设计的比较简单，所以需要对表格的一些具体属性进行设置，比如标题行、表头行、数据行的高度以及表格打断参数等。代码第18～20行是最初采用的，在测试过程中，发现这种写法存在错误，表格并不能像想象中的样子打断，仍然是一个整体，于是修改为代码第15～17行的方法，因在帮助文档中找不到更详细的信息，于是记录在此，以便读者遇到类似问题时，能尽快解决问题。

```
01 void SetTableHeaderText()                                  //设置表头数据
02 {
03      table.Cells[0, 0].TextString = "路线逐桩坐标表";
04      CellRange range;                                      //单元格区域
05      range = CellRange.Create(table, 1, 0, 1, NumCols - 5);
06      table.MergeCells(range);                              //合并单元格
07      table.Cells[1, 0].Alignment =                         //对齐方式
08           CellAlignment.MiddleLeft;
```

```
09      table.Cells[1, 0].TextString =                                  //文本内容
10          " %<\\AcVar CustomDP.项目名称>%";
11      range = CellRange.Create(table, 1, NumCols - 4, 1, NumCols - 1);
12      table.MergeCells(range);
13      table.Cells[1, NumCols - 4].Alignment = CellAlignment.MiddleRight;
14      table.Cells[1, NumCols - 4].Borders.Horizontal.Margin = 10;
15      table.Cells[1, NumCols - 4].TextString = "第  页  共  页";
16      for (int i = 0; i < 3; i++)
17      {
18          range = CellRange.Create(table, 2, i * 4 + 0, 3, i * 4 + 0);
19          table.MergeCells(range);
20          table.Cells[2, i * 4 + 0].TextString = "桩号";
21           range = CellRange.Create(table, 2, i * 4 + 1, 2, i * 4 + 2);
22           table.MergeCells(range);
23           table.Cells[2, i * 4 + 1].TextString = "坐标";
24           table.Cells[3, i * 4 + 1].TextString = "N";
25           table.Cells[3, i * 4 + 2].TextString = "E";
26      }
27       int num2 = NumCols / 2;
28       range = CellRange.Create(table, NumRows - 1, 0, NumRows - 1, num2 - 1);
29       table.MergeCells(range);
30       table.Cells[NumRows - 1, 0].Alignment = CellAlignment.MiddleLeft;
31       table.Cells[NumRows - 1, 0].Borders.Horizontal.Margin = 60;
32       table.Cells[NumRows - 1, 0].TextString = "编制:%<\\AcVar CustomDP.编制>%";
33       range = CellRange.Create(
34           table, NumRows - 1, num2, NumRows - 1, NumCols - 1);
35       table.MergeCells(range);
36       table.Cells[NumRows - 1, num2].Alignment = CellAlignment.MiddleRight;
37       table.Cells[NumRows - 1, num2].Borders.Horizontal.Margin = 60;
38       table.Cells[NumRows - 1, num2].TextString = "复核:%<\\AcVar CustomDP.复核>%";
39 }
```

向表头中填写文本，是一个简单重复的工作，虽然简单，但相当繁琐，因此也容易出错。代码第 4～5 行，创建了单元格区域，在这里主要用于合并单元格，读者在阅读代码时，应注意其创建方法。代码第 14 行设置了单元格的边距，注意这里的 Horizontal，如果换成 Left 或 Right 是不起作用的，读者在应用时需要多试验几次。

注意单元格的编号是从 0 开始，第 1 行第 1 列单元格应是 table.Cells[0, 0]，第 4 行第 3 列单元格应是 table.Cells[3, 2]。

表格是按照放入 A3 页面大小设置的，所以每页设置了 3"大列"——每行数据可以存储 3 个桩号的数据，这就是代码第 16～26 行采用 for 循环的原因。

程序所创建的表头如图 7-4 所示。

代码第 10 行、32 行、38 行中，设置文本内容时，采用了 .dwg 文件的自定义属性，输入命令 Dwgprops 即可打开相应对话框，添加或修改 .dwg 文件的自定义属性(图 7-5)。与之相关的命令还有 UpdateField。更多内容，您可查询帮助文档。

路线逐桩坐标表

至公路　　　　第　页　共　页

桩 号	坐 标		桩 号	坐 标		桩 号	坐 标	
	N	E		N	E		N	E
K0+00.00	3805.442	4002.016	K6+25.00	4037.490	4582.298	K12+50.00	4424.488	5066.411
K0+25.00	3814.548	4030.260	K6+50.00	4048.861	4604.866	K12+75.00	4444.487	5080.449
K0+50.00	3823.845	4048.506	K6+75.00	4059.436	4627.224	K13+00.00	4464.713	5095.100
K0+75.00	3833.046	4071.780	K7+00.00	4071.047	4649.389	K13+25.00	4486.298	5109.377
K1+00.00	3842.248	4094.998	K7+25.00	4083.083	4671.275	K13+50.00	4505.827	5123.555
K1+25.00	3851.449	4118.241	K7+50.00	4095.538	4692.951	K13+75.00	4526.417	5137.733

图 7-4　路线逐桩坐标表

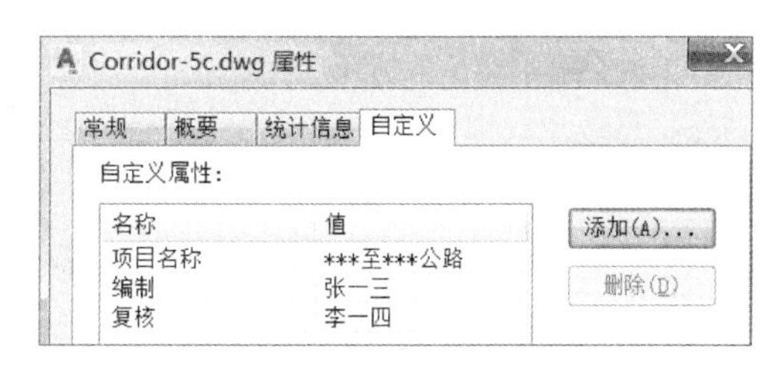

图 7-5　文档属性

7.2.3　填充数据

表头创建完成就要向表格内添加数据。

```
01 void PopulateData()                                          //填充数据
02 {
03     using (Transaction tr = db.TransactionManager.StartTransaction())
04     {
05       Alignment al = alignmentId.GetObject(OpenMode.ForRead) as Alignment;
06       Station[] stations = al.GetStationSet(                  //获取桩号
07         StationTypes.Major | StationTypes.Minor,
08         MajInterval, MinInterval);
09       int tableTopHeaderRowsNum =                             //顶部表头行数
10         table.Rows.Count - 1;
11       double tableDataRowsHeight =                            //每页数据行的高度
12         TableBreakHeight - table.Height;
13       table.InsertRows(tableTopHeaderRowsNum, DataRowHeight,
14         (int)Math.Ceiling (stations.Length / 3.0));
15       double tableDataRowHeight = table.Rows[tableTopHeaderRowsNum].Height;
16       int rowsNumPerPage = (int)(tableDataRowsHeight / tableDataRowHeight);
17       int rowsNumTotal = table.Rows.Count;
18       int mod = (rowsNumTotal - tableTopHeaderRowsNum - 1)
19         % rowsNumPerPage;
20       if (mod > 0)                                            //最后一页添加行
21       {
22         table.InsertRows(rowsNumTotal - 1,
23           tableDataRowHeight, rowsNumPerPage - mod);
```

```
24        }
25        for (int i = 0; i < stations.Length; i++)                    //根据桩号,循环操作
26        {
27          Station station = stations[i];
28          int rowIndex = i % rowsNumPerPage                          //计算行索引号
29            + rowsNumPerPage * ((i / rowsNumPerPage) / 3);
30          int columIndex = 0;                                        //列索引号
31          if ((i / rowsNumPerPage) % 3 == 1)
32          {
33            columIndex = 4;
34          }
35          else if ((i / rowsNumPerPage) % 3 == 2)
36          {
37            columIndex = 8;
38          }
39          string staWithEqu;                                         //桩号文本
40          try
41          {
42            staWithEqu = al.GetStationStringWithEquations(
43              station.RawStation);
44          }
45          catch (System.Exception ex)
46          {
47            staWithEqu = station.RawStation.ToStationString();
48            ed.WriteMessage("\n" + ex.Message);
49          }
50          int r = tableTopHeaderRowsNum + rowIndex;
51          table.Cells[r, columIndex].TextString = "K" + staWithEqu;
52          table.Cells[r, columIndex + 1].DataType =
53            new DataTypeParameter(DataType.Double, UnitType.Unitless);
54          table.Cells[r, columIndex + 1].Value = station.Location.Y;
55          table.Cells[r, columIndex + 1].DataFormat = "%lu2%pr3";
56          table.Cells[r, columIndex + 2].DataType =
57            new DataTypeParameter(DataType.Double, UnitType.Unitless);
58          table.Cells[r, columIndex + 2].Value = station.Location.X;
59          table.Cells[r, columIndex + 2].DataFormat = "%lu2%pr3";
60        }
61        tr.Commit();
62      }
63 }
```

如果表格只有1“大列”——即一行中是数据对应一个桩号值,并且不拆分表格,这段代码将会非常简单,但事实并非如此,表格有3“大列”,并且设置了拆分表格,要考虑拆分后,最后一页也要占满A3页面,所以使得代码看起来有些复杂。

代码第9～14行,根据桩号的数量插入行,因为每行存储3个桩号的数据,所以代码第14行中对桩号数量除以3。也就是说,如果有100个桩号,只需插入34行。

代码第15～24行,根据表格的参数计算需要在最后一页表格插入多少空白行,如果每

页数据行为 15 行(表头部分是重复的,每页都有),前面的 34 行数据,需要拆分成 3 页表格,拆分后,第 3 页表格只有 4 行,如何将这 4 行扩充至 15 行,就是通过这部分代码来实现的。

代码第 25～60 行,根据每个桩号进行填表,因为表格是按列填充的,如何找到每个桩号在表格中的位置呢? 代码第 28～38 行计算了每个桩号对应的单元格行、列编号。(注意这里的行号,是不包含表头的,这就是代码第 50 行要加上顶部表头行数的原因。)

这些都不是要关注的重点,需要关注的重点是代码第 40～59 行。代码第 40～49 行,用来获取桩号文本,这里采用 try catch 是必需的,因为方法 GetStationStringWithEquations()可能会抛出异常,比如桩号值超出了路线的起终点桩号值范围,如果不处理异常,程序执行过程中可能会中断。代码第 47 行涉及的扩展方法将在本书 7.2.5 节讲述。

当向单元格中填入文本时,可以直接设置 TextString 属性(代码第 50 行),但向单元格中添加双精度实数时就相对麻烦(代码第 52～55 行),需要先设置数据类型(DataType),再添加值(Value),然后设置数据格式(DataFormat)。这里要注意先后顺序,如果先设置数据格式,后添加值,可能得不到想要的结果。

代码第 55 行、第 59 行中,数据格式利用了字段(Field),可能在看到 7.2.2 节 DWG 自定义属性的那一串字符时,就有一连串的疑问:“这串文本表示什么? 从哪里来的? 可以在哪里找到帮助文档?”等,答案如下:输入命令 Field,然后点击帮助按钮,如图 7-6 所示。

图 7-6　字段

```
01 void SetGridLineVisiablity()                    //设置栅格线可见性
02 {
03     int numRows = table.Rows.Count;
04     table.Cells[0, -1].Borders.Top.IsVisible = false;
05     table.Cells[0, -1].Borders.Bottom.IsVisible = false;
06     table.Cells[0, -1].Borders.Left.IsVisible = false;
07     table.Cells[0, -1].Borders.Right.IsVisible = false;
```

```
08      table.Cells[1, -1].Borders.Top.IsVisible = false;
09      table.Cells[1, -1].Borders.Left.IsVisible = false;
10      table.Cells[1, -1].Borders.Right.IsVisible = false;
11      table.Cells[1, -1].Borders.Vertical.IsVisible = false;
12      table.Cells[numRows - 1, -1].Borders.Bottom.IsVisible = false;
13      table.Cells[numRows - 1, -1].Borders.Left.IsVisible = false;
14      table.Cells[numRows - 1, -1].Borders.Right.IsVisible = false;
15      table.Cells[numRows - 1, -1].Borders.Vertical.IsVisible = false;
16      for (int i = 3; i < table.Rows.Count - 1; i++)
17      {
18          table.Cells[i, 3].Borders.Top.IsVisible = false;
19          table.Cells[i, 3].Borders.Bottom.IsVisible = false;
20          table.Cells[i, 7].Borders.Top.IsVisible = false;
21          table.Cells[i, 7].Borders.Bottom.IsVisible = false;
22      }
23 }
```

指定单元格栅格线的可见性，简单的重复。需要注意的是第 11 行、第 15 行中的 Vertical，这两行表格中，均存在合并的单元格，如果没有此行代码，两个合并单元格之间的栅格线可见性将不受控制。

```
01 void SetGridLineWeight()                                   //设置栅格线线宽
02 {
03      LineWeight lw = LineWeight.LineWeight060;
04      int numRows = table.Rows.Count;
05      table.Cells[2, -1].Borders.Top.LineWeight = lw;
06      table.Cells[numRows - 1, -1].Borders.Top.LineWeight = lw;
07      for (int i = 2; i < numRows; i++)
08      {
09          table.Cells[i, 0].Borders.Left.LineWeight = lw;
10          table.Cells[i, NumCols - 1].Borders.Right.LineWeight = lw;
11      }
12 }
```

设置外围边框的线宽。代码很简单，没什么可以解释的。

可以通过表格样式直接控制表格的外观，比如标题行栅格的可见性、栅格线线宽等，但上面的代码中，这些属性并没有利用表格样式直接控制，而是在创建表格后，对相应的属性进行了修改。是全部由表格样式控制还是手工修改表格样式，或者两种方式兼用，这应根据实际情况灵活运用。

7.2.4 插入表格

```
01 void InsertTable()                                         //插入表格
02 {
03      table.GenerateLayout();                               //生成表格布局
04      TableJig tj = new TableJig(table);                    //表格 Jig
```

```
05      PromptResult pr = ed.Drag(tj);                          //拖动表格
06      if (pr.Status != PromptStatus.OK) return;              //拖动过程中可能按下 Esc 键
07      using (Transaction tr = db.TransactionManager.StartTransaction())
08      {
09        BlockTable bt = db.BlockTableId.GetObject(
10          OpenMode.ForRead) as BlockTable;
11      BlockTableRecord btr = bt[BlockTableRecord.ModelSpace]
12          .GetObject(OpenMode.ForWrite) as BlockTableRecord;
13        btr.AppendEntity(table);
14        tr.AddNewlyCreatedDBObject(table, true);
15        tr.Commit();
16      }
17 }
```

表格创建完成，此时表格还只是在内存中，并没有添加到 DWG 数据库中，因此要将表格添加到数据库中。为了确定表格的插入点位置，并保证表格与图形中其他对象发生重叠，这里采用 Jig 预览表格的形状，并通过 Jig 确定表格的插入点。

上述代码第 3 行，根据表格样式来更新表格实体。代码第 4～6 行，通过 Jig 确定表格插入点。代码第 7～16 行，将表格添加到模型空间。接下来研究 Jig 是如何实现的。

添加一个类 TableJig，设置基类为 EntityJig，实现抽象类，生成构造方法，并添加两个字段。完整代码如下：

```
01 class TableJig : EntityJig
02 {
03      Table m_table;                                          //表格
04      Point3d m_insertPt;                                     //插入点
05      public TableJig(Entity entity) : base(entity)          //构造方法
06      {
07        m_table = entity as Table;
08        m_insertPt = Point3d.Origin;
09      }
10      //----------------------------------------------------------------
11      protected override SamplerStatus Sampler(JigPrompts jp)   //采样
12      {
13        JigPromptPointOptions jo = new JigPromptPointOptions(
14          "\n拾取表格插入点");                                  //提示文本
15        PromptPointResult pdr = jp.AcquirePoint(jo);           //获取插入点
16        if (pdr.Status == PromptStatus.OK)
17        {
18          if (m_insertPt == pdr.Value)
19          {
20            return SamplerStatus.NoChange;
21          }
22          else
23          {
```

```
24              m_insertPt = pdr.Value;                              //存储插入点
25              return SamplerStatus.OK;
26            }
27          }
28          return SamplerStatus.Cancel;
29        }
30        //-------------------------------------------------------------------
31        protected override bool Update()                             //更新
32        {
33          m_table.Position = m_insertPt;                             //设置表格插入点
34          return true;
35        }
36 }
```

相比之前 6.1.3 节修改对象时所使用的 Jig，获取表格插入点的 Jig 则简单许多。如果读者对之前的 Jig 还没有理解，或者因为看不懂前面的代码而跳过了，那么现在可以仔细研究一下上面的代码，然后返回去再次阅读之前的代码。

Jig 的原理并不复杂。方法 Sampler()是用来获取所需数据的，例如长度、角度、点，这里的代码是用来获取一个点——作为表格的插入点；这个方法的返回值，将为下一步做什么提供选择，也就是方法 InsertTable 第 6 行中的那个 Status。方法 Update()是用来更新对象的，更新的对象就是构造方法中传入的那个对象。在这里，当鼠标位置发生变化时，表格的位置也就随之移动。

7.2.5 获取桩号文本

在方法 PopulateData()第 47 行，用到了方法 ToStationString()，如果一行一行输入代码，可能会发现 station.RawStation 并没有这样一个方法，读者的 VS 智能感知提示应是类似如图 7-7(a)所示，作者的 VS 智能感知提示如图 7-7(b)所示，这是怎么回事呢？

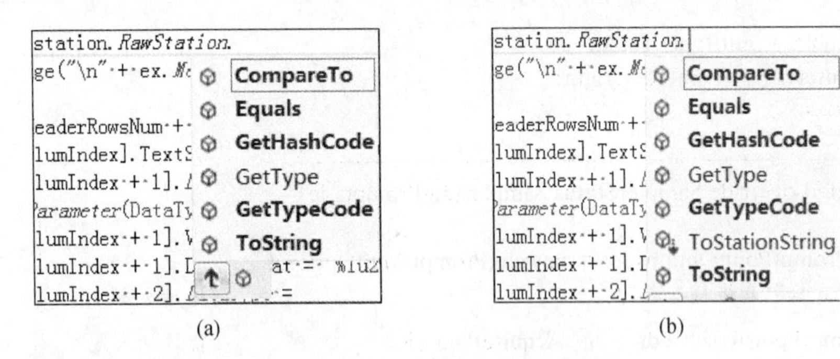

图 7-7　扩展方法示意图

这是因为作者创建了扩展方法。

在读者搜索查询关键字“扩展方法”之前，作者用自己的理解将扩展方法描述如下：采用静态类中的静态方法对已有类型进行扩展，需要扩展的类型就是用 this 修饰符修饰的参数。

下面是这个扩展方法的完整代码：在此重点关注代码的第 1 行、第 3 行、第 27 行。

```
01 public static class MyExtensionMethods
02 {
03         public static string ToStationString(this double Value)
04         {
05           var civilDoc = CivilApplication.ActiveDocument;
06           var staSettings = civilDoc.Settings.DrawingSettings.AmbientSettings.Station;
07           var stationString = Value.ToString("F" + staSettings.Precision.Value);
08           var symbolPosition = staSettings.StationDelimiterPosition.Value;
09           switch (symbolPosition)
10           {
11             case StationDelimiterPositionType.Delimiter10:
12               stationString = stationString.Insert(stationString.IndexOf('.') - 1, "+");
13               break;
14             case StationDelimiterPositionType.Delimiter100:
15               stationString = stationString.Insert(stationString.IndexOf('.') - 2, "+");
16               break;
17             case StationDelimiterPositionType.Delimiter1000:
18               stationString = stationString.Insert(stationString.IndexOf('.') - 3, "+");
19               break;
20             case StationDelimiterPositionType.Delimiter10000:
21               stationString = stationString.Insert(stationString.IndexOf('.') - 4, "+");
22               break;
23             case StationDelimiterPositionType.Delimiter100000:
24               stationString = stationString.Insert(stationString.IndexOf('.') - 5, "+");
25               break;
26           }
27           return stationString;
28         }
29 }
```

类及方法用 static 来修饰，这是扩展方法的一个特点。另一个特点是方法参数列表中的 this 修饰符，表明了针对什么类型来扩展，这里是针对 double 类型来扩展，原因很简单，station. RawStation 是一个 double 类型的值。

方法 ToStationString()的返回类型为 string，也就是说方法要实现的目的是通过给定的 double 值来获取特定的 string 值，得到怎样的 string 值则由方法本身来确定。

代码第 5～8 行中，变量类型采用了 var 关键词，这是一个新的概念——匿名类型(隐式类型)，这里引入这个关键字的原因：一是为简化代码；二是为后续的 LINQ 做铺垫。匿名类型及扩展方法将在 12. 1 节中进一步阐述。

7.3　输出数据到外部文件

有时可能需要将 Civil 3D 的表格内容输出到 Excel 表格中进行汇总计算，或进行其他处理，但 Civil 3D 并没有提供相应的 API，既然 Civil 3D 对象都是由 AutoCAD 对象派生而来，就以将 Civil 3D 表格输出到 .csv 文件为例，展示如何通过 AutoCAD API 操作 Civil 3D 对象及如何进行文件输出的操作。

程序的思路如下：选择要输出的表格，通过保存文件对话框获得文件名，分解表格并筛选出其中的文本，排序分组，根据分组写入文件。此程序只能处理每个单元格中只有一行文本的“简单表格”，不适用于单元格中有几行文本的情况。

```
01 class CivilTableToCsv
02 {
03     Document doc;
04     Database db;
05     Editor ed;
06     ObjectId tableId;
07     List<MText> mts;
08     string fileName;
09     public CivilTableToCsv()
10     {
11       doc = Application.DocumentManager.MdiActiveDocument;
12       ed = doc.Editor;
13       db = doc.Database;
14       mts = new List<MText>();
15       fileName = null;
16     }
17     //-----------------------------------------------------------------------
18      public void Export()                                          //输出
19      {
20        SelectTable();                                              //选择表格
21        if (tableId == ObjectId.Null) return;
22        GetFileName();                                              //获取文件名
23        if (fileName == null) return;
24        GetMtext();                                                 //获取要输出的文本
25        if (mts.Count < 1) return;
26        FileStream fs = new FileStream(                             //创建文件流
27          fileName, FileMode.Create, FileAccess.ReadWrite);         //设置文本读写方式
28        StreamWriter sw = new StreamWriter(fs, Encoding.UTF8); //设置代码页格式
29        var sortedMts = from mt in mts                              //排序分组
30                        orderby mt.Location.Y descending, mt.Location.X
31                        group mt by mt.Location.Y;
32        Array.ForEach(sortedMts.ToArray(), a=>                      //循环输出
33        {
34          Array.ForEach(a.ToArray(), b=>{ sw.Write("{0},", b.Text); });
35            sw.Write(System.Environment.NewLine);                   //换行
36        });
37        sw.Flush();                                                 //清理缓冲区
38        sw.Close();                                                 //关闭 StreamWriter
39        fs.Close();                                                 //关闭文件流
40     }
41     //-----------------------------------------------------------------------
42     private void SelectTable()                                     //选择要输出的表格
43     {
44       PromptEntityOptions peo = new PromptEntityOptions("\n选择需要输出的表格");
```

```
45          peo.SetRejectMessage("\n 请选择 Civil 3D 表格!");
46          peo.AddAllowedClass(typeof(Autodesk.Civil.DatabaseServices.Table), false);
47          PromptEntityResult per = ed.GetEntity(peo);
48          if (per.Status != PromptStatus.OK) return;
49          tableId = per.ObjectId;
50      }
51      //-------------------------------------------------------------------
52      private void GetFileName()                                  //获取文件名
53      {
54          SaveFileDialog sf = new SaveFileDialog();               //保存文件对话框
55          sf.Filter = "csv 文件|*.csv|所有文件|*.*";               //后缀过滤器
56          sf.AddExtension = true;
57          sf.Title = "保存文件";                                   //对话框标题
58          if (sf.ShowDialog() == true)                            //显示对话框
59          {
60              fileName = sf.FileName;                             //存储文件名
61          }
62      }
63      //-------------------------------------------------------------------
64      private void GetMtext()                                     //获取要输出的文本
65      {
66          DBObjectCollection Objs = new DBObjectCollection();
67         using (Transaction tr = db.TransactionManager.StartTransaction())
68         {
69             Entity ent = tableId.GetObject(OpenMode.ForRead) as Entity;
70             DBObjectCollection tmpObjs = new DBObjectCollection();
71             ent.Explode(tmpObjs);                                //分解 Civil 表格
72             if (tmpObjs.Count == 1)
73             {
74                 ent = tmpObjs[0] as Entity;
75                 ent.Explode(Objs);                               //再次分解
76             }
77             tr.Commit();
78         };
79         if (Objs.Count > 0)
80         {
81             using (Transaction tr = db.TransactionManager.StartTransaction())
82             {
83                 foreach (Object obj in Objs)
84                 {
85                         MText mt = obj as MText;                 //筛选 Mtext
86                         if (mt != null)
87                             mts.Add(mt);
88                   }
89                   tr.Commit();
90               }
91           }
92      }
93 }
```

本节代码不足百行，但涉及的知识点并不少：调用对话框获取文件名；分解 Civil 3D 对象获取 AutoCAD 对象；利用 LINQ 排序分组；创建文件流写入文件。

方法 GetFileName()通过调用 SaveFileDialog 对话框获取文件名。这里使用的是 Microsoft. Win32 下的 SaveFileDialog，与 Autodesk. AutoCAD. Windows 下的 SaveFile Dialog有所不同，注意区别。

代码第 55 行设置了文件后缀过滤器，这里设置了 . csv 文件和 . * 文件(可以自行输入后缀，比如 .txt 文件、.dat 文件或者 .nez 文件)。如果保存为 . csv 格式的文件，可以直接输入文件名，不需输入后缀；如果想保存为 . txt 文件，可以通过现有文件，之后输入带有后缀的文件名。

方法 GetMtext()将 Civil 3D 表格经过两次分解，生成一系列的 AutoCAD 对象，里面有线、文本、填充等对象，之后经过筛选过滤，将其中的文本保存在泛型表(List〈MText〉)中。注意将 Civil 3D 表格分解后，分解生成的对象是存在于内存之中的，原来数据库中的 Civil 3D 表格还原封不动在那儿。可以与之前分解对象的代码进行比较，找出差别所在。

代码第 26～28 行是另一要点：FileStream 及 StreamWriter。代码第 27 行中的 File Access. ReadWrite 用来控制文件的读写方式，如果设置不当将造成文件读写错误，造成程序无法顺利执行。代码第 28 行的 Encoding. UTF8 用来设置代码页格式，如果不设置，对于具有汉字的表格，输出后将会显示乱码。

代码第 29～31 行，利用 LINQ 根据文本的位置对文本进行排序分组，代码很简单，但如果没有接触过 LINQ 相关的知识，理解起来有一定的困难，第 12 章专门讲解 LINQ 的基础知识。

代码第 32～36 行，利用 lambda 表达式将分组后的文本输出到文件。这一部分知识也将在第 12 章中进行讲解。

代码第 37～39 行，清理、关闭 StreamWriter，FileStream 不能忘掉。

测试本程序，可以打开样例文件 Survey-5B. dwg，如图 7-8 所示，测试结果如图 7-9 所示。

Parcel Line and Curve Table			
Line #/Curve #	Length	Bearing/Delta	Radius
C1	21.55	61.73	20.00
C2	80.80	61.73	75.00
C3	117.82	90.00	75.00
L1	16.33	S0° 00′ 01.76″W	

图 7-8 样例文件 Survey-5B. dwg 中表格

	A	B	C	D
1	Parcel Line and Curve Table			
2	Line #/Curv	Length	Bearing/Delta	Radius
3	C1	21.55	61.73	20
4	C2	80.8	61.73	75
5	C3	117.82	90	75
6	L1	16.33	S0° 00′ 01.76″W	
7				
8				

图 7-9 输出为 . csv 格式文件

第8章 用户界面的应用

——Windows 系统下，一切都是窗口

本章重点

◇ 创建自己的对话框，读取相关数据
◇ 创建功能区面板
◇ 利用 WPF 创建面板
◇ 创建鼠标右键上下文菜单

程序数据的输入，除了从命令行输入外，对同时输入多个数据的情况，采用对话框的形式是比较直观便捷的；自定义的插件越来越多，如果靠着记忆每个命令，显然是不合适的，应该提供相应的菜单、功能区面板等图形界面，方便用户使用。本章针对这些问题进行讲述。

8.1 自定义对话框

在选择 Civil 3D 对象时，经常遇到类似如下的命令行提示（图 8-1），此时按下回车键，弹出的对话框如图 8-2 所示。

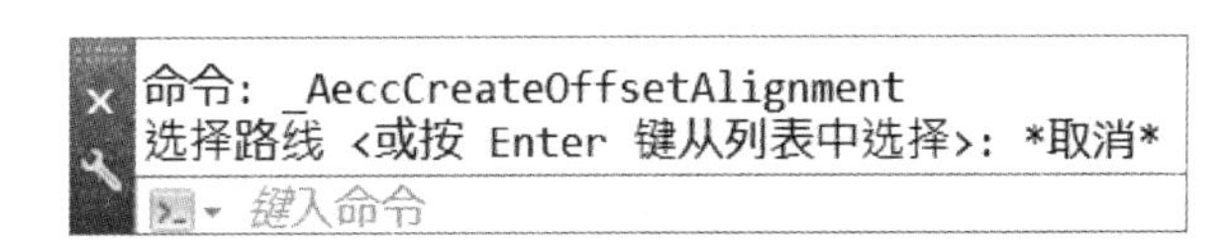

图 8-1　命令提示

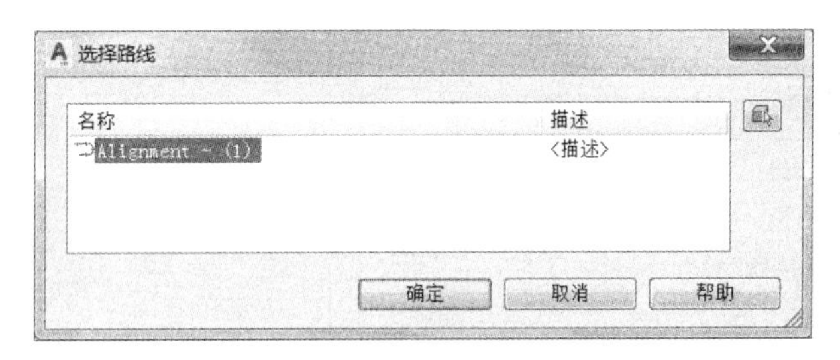

图 8-2　路线选择对话框

本节通过模拟实现路线选择并通过此例了解 WinForm 的应用。

在学习本节之前，读者需要了解一些 WinForm 的基本知识，例如：如何创建窗体，如何拖放控件。

8.1.1 界面设计

新建项目；菜单“项目”→添加窗口；弹出如下对话框（图 8-3）。

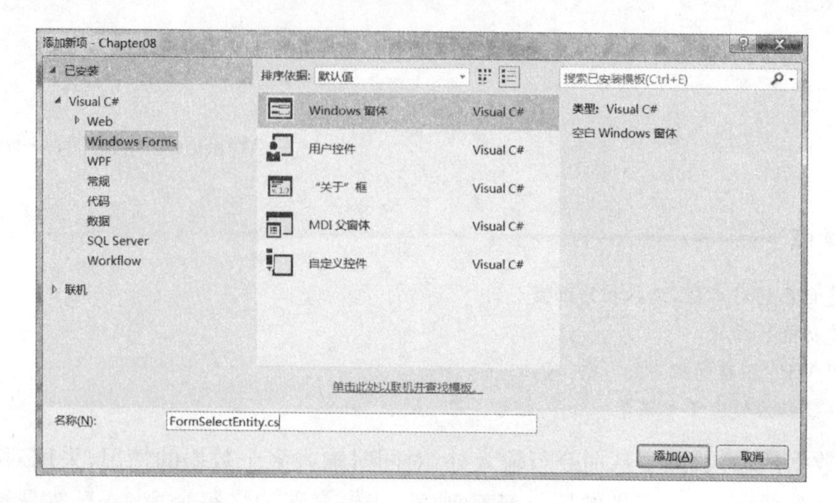

图 8-3　添加窗体

在左侧列表中选择“Windows Forms”；在中间列表中选择“Windows 窗体”；修改名称，这里的名称为 FormSelectEntity；之后点击添加。

打开工具箱：视图→工具箱。

向窗口中添加以下控件：一个 DataGridView（图 8-4），3 个 Button（这里省略了帮助按钮）。3 个按钮名称分别修改为：button_OK，button_Cancel，button_Pick。拖动 DataGridView空间夹点以修改其大小，并将 Button 控件放置于图 8-5 所示位置。

修改各控件的锚定方式，使其能随窗口的大小变化保持目前的相对位置不变。例如 button_pick 的锚定方式为 Top，Right。其余控件的锚定方式见后续表格。

图 8-4　添加 DatatGridView 控件

图 8-5　自定义窗体布局

修改窗口的一些属性，未修改的属性均采用默认值，如表 8-1 所示。

表 8-1　　窗口控件需要修改的属性

属性名称	属性值	备注
AutoScaleMode	Font	自动缩放模式
MinimumSize	500，350	最小尺寸
Size	500，350	初始尺寸
MinimizeBox	False	取消最小化按钮
MaximizeBox	False	取消最大化按钮
Text	选择 Civil 对象	此文本将在程序执行过程发生变化
AcceptButton	button_OK	
CancleButton	button_Cancel	

修改 DataGridView，button_OK，button_Cancle，button_pick 控件的属性，修改后的属性值如表 8-2—表 8-5 所列，其余属性均采用默认值。

表 8-2　　DataGridView 控件的属性

属性名称	属性值	备注
Anchor	Top，Bottom，Left，Right	
Location	12，13	
ScrollBars	Vertical	
Size	403,251	
AllowUserToAddRows	False	
AllowUserToDeleteRows	False	
AllowUserToResizeRows	False	
ColumHeadersHeightSizeMode	AutoSize	
MultiSelect	False	
ReadOnly	True	
SelectionMode	FullRowSelect	
BackgroudColor	Window	
CellBorderStyle	None	
RowHeadersVisible	False	

表 8-3　　**button_OK 的属性**

属性名称	属性值	备注
Anchor	Bottom，Right	
Location	262，270	
Size	75，25	
Text	确认	

表 8-4　　**button_Cancle 的属性**

属性名称	属性值	备注
Anchor	Bottom，Right	
Location	372，270	
Size	75，25	
Text	取消	

表 8-5　　**button_Pick 的属性**

属性名称	属性值	备注
Anchor	Top，Right	
Location	435，13	
Size	32，32	
Text	Chapter08. Properties. Resources. Pick	Chapter08 为项目名称

在修改 button_Pick 的属性前，需要向项目添加一个图片资源，菜单：项目→属性→资源→添加资源→新建图像→PNG 图像。(中间遇到提示"此项目不包含默认的资源文件，单击此处创建一个"时，单击指定位置以便创建资源文件)，如图 8-6 所示。

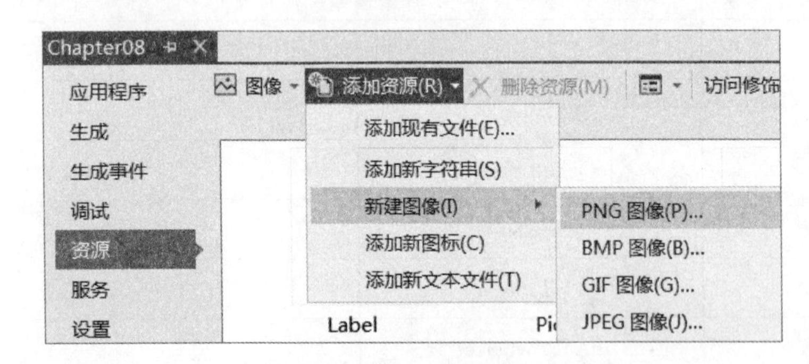

图 8-6　添加图像文件

图 8-7　button_Pick 按钮图标

创建一个名为 Pick 的 .png 文件，设置其大小为 16 * 16 像素，并进行绘制达到图 8-7 的效果。

至此对话框界面设计就基本完成，在这个过程中设置了控件的一些属性，多数属性值的修改只是通过鼠标点击就能完成，没有必要通过键入代码完成。虽然没有键入代码，不等于没有相应的代码，这个工作是 VS 替我们做了。在解决方案资源管理器中展开 FormSelectEntity. cs，看到的内容应与图 8-8 类似。

FormSelectEntity.cs
FormSelectEntity.Designer.cs
FormSelectEntity.resx
FormSelectEntity

图 8-8　文件列表

单击 FormSelectEntity. Designer. cs，可以看到 VS 编写的代码。注意不要轻易修改这些代码，修改这些代码可能会造成错误，从而造成无法在窗体设计器中查看。下面就是 FormSelectEntity. Designer. cs 的完整代码，读者的代码跟以下代码可能有一些出入，因为下面是完整的代码，控件所对应的事件已经添加进去了。

```
001 partial class FormSelectEntity
002 {
003         /// 〈summary〉
004         /// Required designer variable.
005         /// 〈/summary〉
006         private System.ComponentModel.IContainer components = null;
007         /// 〈summary〉
008         /// Clean up any resources being used.
009         /// 〈/summary〉
010         /// 〈param name="disposing"〉
011         /// true if managed resources should be disposed; otherwise, false.〈/param〉
012         protected override void Dispose(bool disposing)
013         {
014             if (disposing && (components != null))
015             {
016               components.Dispose();
017             }
018             base.Dispose(disposing);
019         }
020         #region Windows Form Designer generated code
021         /// 〈summary〉
022         /// Required method for Designer support - do not modify
023         /// the contents of this method with the code editor.
024         /// 〈/summary〉
025         private void InitializeComponent()
026         {
027             this.components = new System.ComponentModel.Container();
028             this.button_OK = new System.Windows.Forms.Button();
029             this.button_Cancel = new System.Windows.Forms.Button();
030             this.dataGridView1 = new System.Windows.Forms.DataGridView();
031             this.button_Pick = new System.Windows.Forms.Button();
032             this.formSelectEntityBindingSource =
033               new System.Windows.Forms.BindingSource(this.components);
034             ((System.ComponentModel.ISupportInitialize)(this.dataGridView1)).BeginInit();
035             ((System.ComponentModel.ISupportInitialize)(
036               this.formSelectEntityBindingSource)).BeginInit();
037             this.SuspendLayout();
038             //
```

```
039        // button_OK
040        //
041        this.button_OK.Anchor = ((System.Windows.Forms.AnchorStyles)(
042            (System.Windows.Forms.AnchorStyles.Bottom
043            | System.Windows.Forms.AnchorStyles.Right)));
044        this.button_OK.Location = new System.Drawing.Point(262, 270);
045        this.button_OK.Name = "button_OK";
046        this.button_OK.Size = new System.Drawing.Size(75, 25);
047        this.button_OK.TabIndex = 0;
048        this.button_OK.Text = "确认";
049        this.button_OK.UseVisualStyleBackColor = true;
050        this.button_OK.Click += new System.EventHandler(this.button_OK_Click);
051        //
052        // button_Cancel
053        //
054        this.button_Cancel.Anchor = ((System.Windows.Forms.AnchorStyles)(
055            (System.Windows.Forms.AnchorStyles.Bottom
056            | System.Windows.Forms.AnchorStyles.Right)));
057        this.button_Cancel.DialogResult = System.Windows.Forms.DialogResult.Cancel;
058        this.button_Cancel.Location = new System.Drawing.Point(372, 270);
059        this.button_Cancel.Name = "button_Cancel";
060        this.button_Cancel.Size = new System.Drawing.Size(75, 25);
061        this.button_Cancel.TabIndex = 1;
062        this.button_Cancel.Text = "取消";
063        this.button_Cancel.UseVisualStyleBackColor = true;
064        this.button_Cancel.Click += new System.EventHandler(this.button_Cancel_Click);
065        //
066        // dataGridView1
067        //
068        this.dataGridView1.AllowUserToAddRows = false;
069        this.dataGridView1.AllowUserToDeleteRows = false;
070        this.dataGridView1.AllowUserToResizeRows = false;
071        this.dataGridView1.Anchor = ((System.Windows.Forms.AnchorStyles)(
072            (((System.Windows.Forms.AnchorStyles.Top
073            | System.Windows.Forms.AnchorStyles.Bottom)
074            | System.Windows.Forms.AnchorStyles.Left)
075            | System.Windows.Forms.AnchorStyles.Right)));
076        this.dataGridView1.BackgroundColor =
077            System.Drawing.SystemColors.Window;
078        this.dataGridView1.CellBorderStyle =
079            System.Windows.Forms.DataGridViewCellBorderStyle.None;
080        this.dataGridView1.ColumnHeadersHeightSizeMode =
081            System.Windows.Forms.DataGridViewColumnHeadersHeightSizeMode.AutoSize;
082        this.dataGridView1.GridColor = System.Drawing.SystemColors.Window;
083        this.dataGridView1.Location = new System.Drawing.Point(12, 13);
084        this.dataGridView1.MultiSelect = false;
085        this.dataGridView1.Name = "dataGridView1";
086        this.dataGridView1.ReadOnly = true;
087        this.dataGridView1.RowHeadersVisible = false;
088        this.dataGridView1.RowTemplate.Height = 27;
089        this.dataGridView1.ScrollBars = System.Windows.Forms.ScrollBars.Vertical;
```

```
090         this.dataGridView1.SelectionMode =
091             System.Windows.Forms.DataGridViewSelectionMode.FullRowSelect;
092         this.dataGridView1.Size = new System.Drawing.Size(403, 251);
093         this.dataGridView1.TabIndex = 2;
094         //
095         // button_Pick
096         //
097         this.button_Pick.Anchor = ((System.Windows.Forms.AnchorStyles)(
098             (System.Windows.Forms.AnchorStyles.Top
099             | System.Windows.Forms.AnchorStyles.Right)));
100         this.button_Pick.Image = global::Chapter08.Properties.Resources.Pick;
101         this.button_Pick.Location = new System.Drawing.Point(435, 13);
102         this.button_Pick.Name = "button_Pick";
103         this.button_Pick.Size = new System.Drawing.Size(32, 32);
104         this.button_Pick.TabIndex = 3;
105         this.button_Pick.UseVisualStyleBackColor = true;
106         this.button_Pick.Click += new System.EventHandler(this.button_Pick_Click);
107         //
108         // formSelectEntityBindingSource
109         //
110         this.formSelectEntityBindingSource.DataSource =
111             typeof(Chapter08.FormSelectEntity);
112         //
113         // FormSelectEntity
114         //
115         this.AcceptButton = this.button_OK;
116         this.AutoScaleDimensions = new System.Drawing.SizeF(8F, 15F);
117         this.AutoScaleMode = System.Windows.Forms.AutoScaleMode.Font;
118         this.CancelButton = this.button_Cancel;
119         this.ClientSize = new System.Drawing.Size(482, 305);
120         this.Controls.Add(this.button_Pick);
121         this.Controls.Add(this.dataGridView1);
122         this.Controls.Add(this.button_Cancel);
123         this.Controls.Add(this.button_OK);
124         this.MaximizeBox = false;
125         this.MinimizeBox = false;
126         this.MinimumSize = new System.Drawing.Size(500, 350);
127         this.Name = "FormSelectEntity";
128         this.Text = "选择 Civil 对象";
129         this.Load += new System.EventHandler(this.FormSelectEntity_Load);
130         ((System.ComponentModel.ISupportInitialize)(this.dataGridView1)).EndInit();
131         ((System.ComponentModel.ISupportInitialize)(
132             this.formSelectEntityBindingSource)).EndInit();
133         this.ResumeLayout(false);
134     }
135     #endregion
136     private System.Windows.Forms.Button button_OK;
137     private System.Windows.Forms.Button button_Cancel;
138     private System.Windows.Forms.DataGridView dataGridView1;
139     private System.Windows.Forms.Button button_Pick;
140     private System.Windows.Forms.BindingSource formSelectEntityBindingSource;
141 }
```

8.1.2 代码实现

只进行界面设计，此时对话框还不能满足需求，需要添加一些代码，以满足需要。

在窗口设计界面，右键菜单→查看代码，或按 F7，此时看到的代码与前述 8.1.1 节中的代码不同，这部分代码是需要进行设计的，可以进行相应的修改与编辑。

```
001 public partial class FormSelectEntity : Form
002 {
003         System.Data.DataTable dt;                           //用于存储拟选对象信息
004         Document doc;                                       //文档对象
005         ObjectIdCollection ids = null;                      //拟选对象 Id 集合
006         string typeName = "";                               //拟选对象类型名称
007         //--------------------------------------------------------------------
008         public FormSelectEntity(string typeName, ObjectIdCollection ids)
009         {
010           InitializeComponent();                            //初始化控件
011           SetIds(ids);                                      //设置对象 Id 集合
012         SetTypeName(typeName);                              //设置对象类型名称
013         Text = "选择" + typeName;                           //对话框标题文本
014         doc = Autodesk.AutoCAD.ApplicationServices
015               .Application.DocumentManager.MdiActiveDocument;
016           dt = new System.Data.DataTable();                 //初始化 DataTable
017           dt.Columns.Add("名称", typeof(string));           //添加列
018           dt.Columns.Add("描述", typeof(string));
019           using (Transaction tr = doc.TransactionManager.StartTransaction())
020           {
021             if (ids != null)
022             {
023               foreach (ObjectId id in ids)                  //循环操作
024               {
025                 Entity ent = id.GetObject(OpenMode.ForRead) as Entity;
026                 DataRow dr = dt.NewRow();                   //创建新行
027                 dr[0] = ent.Name;                           //对象名称
028                 dr[1] = ent.Description;                    //对象描述
029                 dt.Rows.Add(dr);                            //添加新行
030               }
031             }
032             tr.Commit();
033           }
034           dataGridView1.DataSource = dt;                    //设置控件的数据源
035           dataGridView1.Columns[0].Width = (int)(dataGridView1.Width * 0.4);
036           dataGridView1.Columns[1].Width = (int)(dataGridView1.Width * 0.6);
037           dataGridView1.Columns[0].SortMode = DataGridViewColumnSortMode.NotSortable;
038           dataGridView1.Columns[1].SortMode = DataGridViewColumnSortMode.NotSortable;
039         }
```

```
040     //-----------------------------------------------------------------
041     private void SetTypeName(string typeName)                    //设置类型名称
042     {
043       if (typeName != null | typeName != "")
044       {
045         this.typeName = typeName;
046       }
047     }
048     //-----------------------------------------------------------------
049     private void SetIds(ObjectIdCollection ids)                  //设置对象Id集合
050     {
051       this.ids = ids;
052     }
053     //-----------------------------------------------------------------
054     public Type EntType                                          //对话框的属性
055     {
056       set; get;
057     }
058     //-----------------------------------------------------------------
059     public ObjectId EntObjectId                                  //对话框的只读属性
060     {
061       get
062       {
063         if (dataGridView1.SelectedRows.Count > 0)
064         {
065           int i = dataGridView1.SelectedRows[0].Index;
066           return ids[i];
067         }
068         else
069         {
070           return ObjectId.Null;
071         }
072       }
073     }
074     //-----------------------------------------------------------------
075     private void button_OK_Click(object sender, EventArgs e)     //点击确定按钮
076     {
077       DialogResult = DialogResult.OK;
078     }
079     //-----------------------------------------------------------------
080     private void button_Cancel_Click(object sender, EventArgs e) //点击取消按钮
081     {
082       DialogResult = DialogResult.Cancel;
083     }
084     //-----------------------------------------------------------------
085     private void button_Pick_Click(object sender, EventArgs e)   //点击拾取按钮
086     {                                                            //从屏幕上拾取对象
087       try
```

```
088         {
089             PromptEntityOptions opt = new PromptEntityOptions("\n 选择" + typeName);
090             opt.SetRejectMessage("\n 选定的图元必须属于类型:" + typeName);
091             opt.AddAllowedClass(EntType, false);
092             PromptEntityResult res = doc.Editor.GetEntity(opt);
093             if (res.Status == PromptStatus.OK)                          //更新控件的选中行
094             {
095                 using (Transaction tr = doc.TransactionManager.StartTransaction())
096                 {
097                     Entity ent = res.ObjectId.GetObject(OpenMode.ForRead) as Entity;
098                     for (int i = 0; i < dataGridView1.Rows.Count; i++)
099                     {
100                         DataGridViewRow dgvr = dataGridView1.Rows[i];
101                         if ((string)dgvr.Cells[0].Value == ent.Name)
102                         {
103                             dataGridView1.Rows[i].Selected = true;
104                             break;
105                         }
106                     }
107                     tr.Commit();
108                 }
109             }
110         }
111         catch (System.Exception ex)
112         {
113             doc.Editor.WriteMessage("\n" + ex.Message);
114         }
115     }
116     //----------------------------------------------------------------
117     private void FormSelectEntity_Load(object sender, EventArgs e)
118     {
119         AutoScaleMode = AutoScaleMode.Dpi;                              //设置控件缩放模式
120         Font = SystemFonts.IconTitleFont;
121     }
122 }
```

上述代码第1行中,关键字 partial 表示这个类为"分部类",与本书8.1.1节中代码共同组成一个完整的类,更多信息可以在帮助文档中搜索关键字:partial。

代码第3～6行,定义了几个字段用于存储相关信息。注意第5、第6行两个字段,在声明字段的同时进行了赋值,而第3、第4行两个字段,则是在类的构造方法中进行的初始化,至于哪种方法更合适,读者可以搜索相关信息进行进一步的学习,关键字:字段。

代码第8～39行为类的构造方法。注意代码第10行,这一行进行控件的初始化,也就是调用8.1.1节代码中的方法,此行代码为此构造方法的第一行,不能在之前插入任何代码,避免错误的发生。

代码第16～34行利用 DataTable 对控件 dataGridView1 进行初始化,也就是把需要选择的对象集合,例如曲面、路线等的信息显示在控件中。

代码第35、第36行设置控件dataGridView1列宽。

代码第37、第38行禁止排序，以保证获取准确的ObjectId——控件显示的文本顺序发生变化，而第5行代码中的ObjectIdCollection集合中的ObjectId顺序并不会改变，所以要保证其对应关系不变。

代码第41～52行，初始化字段typeName及ids，注意这两个方法中的this，为了区分类的字段与参数中的变量，如果没有this，哪个是类的字段，哪个是形参就无法区分了。更多信息读者可搜索关键字this。

代码54～73行，创建了两个属性。代码第54～57行为自动属性；代码第59～73行为只读属性，该属性返回了选定对象的ObjectId。更多信息读者可搜索关键字：属性。

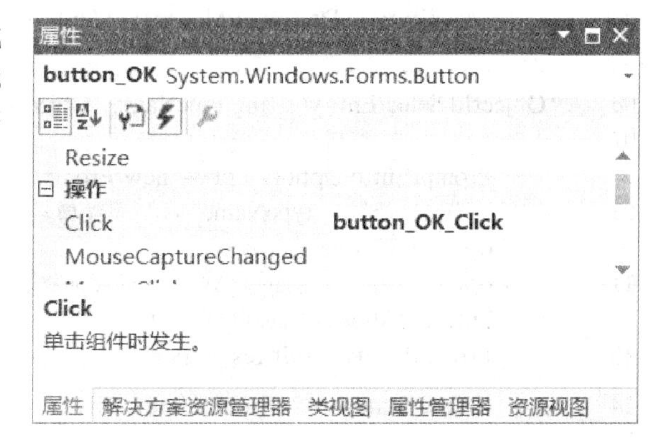

图8-9 添加事件

代码第75～121行为控件所对应的“事件”，在键入这些代码之前，需要先回到窗口设计，例如选择确定按钮，在属性对话框中，点击图标切换到事件页面，在Click后面的组合框中双击鼠标，即可创建对应的事件，如图8-9所示。双击后，VS会自动导航到代码编辑窗口，也就是代码第75～78行这个位置(当然此时第77行的内容还没有)。同样操作，为其他按钮添加Click事件，并未在窗口添加Load事件。

代码第77行、第82行很简单，即为窗口设置了结果，这个结果为调用这个窗口的代码提供进行何种后续操作提供依据。注意这两行代码也可以由VS自动完成，您可以回到窗口设计状态，查看按钮控件的属性，看看哪个属性可以进行设置?

代码第85～115行，实现了点击button_Pick按钮时所要进行的操作——回到编辑器，在屏幕上拾取对象。代码第93～109行根据屏幕上拾取对象结果更新控件dataGridView1选中行，使我们能够清楚地看到在屏幕上拾取到的是哪一个对象。

代码第117～121行，设置窗口加载时的事件：修改自动缩放模式，设置字体。代码第119行所修改的属性与表8-1第一行中所修改的属性是同一个，重复进行设置，是为了让读者知道可以通过不同方式设置窗口的属性：一种是利用属性窗口，由VS自动完成代码的创建；另一种是人工完成相应的设置代码。同一属性设置了两次，最终结果以哪一个为准呢? 读者可以自行进行判断并进行试验吧(提示：对同一变量赋值两次，最终变量的值是哪一个呢)!

这部分代码涉及的“事件”是一个难点，“事件”背后是另一个难点“委托”(Delegate)。希望通过以上几个简单的事件实例让您能够了解怎么样为控件添加事件，并进行相应的操作；至于事件是如何运行的等深层次问题，可以等以后慢慢掌握。在后续的代码中，委托将会多次出现，如果有时间，希望读者能提前研究学习一下。

至此对话框设计就全部完成了，下面将在8.1.3节创建新的代码来调用这个对话框。

8.1.3 调用对话框

本节将演示如何调用8.1.2节创建的对话框。为避免AutoCAD和Civil 3D的Surface

之间的冲突，需要添加如下一条 Using 指令。

```
using Surface = Autodesk.Civil.DatabaseServices.Surface;
```

创建一个类并完成以下代码：

```
01 class FormDemo
02 {
03     Document doc = Autodesk.AutoCAD.ApplicationServices
04         .Application.DocumentManager.MdiActiveDocument;
05     //--------------------------------------------------------------------
06     ObjectId SelectEntity(string typeName, ObjectIdCollection ids, Type t)
07     {
08         PromptEntityOptions opt = new PromptEntityOptions(
09           "\n选择" + typeName + "<或按回车键从列表中选择>");
10         opt.AllowNone = true;
11         opt.SetRejectMessage("\n选定的图元必须属于类型:" + typeName);
12         opt.AddAllowedClass(t, false);
13         PromptEntityResult res = doc.Editor.GetEntity(opt);
14         if (res.Status == PromptStatus.OK)                    //选择对象
15         {
16           return res.ObjectId;
17         }
18         else if (res.Status == PromptStatus.None)             //如果没选中对象,
19         {                                                     //从对话框列表中选择
20           using (FormSelectEntity fse = new FormSelectEntity(typeName, ids))
21           {
22             fse.EntType = t;                                  //设置选择对象的类型
23             Application.ShowModalDialog(fse);                 //显示对话框
24             if (fse.DialogResult == System.Windows.Forms.DialogResult.OK)
25             {
26               return fse.EntObjectId;
27             }
28             else
29             {
30               return ObjectId.Null;
31             }
32           }
33         }
34         else
35         {
36           return ObjectId.Null;
37         }
38     }
39     //--------------------------------------------------------------------
40     public ObjectId SelectSurface()                           //选择曲面
41     {
42         return SelectEntity("曲面"
43           , CivilApplication.ActiveDocument.GetSurfaceIds(), typeof(Surface));
44     }
45     //--------------------------------------------------------------------
```

```
46      public ObjectId SelectAlignment()                    //选择路线
47      {
48              return SelectEntity("路线"
49                , CivilApplication.ActiveDocument.GetAlignmentIds(), typeof(Alignment));
50      }
51 }
```

代码第8～17行实现了直接从屏幕拾取对象的操作。代码第18～33行实现了拾取对象过程中按下回车键并弹出对话框，从对话框列表中选择对象的操作。代码第34～37实现了拾取过程其他操作(比如按下Esc键)所对应的情况。

其中，代码第20行，使用了using语句，注意与前面的using指令的区别。

另外，代码第22行要特别注意，这只是为了演示类的自动属性，当我写完代码后，才发现如果忘了键入此行代码，将会造成程序崩溃，这是一个失败的例子。如果读者有兴趣，可以将其修改完善，将对话框类中所必须进行初始化的字段、属性等，通过构造方法中的参数传入，也就是修改8.1.2节代码第8行中参数的个数。

代码第23行用来显示对话框，这里ShowModalDialog用来显示“模式”对话框，什么是模式对话框，简单地讲就是“有我没你，有你没我”。进一步解释：这里的“我”是自定义对话框FormSelectEntity，“你”是Civil 3D窗口；“有我没你”是指当对话框FormSelectEntity处于显示状态时，焦点只能在对话框FormSelectEntity中，不能切换到Civil 3D窗口中；“有你没我”是指要在Civil 3D窗口中进行操作，就必须将对话框FormSelectEntity隐藏掉。

与模式对话框对应的是非模对话框(例如经常用到的“特性”对话框)，对应的方法是ShowModelessDialog。显示非模对话框时，焦点可以自由切换，对话框不必隐藏。读者可以修改代码进行测试对比，以体会两种对话框之间的差别。

代码第40～50行，定义了两个方法分别选择曲面和路线。

在MyCommands类中添加以下命令方法：

```
01 [CommandMethod("MyGroup", "SelectAlignment", CommandFlags.Modal)]
02 public void SelectAlignment()
03 {
04      FormDemo fd = new FormDemo();
05      ObjectId id = fd.SelectAlignment();
06      Autodesk.AutoCAD.ApplicationServices.Application.DocumentManager
07        .MdiActiveDocument.Editor.WriteMessage("\n选择的对象id为{0}", id.ToString());
08 }
09 [CommandMethod("MyGroup", "SelectSurface", CommandFlags.Modal)]
10 public void SelectSurface()
11 {
12      FormDemo fd = new FormDemo();
13      ObjectId id = fd.SelectSurface();
14      Autodesk.AutoCAD.ApplicationServices.Application.DocumentManager
15        .MdiActiveDocument.Editor.WriteMessage("\n选择的对象id为{0}", id.ToString());
16 }
```

编译加载并输入命令进行测试将会发现，设计了一个对话框，通过不同的方法调用，对话框显示的内容是不同的。

本节模拟了 Civil 3D 中的一个对话框，对话框所涉及的控件不多，但代码里进行的操作却并不少，绕来绕去，最终只获得了一个 ObjectId。希望读者能通过本例了解 WinForm 的基本操作，掌握对话框与调用对话框的代码之间数据的传递（不少初学者都会问同样一个问题，对话框的数据怎么传递出来？）。

8.2 功能区

随着微软 .NET 技术的更新，传统的下拉菜单逐渐被 Ribbon（有些书里面翻译为带状菜单，而 AutoCAD 的 CUI 中翻译为功能区，本书中采用 CUI 的翻译，称之为功能区）所替代。

这一节将学习如何向已有的功能区选项卡中添加自己的面板及按钮。创建新的选项卡与编辑现有选项卡类似，或者说更为简单，在此就不做介绍，读者可以自行查找相关样例。

8.2.1 了解功能区

在创建自己的功能区选项卡之前，需要简单介绍一下功能区相关的元素，一旦读者清楚了这些元素之间的关系，那么创建自己的功能区选项卡及面板、按钮就简单了。功能区相关词汇见表 8-6。

表 8-6　功能区相关词汇

序号	英文名称	中文名称
1	Ribbon	功能区
2	RibbonTab	功能区选项卡
3	RibbonPanel	功能区面板
4	RibbonButton	按钮
5	RibbonSeparator	分隔符
6	RibbonRowPanel	行面板
7	RibbonRowBreak	换行符
8	RibbonSplitButton	拆分按钮

图 8-10 是将下拉菜单显示出的状态，包含下拉菜单及功能区。

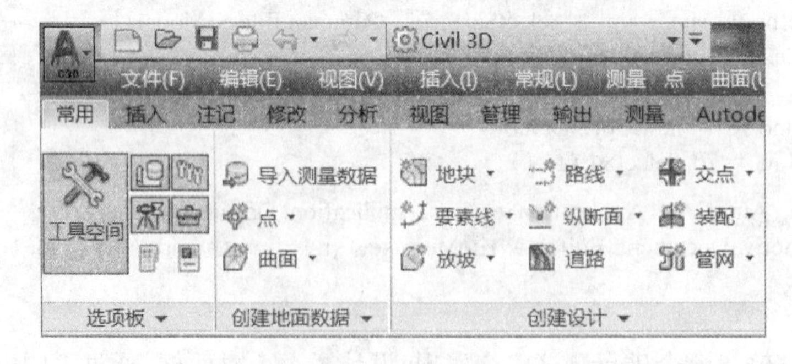

图 8-10　菜单及功能区

图 8-11 为下拉菜单，包含了文件、编辑、视图等 8 项菜单。

文件(F)　编辑(E)　视图(V)　插入(I)　常规(L)　测量　点　曲面(U)

图 8-11　菜单

图 8-12 为功能区，包含了常用、插入、注记等 10 个选项卡。

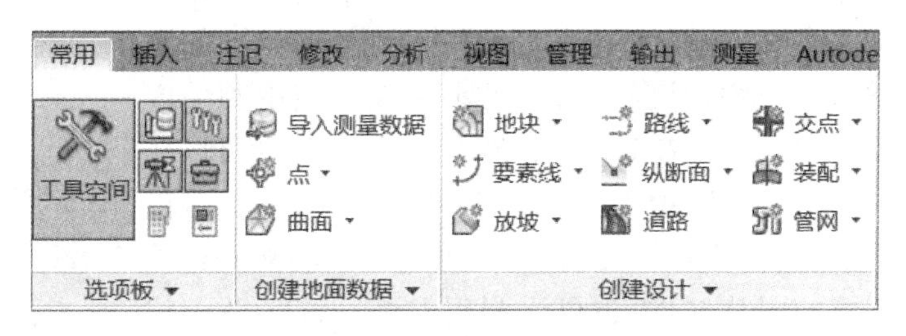

图 8-12　功能区

图 8-13 为功能区选项卡，包含了选项板、创建地面数据和创建设计 3 个面板。

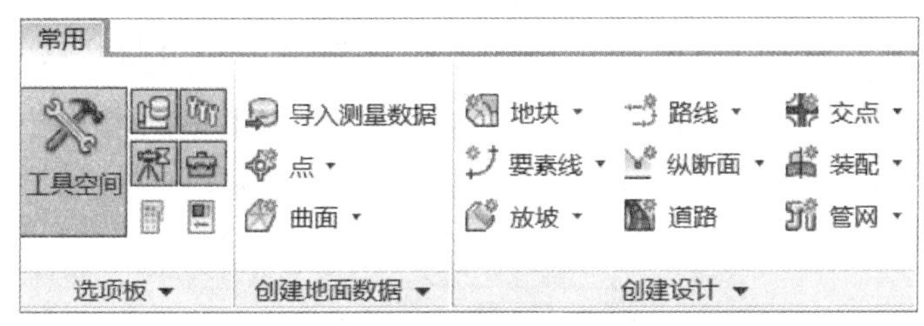

图 8-13　选项卡

图 8-14　面板

图 8-14 为一个面板，包含的内容较多，可通过 CUI 命令进行进一步查看。

在 AutoCAD 命令行输入命令 CUI，找到该面板，展开各项后可以看到面板所包含的内容，如图 8-15 所示。

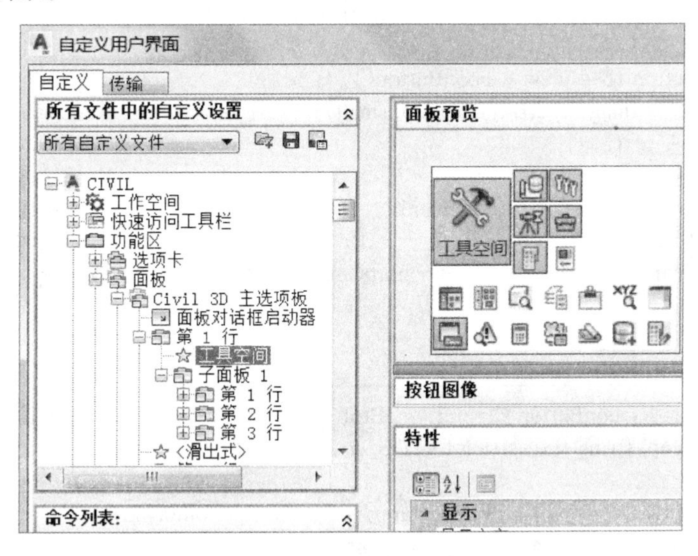

图 8-15　创建自定义用户界面

在动手编写代码前，建议读者查看自定义用户界面的相关帮助文档，当能够在图形界面下创建自定义面板后，再用代码创建自定义面板就会容易得多。

8.2.2 将功能区面板添加至已有选项卡

本小节在附加模块选项卡中插入一个面板，并将本书第 7 章中的几个命令添加到按钮中。完成本小节内容后，应能创建如图 8-16 所示的面板。

在编写代码前，需要为项目添加 3 个图片资源，类似于如图 8-16中的 3 个图标，如何添加资源，可参见本书 8.1 节中相关内容。如果想使用 AutoCAD 或者 Civil 3D 现有的图标，读者可以从文件 acadbtn. xmx 及 C3d. dll 中提取，16×16 像素的小图标，可以利用 CUI 命令调出自定义用户界面窗口，利用其输出功能进行输出，保存自己所需要的图片文件，也可以利用 ResourceHacker 或者 PixelExtractor 等工具进行提取，当利用工具提取时，就需要找到上面两个文件。两个文件的路径在类似位置。

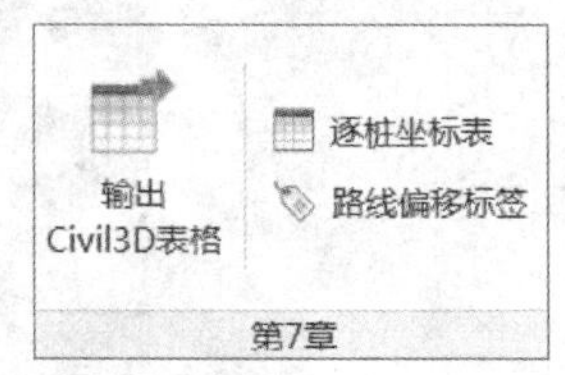

图 8-16　自定义选项卡

acadbtn. xmx:　C:\Program Files\Autodesk\AutoCAD 2017
C3d. dll:　C:\Users\{计算机用户名}\AppData\Roaming\Autodesk\C3D 2017\chs\Support

在阅读后续代码时注意两个方法均使用了 static 进行修饰。为了减少代码的重复，这里定义了两个方法 CreateStdBtn()和 CreateLargeBtn()。

```
01 class RibbonDemo
02 {
03     static Editor ed = Application.DocumentManager.MdiActiveDocument.Editor;
04     const int large = 32;
05     const int small = 16;
06     //----------------------------------------------------------------
07     private static RibbonButton CreateStdBtn(                    //创建标准按钮
08         Bitmap bmp, string text, string toolTip, string command)
09     {
10         RibbonButton rb = new RibbonButton();                    //新建按钮
11         rb.Image = Images.getBitmap(bmp, small);                 //设置标准图标
12         rb.Text = text;                                          //设置文本
13         rb.ToolTip = toolTip;                                    //设置提示
14         rb.CommandParameter = command;                           //设置命令名称
15         rb.ShowText = true;                                      //显示文本
16         rb.CommandHandler = new RibbonbtnCmdHandle();            //设置命令处理程序
17         return rb;
18     }
19     //----------------------------------------------------------------
20     private static RibbonButton CreateLargeBtn(                  //创建大图标按钮
21         Bitmap bmp, string text, string toolTip, string command)
22     {
23         RibbonButton rb = CreateStdBtn(bmp, text, toolTip, command);
24         rb.LargeImage = Images.getBitmap(bmp, large);            //设置大图标
```

```
25        rb.Size = RibbonItemSize.Large;                        //设置图标尺寸
26      rb.Orientation = System.Windows.Controls.Orientation.Vertical;
27      return rb;
28    }
29    //--------------------------------------------------------------------
30    public static void AddAddinTab()                          //在附件模块选项卡中添加面板
31    {
32      RibbonControl rc = ComponentManager.Ribbon;
33      RibbonTab rt = null;
34      foreach (RibbonTab tab in rc.Tabs)                      //查找附件模块选项卡
35      {
36        if (tab.AutomationName == "附加模块")                 //根据名称查找
37        {
38          rt = tab;
39          break;
40        }
41      }
42      if (rt == null)                                         //没找到的话,新建一个
43      {
44        rt = new RibbonTab();
45        rt.Title = "附加模块";                                //设置标题
46        rt.Id = "CIVIL.ID_Civil 3DAddins";                    //设置 Id
47        rc.Tabs.Add(rt);
48      }
49      RibbonPanelSource rps = new RibbonPanelSource();        //面板资源
50      rps.Title = "第 7 章";                                  //面板标题
51      RibbonPanel rp = new RibbonPanel();                     //新建面板
52      rp.Source = rps;                                        //设置面板资源
53      rt.Panels.Insert(0, rp);                                //将面板插入到选项卡中
54      RibbonButton rb = CreateLargeBtn(                       //创建大图标按钮
55        Properties.Resources.TableOut,                        //图标
56        "输出\nCivil 3D 表格",                                //标题文本
57        "将 Civil 3D 表格输出为.csv 格式文件。",              //提示信息
58        "_.CTTC_");                                           //命令名称
59      rps.Items.Add(rb);                                      //将大图标按钮添加到面板资源中
60      RibbonRowPanel rrp = new RibbonRowPanel();              //新建"行面板"对象
61      rrp.MinWidth = 150;
62      rps.Items.Add(new RibbonSeparator());                   //插入分隔符
63      rps.Items.Add(rrp);                                     //将"行面板"添加到面板资源中
64      RibbonButton rb1 = CreateStdBtn(                        //创建标准大小图标按钮
65        Properties.Resources.Table,                           //图标
66        "逐桩坐标表",                                         //标题文本
67        "创建逐桩坐标表。",                                   //提示信息
68        "_.StationTable_");                                   //命令名称
69      RibbonButton rb2 = CreateStdBtn(                        //创建标准大小图标按钮
70        Properties.Resources.Label,                           //图标
71        "路线偏移标签",                                       //标题文本
72        "创建路线偏移标签",                                   //提示信息
```

```
73          "_.OffsetLable_");                              //命令名称
74      rrp.Items.Add(rb1);                                 //将按钮添加到"行面板"
75      rrp.Items.Add(new RibbonRowBreak());                //添加"换行符"
76      rrp.Items.Add(rb2);                                 //将按钮添加到"行面板"
77    }
78 }
```

AutoCAD标准图标的大小为16×16像素，大图标的大小为32×32像素。

代码第11行中的Images类及第16行中的RibbonbtnCmdHandle类将在后续代码中进行解释，除此之外，第28行之前的代码简单，不再赘述。

代码第30～77行是创建图8-16面板的主要方法。代码第32行通过组件管理器(ComponentManager)找到功能区；第34～41行查找指定名称的选项卡，第42～48行在找不到的情况下，新建相应名称的选项卡。这里通过名称查找，并不是一个合理的方法，对不同界面语言来说，名称是各不相同，更为合理的方法是通过Id来查找。

代码第49～76进行了一系列的操作，创建了面板及按钮。需要注意的是，按钮是需要添加到面板资源(RibbonPanelSource)中的，而不是直接添加到面板中。这里创建的按钮之间的关系，要比本书8.2.1节中看到的面板组织关系简单得多。注意第75行的换行符并不会显示出来。

代码第55行、第65行、第70行中的图标文件是作者为项目添加的图片资源。图片的名称分别为TableOut、Table和Label。

代码第58行、第68行、第73行中的命令名称是本书第7章中定义的几个命令，注意命令字符串需要以空格结尾(空格下面加了下划线)，空格相当于在命令行输入命令后按下回车键，所以不要漏掉了！

代码中第11行所涉及的类Images，目的是将图片转换为ImageSource，原因如下：RibbonButton的属性Image类型为ImageSource，而项目资源中的图片属于Bitmap，需要进行转换。如果只是进行简单的转化，代码并不复杂，第5～16行就能胜任。

```
01 public class Images
02 {
03         public static double m_DpiScale = 1.0;
04
05         public static BitmapImage getBitmap(Bitmap image, int l)
06         {
07             MemoryStream stream = new MemoryStream();
08             image.Save(stream, ImageFormat.Png);
09             BitmapImage bmp = new BitmapImage();
10             bmp.BeginInit();
11             bmp.StreamSource = stream;
12             bmp.DecodePixelHeight = (int)(l * m_DpiScale);
13             bmp.DecodePixelWidth = (int)(l * m_DpiScale);
14             bmp.EndInit();
15             return bmp;
16         }
17         [DllImport("user32.dll")]
```

```
18          static extern IntPtr GetDC(IntPtr ptr);
19          [DllImport("user32.dll", EntryPoint = "ReleaseDC")]
20          static extern IntPtr ReleaseDC(IntPtr ptr, IntPtr hDc);
21          [DllImport("gdi32.dll")]
22         static extern int GetDeviceCaps(IntPtr hDc, int nIndex);
23         [DllImport("user32.dll")]
24         internal static extern bool SetProcessDPIAware();
25         public static void GetDpiScale()
26         {
27             try
28             {
29                 SetProcessDPIAware();
30                 IntPtr screenDC = GetDC(IntPtr.Zero);
31                 int dpi = GetDeviceCaps(screenDC, 90);
32                 m_DpiScale = dpi / 96.0;
33                 ReleaseDC(IntPtr.Zero, screenDC);
34             }
35             catch (System.Exception ex)
36             {
37                 Autodesk.AutoCAD.ApplicationServices.Application.DocumentManager
38                     .MdiActiveDocument.Editor.WriteMessage("\nException:{0}", ex.Message);
39             }
40         }
41 }
```

代码第17～40行又是干什么的呢？在回答这个问题之前，先来回想一下本书8.1节中按钮文本缩放的细节，为了正常显示按钮文本设置了窗口的AutoScaleMode属性，同样，这一节面临按钮大小的缩放。当对屏幕分辨率进行如下设置后，AutoCAD的按钮图标也会随之缩放，为了能够让图标大小一致，需要利用代码第17～40行完成此任务(图8-17)。

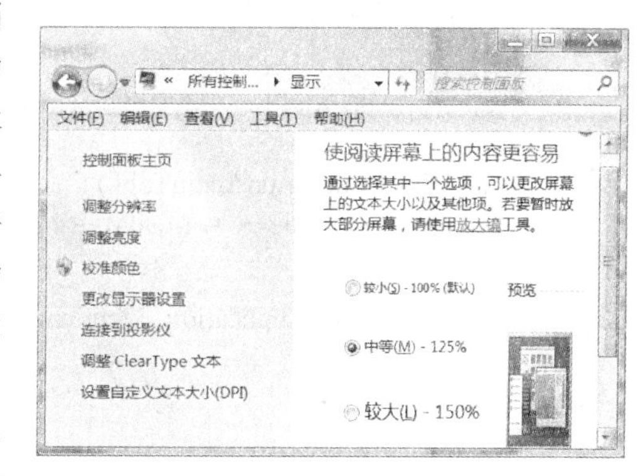

图8-17 字体缩放

利用DllImport调用操作系统中Dll文件中的一些方法来完成任务，关于DllImport如何使用，读者可自行搜索查询关键字：DllImport，Dllexport，如果有兴趣，还可以搜索dumpbin，学习如何查看程序集中所包含的方法。

代码第3行定义的是一个静态字段，代码第25行的方法将在应用程序加载过程中被调用，并修改第3行定义的字段值。

类RibbonbtnCmdHandle派生自接口ICommand，根据按钮的命令参数执行相应的命令。

```
01 class RibbonbtnCmdHandle : System.Windows.Input.ICommand
02 {
03         public event EventHandler CanExecuteChanged;
```

```
04        public bool CanExecute(object parameter)
05        {
06            return true;
07        }
08        public void Execute(object parameter)
09        {
10            if (parameter is RibbonButton)
11            {
12                RibbonButton rb = parameter as RibbonButton;
13                Application.DocumentManager.MdiActiveDocument.SendStringToExecute(
14                    (string)rb.CommandParameter, true, false, false);
15            }
16        }
17 }
```

如何实现接口在本书第1章中涉及了，需要时进行搜索查询，关键字：接口。

如何在程序加载时自动创建面板？

在类 MyPlugin 中添加以下代码可以实现。

```
01 public class MyPlugin : IExtensionApplication
02 {
03        void IExtensionApplication.Initialize()
04        {
05            Images.GetDpiScale();
06            Application.Idle += LoadMyRibbon;
07        }
08        static private void LoadMyRibbon(object sender, EventArgs e)
09        {
10            RibbonDemo.AddAddinTab();
11            Application.Idle -= LoadMyRibbon;
12        }
13        void IExtensionApplication.Terminate()
14        {
15        }
16 }
```

上述代码第5行用来获取屏幕的缩放比例，用来缩放图标大小。

代码第6行为 Application.Idle 添加事件，这是本节的一个难点，如果手动加载应用程序，就不需要这样麻烦，考虑到需要在 AutoCAD 程序启动时加载应用程序，要确保系统本身的功能区已经加载后才能向其添加自定义的面板，所以需要等程序空闲下来后才能执行添加面板的操作。

注意代码第11行，需要将事件及时移除，不要让程序进行重复操作。

如何通过注册表自动加载应用程序在本书2.6节中详细介绍过，在此把注册表的设置简单重复一下：

```
Windows Registry Editor Version 5.00
[HKEY_LOCAL_MACHINE\SOFTWARE\Autodesk\AutoCAD\R21.0\ACAD-0000:804\
```

```
    Applications\AACTest]
@ = ""
"Description" = "程序测试"
"LOADCTRLS" = dword:00000002
"LOADER" = "D:\\visual studio 2015\\Projects\\Civil 3D Development
    Tutorials\\Chapter8\\bin\\Release\\Chapter08.dll"
"MANAGED" = dword:00000001
```

编译程序，设置注册表，启动 AutoCAD Civil 3D，程序启动完成后，"附件模块"选项卡应与图 8-18 类似，其中的面板"第 7 章"就是通过本节代码"动态"创建出来的。

图 8-18　自定义选项卡

8.2.3　将功能区面板添加至上下文选项卡

在上下文选项卡中添加面板，虽然都是在"已有"选项卡中添加面板，但选项卡的初始时机不一样，因此代码中存在一些差异。为了减少代码的重复，在 8.2.2 节代码的基础上又进行了一些简化，所以代码难度稍有增加。在类 RibbonDemo 中添加以下方法，注意仍然是静态方法。

```
01 public static void AddAlignmentRibbonPanel()          //在路线上下文选项卡中添加面板
02 {
03     AddRibbonPanel("路线",
04         "CIVIL.ID_ContextAlignmentSelectSingle", AddAlignmentPanel);
05 }
```

此方法在单条路线被选定上下文选项卡中添加面板。

```
01 public static void AddTableRibbonPanel()              //在表格上下文选项卡中添加面板
02 {
03     AddRibbonPanel("表格", "CIVIL.ID_ContextTableSelectSingle", AddTablePanel);
04 }
```

此方法在 Civil 3D 表格选定上下文选项卡中添加面板。

```
01 public static void AddRibbonPanel(string title, string id, EventHandler eh)
02 {
03     RibbonControl rc = ComponentManager.Ribbon;
04     RibbonTab rt = null;
05     foreach (RibbonTab tab in rc.Tabs)                //查找选项卡
```

```
06          {
07            if (tab.Id == id)
08            {
09                rt = tab;
10                break;
11            }
12          }
13        if (rt == null)                          //没找到的话,新建一个
14        {
15              rt = new RibbonTab();
16              rt.Title = title;
17              rt.Id = id;
18              rc.Tabs.Add(rt);
19        }
20        rt.Initializing += eh;                   //选项卡初始化事件
21 }
```

此方法用来查找指定的选项卡,注意此次查找的依据不再是选项卡的名称,而是根据选项卡的 Id,这样能确保找到的选项卡是唯一的,如果用名称查找,可能找不到指定的选项卡。在 AutoCAD 命令行中输入命令 CUI,仔细查看选项卡,读者就会发现很多重名的。

方法的第三个参数 EventHandler eh 是这一节的难点——事件,在前述 8.1 节中遇到过类似用法,希望通过简单的重复,能让读者慢慢体会事件、委托的用法。

代码第 20 行,为什么要为 rt. Initializing 添加事件呢? 这是因为在 AutoCAD 程序启动及应用程序加载时,上下文菜单均未初始化,如果向未初始化的选项卡添加面板,势必是徒劳的。因此采用事件,在上下文菜单初始化时,将需要的面板添加进去。

```
01 private static void AddTablePanel(object sender, EventArgs e)
02 {
03      RibbonTab rt = sender as RibbonTab;
04      if (rt != null)
05      {
06        RibbonPanelSource rps = new RibbonPanelSource();
07        rps.Title = "附加工具";
08        RibbonPanel rp = new RibbonPanel();
09        rp.Source = rps;
10        rt.Panels.Add(rp);
11        RibbonButton rb = CreateLargeBtn(
12           Properties.Resources.TableOut,
13           "输出\nCivil 3D 表格",
14           "将 Civil 3D 表格输出为.csv 格式文件。",
15                "_.CTTC_");
16           rps.Items.Add(rb);
17      }
18      rt.Initializing -= AddTablePanel;
19 }
```

代码第3行是此方法的重点，触发此事件的对象上下文选项卡（表格选中的上下文选项卡），通过方法中的第一个参数 object sender 转换成 RibbonTab rt，从而向其添加面板，如图 8-19 所示。

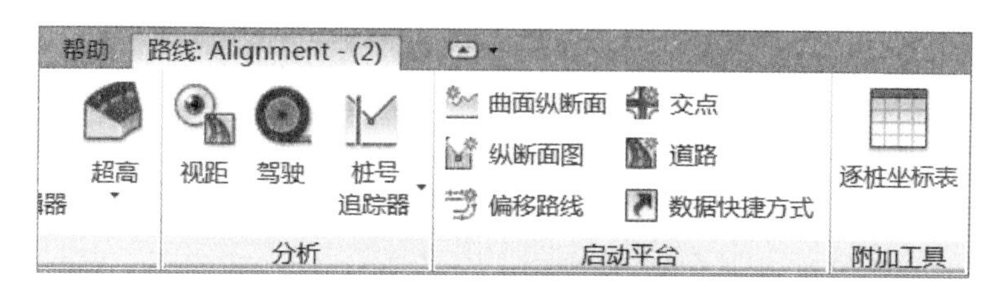

图 8-19　上下文选项卡中添加自定义面板

代码第18行也要注意，需要及时将不需要的事件移除。

```
01 private static void AddAlignmentPanel(object sender, EventArgs e)
02 {
03     RibbonTab rt = sender as RibbonTab;
04     if (rt != null)
05     {
06         RibbonPanelSource rps = new RibbonPanelSource();
07         rps.Title = "附加工具";
08         RibbonPanel rp = new RibbonPanel();
09         rp.Source = rps;
10         rt.Panels.Add(rp);
11         RibbonButton rb = CreateLargeBtn(
12             Properties.Resources.Table,
13             "逐桩坐标表",
14             "创建逐桩坐标表。",
15             "_.StationTable_");
16         rps.Items.Add(rb);
17     }
18     rt.Initializing -= AddAlignmentPanel;
19 }
```

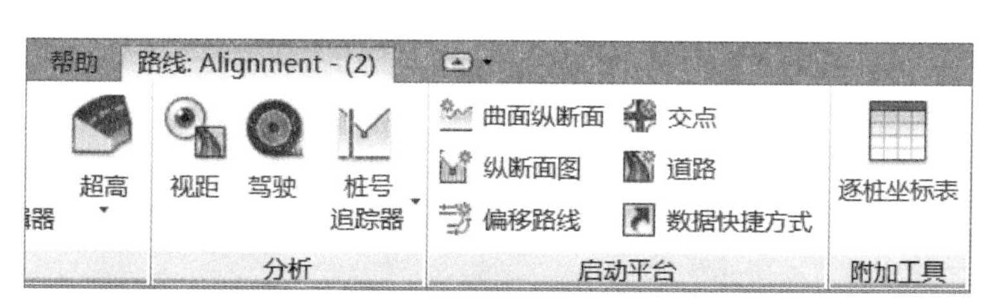

图 8-20　上下文选项卡中添加自定义面板

修改 MyPlugin 代码，增加第11行、第12行。

```
01 public class MyPlugin : IExtensionApplication
02 {
```

```
03         void IExtensionApplication. Initialize()
04         {
05             Images. GetDpiScale();
06             Application. Idle += LoadMyRibbon;
07         }
08         static private void LoadMyRibbon(object sender, EventArgs e)
09         {
10             RibbonDemo. AddAddinTab();
11             RibbonDemo. AddAlignmentRibbonPanel();
12             RibbonDemo. AddTableRibbonPanel();
13             Application. Idle -= LoadMyRibbon;
14         }
15         void IExtensionApplication. Terminate()
16         {
17         }
18 }
```

编译程序，启动 AutoCAD Civil 3D，创建一条路线和一个 Civil 3D 表格，注意不是 AutoCAD表格，分别选择表格和路线，观察上下文选项卡的变化是否与图 8-19、图 8-20 一致。

8.3 面板

这一节所说的面板(Palette)与前述 8.2 节的功能区面板(Panel)有所不同，但大多数 Palette 及 Panel 都是采用 WPF(Windows Presentation Foundation)实现的。如果读者还不了解什么是 WPF，在开始浏览本节内容前，需要事先搜索查询，关键字：WPF，有了简单了解后，再学习本节的简单示例。

8.3.1 了解 Palette

在使用 Civil 3D 过程中，时刻与 Palette 打交道，工具空间、工具选项板、全景对话框、图层特性管理器乃至命令行都是 Palette(图 8-21)。

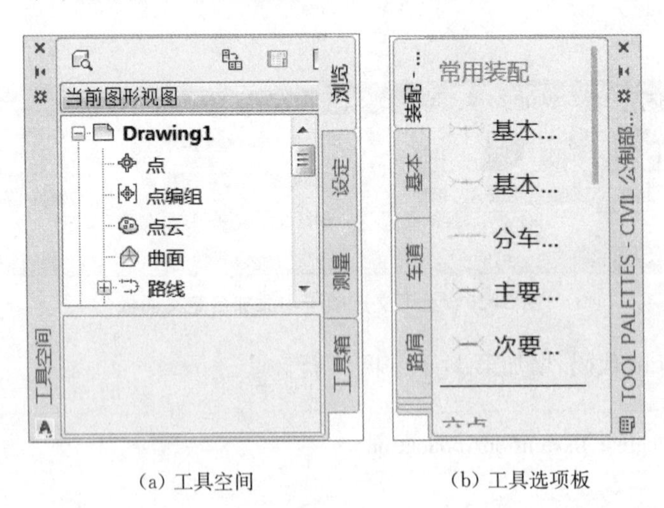

(a) 工具空间　　　　(b) 工具选项板

编号	桩号	终点桩号	起点	终点	通过点 1	通过点 2
1	0....	1+619....	(1330....	(2865....	(1330....	(2865....
2	9....	2+848....	(2865....	(3743....	(2865....	(3743....
3	8....	4+214....	(3743....	(5065....	(3743....	(5065....
4	4....	5+310....	(5065....	(6046....	(5065....	(6046....
5	0....	6+951....	(6046....	(7654....	(6046....	(7654....
6	1....	7+948....	(7654....	(8561....	(7654....	(8561....
7	8....	8+943....	(8561....	(9541....	(8561....	(9541....

全景　路线图元

(c) 全景对话框

图 8-21 各种 Palette

这些 Palette 可以停靠、可以浮动，对于工具选项板来说，可以直接把一些对象拖放到选项板中，创建相应的命令，例如把一个圆、一条直线或一条多段线拖放到工具选项板中，将会创建相应的命令。读者还可以将自己创建的完整装配拖放到工具选项板中。

注意图 8-22 中为面板集(PaletteSet)，其中包含了装配、新建选项板等若干个 Palette。

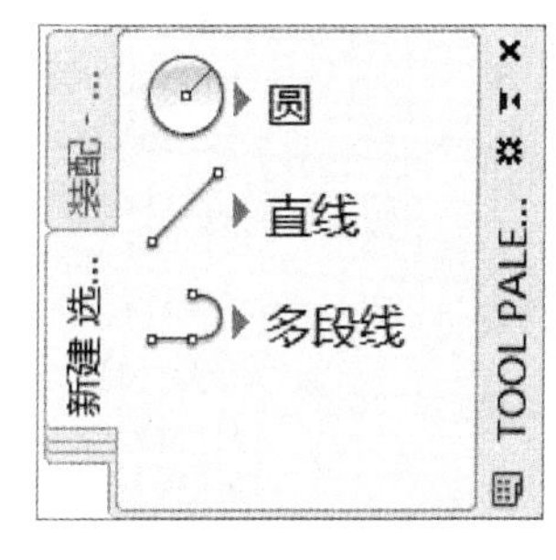

图 8-22　工具选项板

8.3.2　创建简单的 WPF 用户控件

本节创建一个简单的 WPF 用户控件，这个用户控件将作为 Palette 的主要组成部分出现在 8.3.3 节的代码中。此用户控件主要由一个 ListView 控件构成(图 8-23)，将以列表形式展示数据。本例的重点在数据绑定(Binding)。

图 8-23　用户控件 ListView

```
01 <UserControl x:Class = "Chapter08.LayerControl"
02                  xmlns = "http://schemas.microsoft.com/winfx/2006/xaml/presentation"
03                  xmlns:x = "http://schemas.microsoft.com/winfx/2006/xaml"
04                  xmlns:mc =
05                  "http://schemas.openxmlformats.org/markup - compatibility/2006"
06                  xmlns:d = "http://schemas.microsoft.com/expression/blend/2008"
07                  xmlns:acmgd =
08                  "clr - namespace:Autodesk.AutoCAD.ApplicationServices;assembly = acmgd"
09                  xmlns:local = "clr - namespace:Chapter08"
10                  mc:Ignorable = "d"
11                  d:DesignHeight = "300" d:DesignWidth = "300">
12 <Grid>
```

```
13    〈ListView ItemsSource = "{Binding
14       Source = {x:Static acmgd:Application. UIBindings},
15       Path = Collections. Layers}"
16       Background = "White"〉
17       〈ListView. View 〉
18          〈GridView〉
19             〈GridViewColumn Header = "名称" Width = "Auto"〉
20                〈GridViewColumn. CellTemplate〉
21                   〈DataTemplate〉
22                      〈TextBox BorderThickness = "0"
23                         Text = "{Binding Path = Name, Mode = OneWay}" 〉
24                      〈/TextBox〉
25                   〈/DataTemplate〉
26                〈/GridViewColumn. CellTemplate〉
27             〈/GridViewColumn〉
28             〈GridViewColumn Header = "开" Width = "35"〉
29                〈GridViewColumn. CellTemplate〉
30                   〈DataTemplate〉
31                      〈CheckBox   IsChecked = "{Binding Path = IsOff}" /〉
32                   〈/DataTemplate〉
33                〈/GridViewColumn. CellTemplate〉
34             〈/GridViewColumn〉
35             〈GridViewColumn Header = "锁定" Width = "55" 〉
36                〈GridViewColumn. CellTemplate〉
37                   〈DataTemplate〉
38                      〈CheckBox   IsChecked = "{Binding Path = IsLocked}"/〉
39                   〈/DataTemplate〉
40                〈/GridViewColumn. CellTemplate〉
41             〈/GridViewColumn〉
42          〈/GridView〉
43       〈/ListView. View〉
44    〈/ListView〉
45  〈/Grid〉
46 〈/UserControl〉
```

如果读者对 WPF 并不了解,阅读上面的代码可能会遇到一些困难。因此,读者可以去查找一些关于 XML, XAML 语言的资料进行学习,本书在后续 9.2.2 节中也有关于 XML 文件结构的基础知识。

8.3.3 创建面板

本节主要讲述如何创建 Palette 以及如何利用前述 8.3.2 节创建的用户控件。为了区分不同命名空间的 Palette,添加以下 using 指令:

```
    using Palette = Autodesk. Windows. Palettes. Palette
01 class PalleteDemo
02 {
03     static Autodesk. AutoCAD. Windows. PaletteSet ps;
04     public static void DoIt()
```

```
05      {
06          if (ps == null)
07          {
08              ps = new Autodesk.AutoCAD.Windows.PaletteSet("面板样例"
09                , new Guid("63B8DB5B-10E4-4924-B8A2-A9CF9158E4F6"));
10              ps.Style = PaletteSetStyles.ShowPropertiesMenu |
11                  PaletteSetStyles.ShowAutoHideButton |
12                  PaletteSetStyles.ShowCloseButton;
13              ps.MinimumSize = new System.Drawing.Size(300, 300);
14              Palette p1 = new Palette();
15              p1.Content = new LayerControl();
16              ps.AddVisual("图层面板", p1);
17          }
18          ps.Visible = true;
19      }
20  }
```

上述代码第 3 行，注意变量采用了 static 修饰符，分析一下，为什么采用 static 呢？代码第 6 行对面板集（PaletteSet）是否存在进行了判断，如果为 null，则创建 PaletteSet。代码第 8 行、第 9 行创建了一个新的 PaletteSet，指定了名称及 Guid。代码第 10～12 行，设置了 PaletteSet的样式：显示属性菜单、显示自动隐藏按钮、显示关闭按钮。

代码第 14 行，本节的主角 Palette 终于登场了。代码第 15 行，将 8.3.2 节创建的用户控件添加到 PaletteSet 中。代码第 16 行，将 Palette 添加到 PaletteSet 中。

编写命令方法代码执行 PalleteDemo.DoIt()，编译加载程序，输入命令显示面板。读者可以在面板中看到所有的图层。打开图层特性管理器，点击面板样例中的 CheckBox，切换图层的开关状态或锁定窗台，发现图层特性管理器中图标会随之变化，同时命令行中也有相应的输出信息（图 8-24）。这就是因为利用了 Binding，用简单的代码完成了复杂的功能。

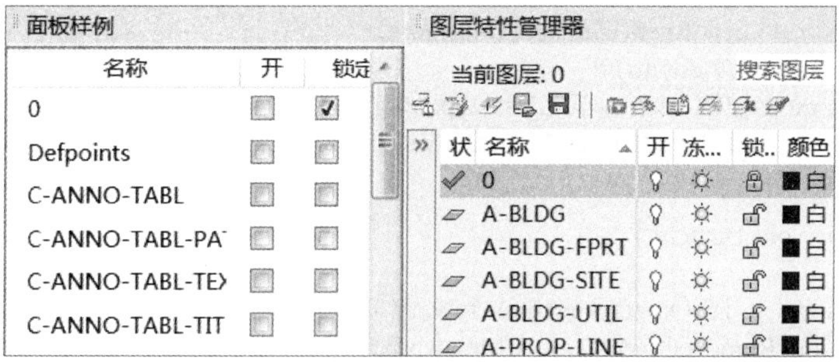

图 8-24　测试结果

调整面板大小，重启 AutoCAD 后，再次显示该面板，您会发现面板的大小并未按代码中设计的大小展现，这是因为面板的一些数据存储到如下位置的配置文件中（图 8-25），用记事本打开该文件，搜索 Guid 值，可以找到该面板集的信息。这是为什么在创建PaletteSet时指定 Guid 的原因。

C:\Users\[用户名]\AppData\Roaming\Autodesk\C3D 2017\chs\Support\Profiles\C3D_Metric

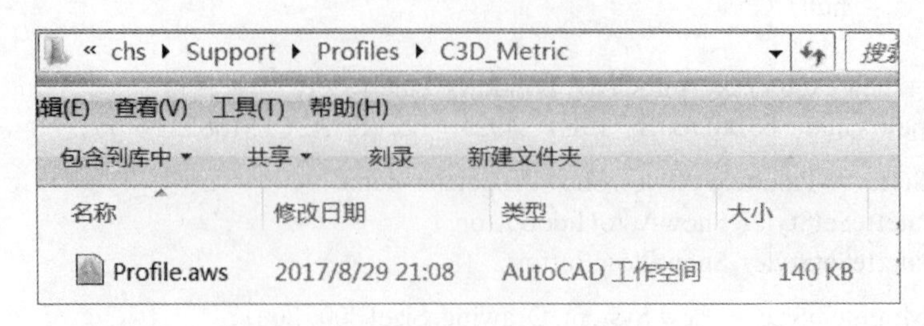

图 8-25 PaletteSet 尺寸存储位置

本节中的代码较为简单，但涉及的知识点较多，且大多是读者不了解、不熟悉的内容，现在再次回顾一下其中应有哪些知识点需要被掌握：WPF，XML，XAML，Binding，面板集，面板，Guid。

8.4 上下文菜单

鼠标选中某个对象后，点击右键会出现相应的上下文菜单，有时需要将自己的命令集成到上下文菜单中，比如将 Civil 3D 表格输出为 .csv 格式的文件。为了区分不同命名空间的 Table，添加以下 using 指令。

```
    using Table = Autodesk.Civil.DatabaseServices.Table;
01 class EntityContextMenu
02 {
03     private static ContextMenuExtension cme;
04     public static void Attach()
05     {
06         cme = new ContextMenuExtension();
07         MenuItem mi = new MenuItem("输出...");
08         mi.Click += new EventHandler(OnExport);
09         cme.MenuItems.Add(mi);
10         RXClass rxc = RXObject.GetClass(typeof(Table));
11         Application.AddObjectContextMenuExtension(rxc, cme);
12     }
13     public static void Detach()
14     {
15         RXClass rxc = RXObject.GetClass(typeof(Table));
16         Application.RemoveObjectContextMenuExtension(rxc, cme);
17     }
18     private static void OnExport(Object o, EventArgs e)
19     {
20         Document doc = Application.DocumentManager.MdiActiveDocument;
21         doc.SendStringToExecute("_.CTTC_", true, false, false);
22     }
23 }
```

Attach 方法用于添加菜单，Detach 方法用于移除菜单，OnExport 方法为鼠标点击的事件，用于发送命令。代码第 21 行中的"_. CTTC_"为第 7 章中定义的命令，需要注意的是尾部的空格(加了下划线)。

如果需要在没有选定对象的情况下，向右键菜单中添加自定义菜单项目，需要用到的方法是 AddDefaultContextMenuExtension()(代码第 11 行)。接下来修改类 MyPlugin 的代码。添加第 6 行、第 18 行。

```
01 public class MyPlugin : IExtensionApplication
02 {
03         void IExtensionApplication. Initialize()
04         {
05             Images. GetDpiScale();
06             EntityContextMenu. Attach();
07             Application. Idle + = LoadMyRibbon;
08         }
09         static private void LoadMyRibbon(object sender, EventArgs e)
10         {
11             RibbonDemo. AddAddinTab();
12             RibbonDemo. AddAlignmentRibbonPanel();
13             RibbonDemo. AddTableRibbonPanel();
14             Application. Idle - = LoadMyRibbon;
15         }
16         void IExtensionApplication. Terminate()
17         {
18             EntityContextMenu. Detach();
19         }
20 }
```

编译程序，启动 AutoCAD Civil 3D，如果注册表项设置正确的话，程序将自动加载，打开一个具有 Civil 3D 表格的图形，选择表格，点击鼠标右键，出现相应的菜单如图 8-26 所示，注意中间的“输出...”选项。

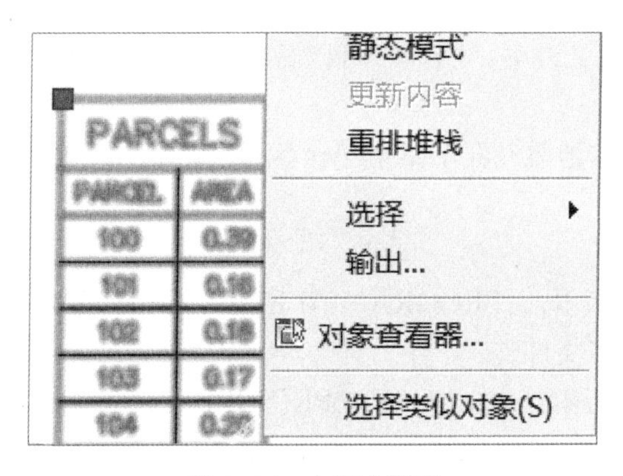

图 8-26　上下文菜单

第9章 程序部署

——将自己的快乐与人分享

本章重点

◇ 了解 bundle 文件夹结构

◇ 了解 XML 文件基本知识

◇ 利用 InstallShield 创建安装程序

完成程序后，如何让使用者方便使用又是个新问题，不能让用户每次都输入 netload 命令来加载 DLL 文件，之后再输入相应的命令。要达到与内建功能一致的使用效果，就必须通过程序部署来实现，在此过程中，需要考虑程序的自动加载、CUIX 文件制作、安装程序制作等问题。

9.1 自动加载简介

从 AutoCAD 2012 版开始引入了插件自动加载器机制，利用该机制，用户可以更加轻松地使用软件包格式部署自定义应用程序。

软件包是具有扩展名 .bundle 的文件夹，并具有用于定义各种组件的 XML 文件。通过部署自定义应用程序作为“套装”，更容易针对多个操作系统和产品版本，因为插件的参数定义在软件包的 XML 文件中。“套装”可以替换，用以在部署插件时创建复杂的安装程序脚本。

通过将插件放置在本地驱动器上某个 ApplicationPlugins 文件夹或 ApplicationAddins 文件夹中来部署该插件。

➢ 常规安装文件夹：

Windows 7 及更高版本：%PROGRAMFILES%\Autodesk\ApplicationPlugins

➢“所有户配置文件”文件夹：

Windows 7 及更高版本：%ALLUSERSPROFILE%\Autodesk\ApplicationPlugins

➢“用户配置文件”文件夹：

Windows 7 及更高版本：%APPDATA%\Autodesk\ApplicationPlugins

启动基于 AutoCAD 的产品时，会检查 ApplicationPlugins 文件夹或 ApplicationAddins 文件夹以查找插件。将基于每个软件包的 XML 文件中的元数据自动注册和加载找到的插件。

注：当可以从任何 ApplicationPlugins 文件夹加载某个插件时，建议将所有插件置于 Windows 中的%PROGRAMFILES%\Autodesk\ApplicationPlugins 文件夹下。此位置中的插件受信任且不会检查是否存在数字签名。所有其他 ApplicationPlugins 文件夹必须被信任为应用程序首选项的一部分，并且应该进行数字签名。

1. 信任插件软件包

从 Windows 上基于 AutoCAD 2016 的产品开始，建议对自定义程序文件进行数字签名。通过对自定义程序文件进行数字签名，即告知用户谁发布了自定义程序文件并且在进行数字签名后，文件是否有任何更改。有关对自定义程序文件进行数字签名的信息，请参见"关于对自定义程序文件进行数字签名"的主题。

将检查每个加载的自定义程序文件是否存在数字签名。若发现自定义程序文件附着了数字签名，将向用户显示关于数字证书以及签署该文件的发布者的信息。用户可以选择继续加载文件，或者信任由正在加载文件的发布者发布的所有文件。如果不存在数字签名或数字签名无效，将通知用户加载和执行程序文件可能不安全。

2. 安装插件软件包

可以使用安装程序（例如 MSI）部署软件包，或手动将文件和文件夹结构复制到 ApplicationPlugins 文件夹或 ApplicationAddins 文件夹。

3. 加载插件软件包

在默认情况下，插件会自动与基于 AutoCAD 的产品一起注册，并在当前任务中安装新插件时自动注册。插件的加载方式由 APPAUTOLOAD 系统变量控制。当 APPAUTOLOAD 设定为 0（零）时，不会加载任何插件，除非使用 APPAUTOLOADER 命令。

注：从基于 AutoCAD 2014 的产品开始，当 SECURELOAD 系统变量设定为 1 或 2 时，自定义应用程序必须在安全模式下工作。在安全模式下进行操作时，程序限制为从受信任的位置加载和执行包含代码的文件；受信任的位置由 TRUSTEDPATHS 系统变量指定。

4. 卸载插件软件包

可以通过从 ApplicationPlugins 文件夹或 ApplicationAddins 文件夹删除带有 .bundle 扩展名的相应文件夹来卸载软件包。这可以通过为原始安装程序提供卸载选项或手动删除 .bundle 文件夹来完成。

9.2 BUNDLE 软件包

9.2.1 文件夹结构

*.bundle 不是文件名称，而是具有 BUNDLE 扩展名的文件夹名称。以下是插件 Performance的示例（该插件为可选插件，如果在安装过程中未选择安装，电脑上就没有此文件夹，可以打开其他 BUNDLE 文件夹进行查看，内容大同小异），其位置为 C:\ProgramData\Autodesk\ApplicationPlugins\Autodesk AcPerfMon. Bundle，在资源管理器中浏览到上一级文件夹，Shift＋鼠标右键，选择"在此处打开命令窗口"，然后输入命令"tree /f /a"生成目录树，其文件夹结构如图 9-1 所示。

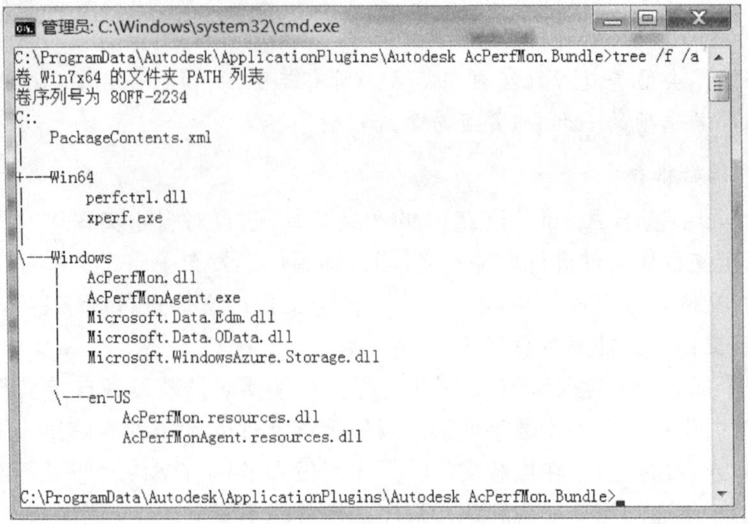

```
管理员: C:\Windows\system32\cmd.exe
C:\ProgramData\Autodesk\ApplicationPlugins\Autodesk AcPerfMon.Bundle>tree /f /a
卷 Win7x64 的文件夹 PATH 列表
卷序列号为 80FF-2234
C:.
|   PackageContents.xml
|
+---Win64
|       perfctrl.dll
|       xperf.exe
|
\---Windows
    |   AcPerfMon.dll
    |   AcPerfMonAgent.exe
    |   Microsoft.Data.Edm.dll
    |   Microsoft.Data.OData.dll
    |   Microsoft.WindowsAzure.Storage.dll
    |
    \---en-US
            AcPerfMon.resources.dll
            AcPerfMonAgent.resources.dll

C:\ProgramData\Autodesk\ApplicationPlugins\Autodesk AcPerfMon.Bundle>
```

图 9-1　bundle 文件夹结构

图 9-1 中 Win64，Windows，en-US 为文件夹，其余为文件。

表 9-1　文件说明

文件名	说明
Autodesk AcPerfMon. bundle	该文件夹包含插件的文件并具有 BUNDLE 扩展名
PackageContents. xml	包含有关插件的元数据的 XML 文件
****. dll ****. exe	可能定义插件行为的自定义应用程序文件的示例。应用程序文件可以是 AutoLISP，ObjectARX 或 .NET 部件文件

其中，PackageContents. xml 文件为必须具有的项目，且其名称不能改变。该文件的具体内容如下（为便于阅读，以下内容是经过排版处理过的，可能与读者直接打开所看到的文件不一致），文件说明如表 9-2 所列。

```
01 〈?xml version = "1.0" encoding = "utf - 8"?〉
02 〈ApplicationPackage SchemaVersion = "1.0"
03                         AutodeskProduct = "AutoCAD"
04                         Name = "AutoCAD Performance Feedback Tool"
05                         Description = "AutoCAD Performance Feedback Tool"
06                         AppVersion = "1.2.8.0"
07                         FriendlyVersion = "1.2.8"
08                         ProductType = "Application"
09                         SupportedLocales = "Enu"
10                         AppNameSpace = "appstore. exchange. autodesk. com"
11                         Author = "Autodesk, Inc. "
12                         ProductCode = "{5E354688 - 45BE - 4D77 - B34A - B6B7A923F70F} "
13                         UpgradeCode = "{4CF9C7D8 - 8742 - 4667 - A236 - 2187072C9FED} "
14                         OnlineDocumentation = "www. autodesk. com"〉
15 〈CompanyDetails Name = "Autodesk, Inc. "
```

```
16                      Url="www.autodesk.com"
17                      Email="info@autodesk.com" />
18      <RuntimeRequirements OS="Win32|Win64"
19                           Platform="AutoCAD*"
20                           SeriesMin="R19.1"
21                           SeriesMax="R22.0" />
22  <Components Description="Windows parts">
23    <RuntimeRequirements OS="Win32|Win64"
24                         Platform="AutoCAD*"
25                         SeriesMin="R19.1"
26                         SeriesMax="R22.0" />
27    <ComponentEntry AppName="AcPerfMon"
28                    Version="1.2.8.0"
29                    ModuleName="./Windows/AcPerfMon.dll"
30                    AppDescription="AutoCAD Performance Monitoring Tool"
31                    LoadOnCommandInvocation="True">
32      <Commands GroupName="ADSK_PERFMON">
33        <Command Local="PMSTART" Global="PMSTART" />
34        <Command Local="PMSTOP" Global="PMSTOP" />
35        <Command Local="PMTOGGLE" Global="PMTOGGLE" />
36        <Command Local="PMTRACE" Global="PMTRACE" />
37      </Commands>
38    </ComponentEntry>
39  </Components>
40  <DisplayInAppManager>False</DisplayInAppManager>
41 </ApplicationPackage>
```

表 9-2　XML 文件简要说明

行号	简要说明
1	文件头
2～41	定义了一个完整的应用程序包
2～14	应用程序包的属性，共 13 个
15～40	应用程序包的内容，分为 4 项
15～17	公司信息
18～21	运行要求
22～39	组件
23～26	组件运行要求
27～38	组件入口
32～37	定义的命令，共 4 个
40	是否在 App 管理器中显示

9.2.2 XML 文件基础知识

为便于理解 XML 文件，这里介绍某些 XML 文件结构的基本知识。

1. 文件头

XML 文件头由 XML 声明与 DTD 文件类型声明组成。其中 DTD 文件类型声明是可以缺少的，关于 DTD 声明这里不做介绍，而 XML 声明是必须要有的，以使文件符合 XML 的标准规格。

在 PackageContents. xml 文件中的第一行代码即为 XML 声明：

```
〈?xml version = "1.0" encoding = "utf - 8"?〉
```

代表的意思是：

“〈?”代表一条指令的开始，“?〉”代表一条指令的结束；

“xml”代表此文件是 XML 文件；

“ version="1.0" ”代表此文件用的是 XML1.0 标准；

“ encoding="utf-8" ”代表此文件所用的字符集。

注意：XML 声明必须出现在文档的第一行。

2. 文件体

文件体中包含的是 XML 文件的内容，XML 元素是 XML 文件内容的基本单元。从语法上讲，一个元素包含一个起始标记、一个结束标记以及标记之间的数据内容。

XML 元素与 HTML 元素的格式基本相同，其格式如下：

```
〈标记名称属性名 1 = "属性值 1" 属性名 2 = "属性值 2" ……〉内容〈/标记名称〉
```

所有的数据内容都必须在某个标记的开始和结束标记内，而每个标记又必须包含在另一个标记的开始与结束标记内，形成嵌套式的分布，只有最外层的标记不必被其他的标记所包含。最外层的是根元素(Root)，又称文件(Document)元素，所有的元素都包含在根元素内。

在 PackageContents. xml 文件中，根元素就是〈ApplicationPackage〉，根元素必须而且只能有一个。SchemaVersion 等元素为属性，CompanyDetails 等元素为“内容”，每条内容又有自己的属性及内容，多次嵌套。

PackageContents. xml 文件中各元素有些是必须具备的，有些是可选的，且上述文件中并未列出全部元素，详细内容可以查看 AutoCAD 帮助文档，其链接如下：

AutoCAD 帮助→开发人员文档→General Resources→Deploy Custom Programs with Plug-in Bundles

大部分的属性，通过其名称就能知道其作用，例如 Name，Description 等，下面只对个别元素的注意事项进行解释：

RuntimeRequirements 元素，虽然是可选元素，但作者建议保留，理由如下：属性 Platform，SeriesMin，SeriesMax 可以指定插件的运行平台及版本。

例如只在 Civil 3D 中运行相应的插件，可以通过设置 Platform 的值为 Civil3D 实现，运行其他基于 AutoCAD 的产品时，该插件并不会被加载；如果所有基于 AutoCAD 的产品都加载此插件，可以通过设置 Platform 的值为 AutoCAD * 实现，即示例中所展示的状态。

SeriesMin，SeriesMax 限制了插件支持的 AutoCAD 版本，不同的 AutoCAD 版本，需要加载不同版本的插件，可以通过指定这两项元素的值来实现。示例中，SeriesMin＝"R19.1"，SeriesMax＝"R22.0"，表示从 AutoCAD 2014 版至 AutoCAD 2018 版均能加载此插件。如何查询产品名称中版本与内部版本之间的关系，可以利用命令 AcadVer 来实现（图 9-2）。

图 9-2 版本查询

另外一个需要注意的问题是文件路径均为相对路径，均相对于根 .bundle 文件夹。

除了以上的实例，读者还可以研究其他的软件包，例如 Civil3DSnoopDB .bundle，来了解程序包的结构及 XML 文件中的元素。

9.3 MSI 安装程序

MSI（Microsoft Installer）文件是 Windows Installer 的数据包，它实际上是一个数据库，包含安装一种产品所需要的信息和在很多安装情形下安装（和卸载）程序所需的指令和数据。MSI 文件将程序的组成文件与功能关联起来。此外，它还包含有关安装过程本身的信息：如安装序列、目标文件夹路径、系统依赖项、安装选项和控制安装过程的属性。

制作 MSI 安装程序可以通过 InstallShield Limited Edition for Visual Studio 实现（VS2012 后没有了 Visual Stuido Installer，微软抛弃了这个程序），这是一个第三方的应用程序。InstallShield Limited Edition for Visual Studio 需要单独下载及安装，该程序目前只有英文界面，因此本章后续文本中，多处采用了中英文对照的方式，方便读者学习。

初次接触 InstallShield 时，可能会被其华丽的界面搞晕，不知从何处下手。其实该程序为用户提供了"两种"创建安装程序的途径：一是通过"图形界面"来完成；另一种是，通过"详细列表"的方式完成。第一种方式为图 9-3 中的 Project Assistant（项目助手），第二种方式为图 9-3 中编号为 1～6 的各项操作：

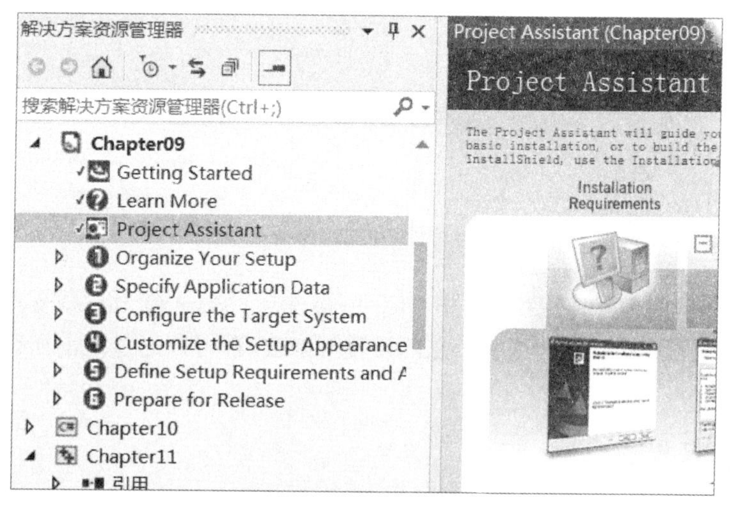

图 9-3 项目助手

(1) 组织安装程序——Organize Your Setup。

(2) 指定应用程序数据——Specify Application Data。

(3) 配置目标系统——Configure the Target System。

(4) 定制安装程序界面——Customize the Setup Apperence。

(5) 定义安装需求及行为——Define Setup Requirements and Actions。

(6) 准备发布——Prepare for Release。

图 9-3 中的 Getting Started 介绍了软件的基本操作，Learn More 介绍了 InstallShield 软件其他版本的情况。

在 Project Assistant 页面下方，可以看到如图 9-4 所示的图标——主页、左移箭头、应用程序信心、安装需求、应用程序文件、快捷方式、注册表、简单对话框选择、右移箭头。

图 9-4　项目助手的操作

依次点击图 9-4 中图标，可以切换相应的页面，进行简单的程序设置，例如点击应用程序信息按钮，将出现图 9-5 中相应信息，可以通过此页面设置公司名称、应用程序名称、程序版本、公司主页等信息。完成其他页面内容后，简单的安装程序就具备了编译的基本条件。

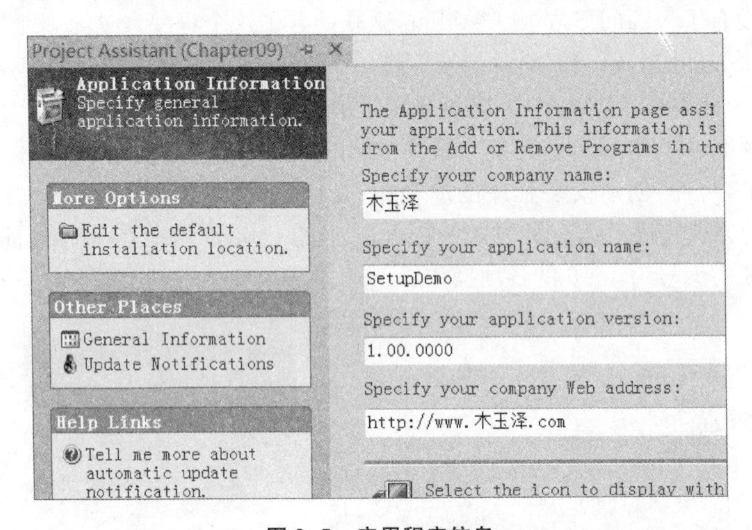

图 9-5　应用程序信息

除了这些基本信息外，注意对话框左侧，更多选项(More Options)及其他位置(Other Places)，可以设置更多的信息，这些信息的设置与修改，都可以通过之前所说的第二种途径实现。

9.3.1　组织安装程序

组织安装程序主要分为 3 部分内容：一般信息(General Information)、升级路径(Upgrade Paths)和更新通知(Update Notification)。在此只对一般信息做介绍(图 9-6)，首先要解决的是第一次安装的问题，熟悉了基本操作后，再慢慢深入了解更多的功能。

这里以本书第7章、第8章中生成的DLL文件安装到指定位置为示例，创建一个简单的安装程序。虽然是一个简单的安装程序示例，但足以满足安装AutoCAD插件部署的基本需求。

产品名称(Product Name)定为SetupDemo，程序自动创建了产品代码(Product Code)及升级代码(Upgrade Code)，这是GUID，如果想更换为其他的GUID，可以点击右侧的{..}按钮创建新的GUID。界面语言(Setup Language)可以通过下拉列表选择，这里设置成简体中文，生成的安装程序在运行过程中将以简体中文界面展现，如果要以英文界面展现，只需将此项切换为English即可。

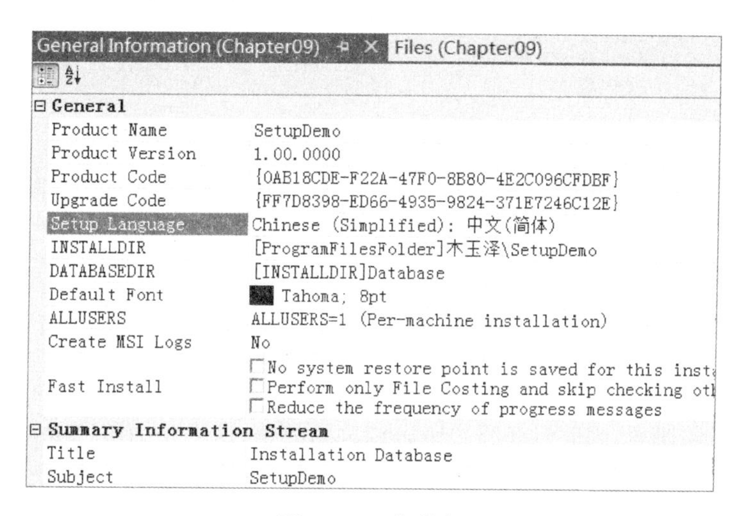

图9-6 一般信息

安装目录(INSTALLDIR)确定了程序的默认安装位置，可以对其进行修改，这里使用了程序的默认位置。其余内容均可采用程序默认设置，待熟悉了基本的操作后，可进一步研究。

9.3.2 指定应用程序数据

指定应用程序数据分为文件(Files)和再发行文件(Redistributables)，后者是拟安装应用程序的依赖项，本节示例中未涉及，如果应用程序引用了某些目标计算机不存在的项目，则需要根据具体情况选择相应的再发行文件。

本例中的文件只有两个，分别是本书第7章、第8章中生成的DLL文件，这里要把这两个文件复制到目标计算机的C:\ProgramData\Autodesk\ApplicationPlugins\SetupDemo.bundle\Contents文件夹(即9.2节中涉及的.bundle文件夹位置)，在目标计算机(Destination Computer)点击右键，选择显示预定义文件夹(Show Predefined Folder)，选择CommonAPPDataFolder(该文件夹即为C:\ProgramData)，之后添加相应的文件夹，最后选择文件夹Contents，在右侧栏内空白处点击鼠标右键，选择添加(Add)，浏览到相应文件夹，选择需要添加的文件，也可以通过展开源计算机文件夹(Source computer's folders)浏览到相应位置，之后选择相应文件，使用鼠标直接拖放，如图9-7所示。

如果需要将文件部署到C:\Program Files文件夹下，对于64位系统，需要选择的预定义文件为ProgramFiles64Folder，凡是涉及64位系统的内容，都应注意类似的用法。

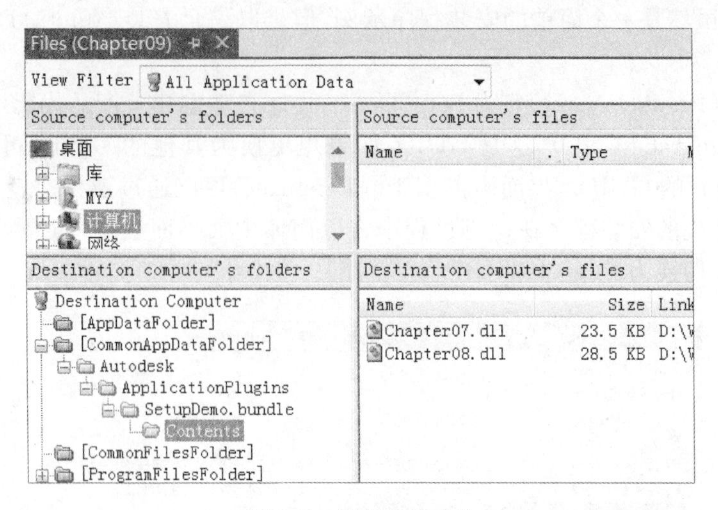

图9-7 拟部署的文件

9.3.3 配置目标系统

配置目标计算机包含的项目较多，例如快捷方式、注册表、ini配置文件、文件扩展名等，本示例中仅涉及注册表，因此只介绍注册表相关的内容，这也是加载AutoCAD及Civil 3D插件常用且可靠的方式。

本节示例中两个.dll文件拟采用注册表控制其加载，Chapter07.dll采用启动命令时加载，Chapter08.dll采用启动AutoCAD启动时加载（如何通过注册表控制程序加载详见2.6.3节），在测试上述两个DLL文件时，作者已经创建了相应的注册表条目，因此通过注册表编辑器将相应的条目导出，之后再将该reg文件导入。

对于64位系统，注意要将注册表条目放置在SOFTWARE(64-Bit)分支下，通过导入操作，其默认位置在SOFTWARE(32-Bit)分支下，需要将其拖放至SOFTWARE(64-Bit)分支。结果应与图9-8类似。

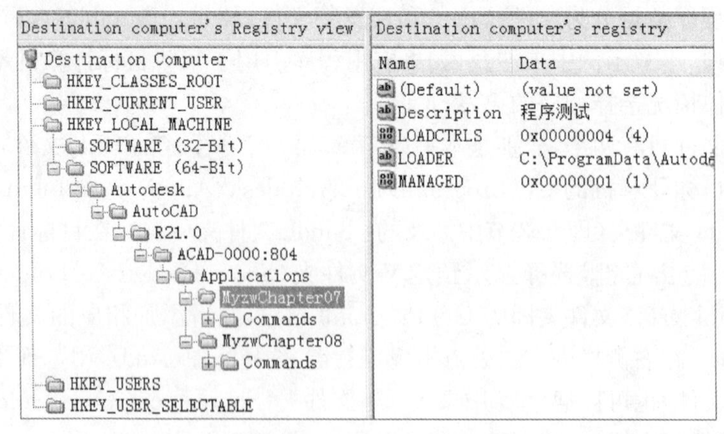

图9-8 设置目标计算机注册表

注意：在编译前应检查注册表设置，可能是作者计算机或者软件的问题，作者多次遇到存注册表条目自行从 SOFTWARE(64-Bit)转移至 SOFTWARE(32-Bit)，希望您不会遇到类似问题。

9.3.4 定制安装程序界面

定制安装程序界面涉及对话框及文本和信息，文本和信息又分为对话框文本及消息，这些文本绝大多数不需要改动，只需采用其默认值就行。

InstallShield 预定义了一系列的对话框，安装程序可以选择其中的多个或者全部对话框，对话框中的图片均可进行修改，本例中均采用了默认图片。

如图 9-9 所示，本示例中选择了以下对话框：欢迎、许可协议、准备安装、安装进度、安装完成。

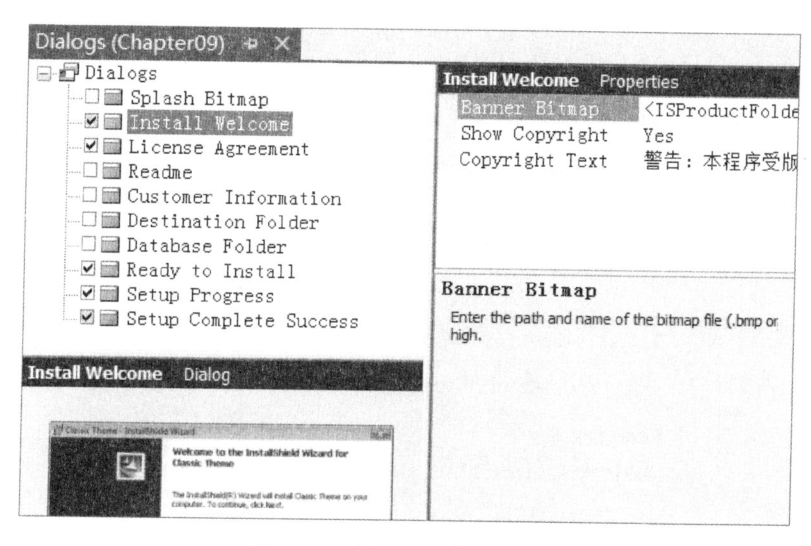

图 9-9 选择安装界面对话框

如果您需要向用户展示说明文件，可以勾选 Readme，并提供相应的 .rtf 文件，用户在安装过程中即可阅读到相应的文件。如果需要在安装过程中让用户自行选择目标文件夹，则需要勾选目标文件夹(Destination Folder)。

9.3.5 定义安装需求及行为

安装需求定义对目标计算机环境提出了一定的条件要求，当条件满足时安装程序才能进行；行为则定义了安装、维护、卸载过程中的自定义操作。

拟安装的应用程序可能是基于某些程序的，对于 AutoCAD 及 Civil 3D 的插件来说，要安装插件，就要保证宿主程序，也就是 AutoCAD 或 Civil 3D 已正确安装，如果宿主程序未安装，安装插件也就没有任何意义了，所以需要指定安装需求。

本节示例是这对 AutoCAD Civil 3D 2017 简体中文版创建的，因此在安装过程中要确定目标计算机已经正确安装了此版本，如何确定呢？可以通过多种方式来验证，诸如搜索指定路径查找指定文件夹、搜索注册表条目、查找 ini 配置文件中某一项的值等多种方式。

本例中以查找指定注册表条目为例，演示如何定义安装需求。

在系统软件需求(System Software Requirements)单击鼠标右键，选择新建加载条件(Create New Launch Condition)，弹出图 9-10 所示对话框，选择注册表条目(Registry entry)。

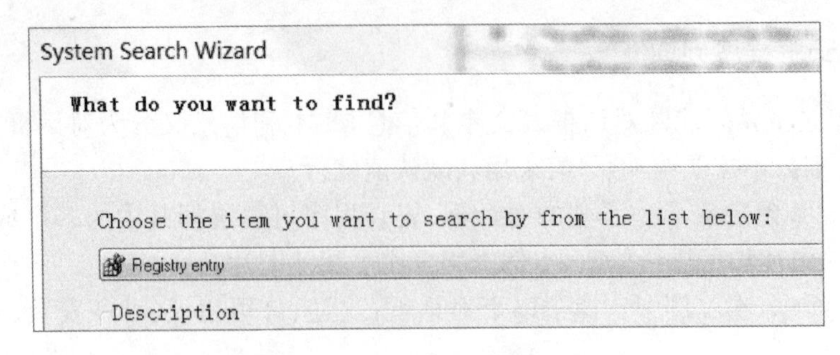

图 9-10　搜索注册表条目

要判断 AutoCAD Civil 3D 2017 简体中文版是否已安装，可以通过搜索注册表来实现。图 9-11 展示了注册表键、值的填写示例。

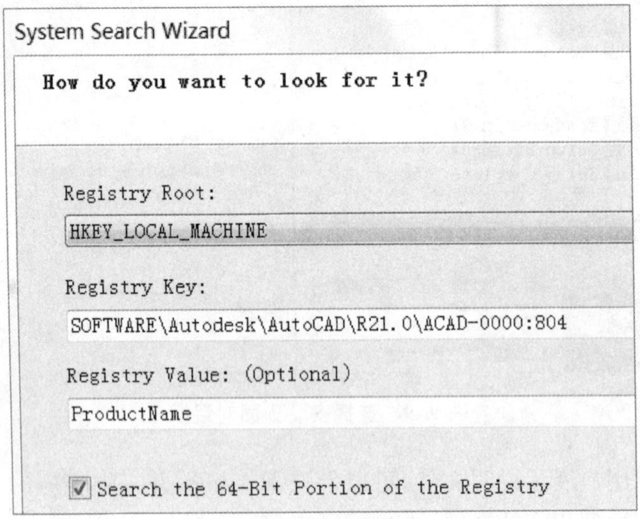

图 9-11　搜索注册表键

要搜索特定的注册表值，输入的注册表值必须与注册表编辑器中显示的完全相同。上例中要搜索的注册表键为：

HKEY_LOCAL_MACHINE\SOFTWARE\Autodesk\AutoCAD\R21.0\ACAD-0000:804

因此注册表根目录(registry root)选择 HKEY_LOCAL_MACHINE，注册表键(Registry Key)输入 SOFTWARE\Autodesk\AutoCAD\R21.0\ACAD－0000:804。

注意：这里的注册表值(Registry Value)，只能输入"ProductIcon"、"ProductId"、"ProductName"等"名称"(图 9-12)，而不能输入具体的"数据"。如果 Registry Value 为空，系统将搜索注册表键的默认值，而当默认值为空(Null)时，搜索结果将返回 False。

对于 64 位系统，记得勾选搜索注册表 64 位部分(Search the 64-Bit Portion of the

Registry)。

安装程序在搜索到指定注册表键值后，是执行安装还是中断安装，需要根据您的具体问题具体分析。本例中需要在已安装 AutoCAD Civil 3D 2017 简体中文版的基础上进行，因此需要设置成找到目标键值的前提下安装程序继续进行，如果未找到，安装程序将中断。这里需要提供一些提示信息，告知用户是什么原因造成安装程序中断，如图 9-13 所示。

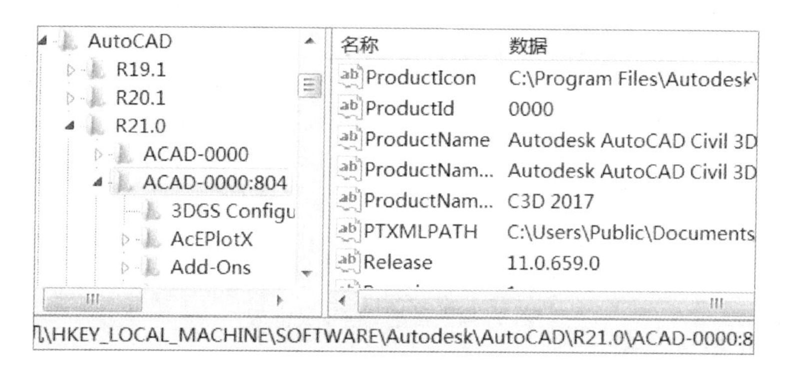

图 9-12 注册表实际情况

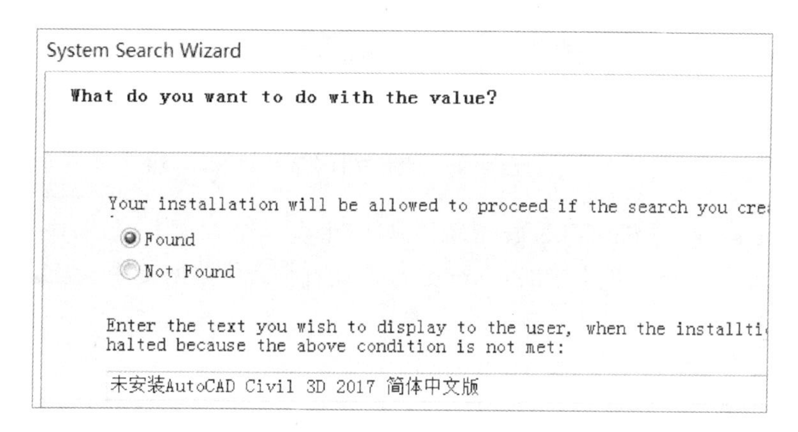

图 9-13 设置提示信息

完成后的系统软件需求如图 9-14 所示。创建此需求后，可以对其进行删除、修改(鼠标右键菜单)。需求条件前的复选框，有三种状态，对勾、叉号、空白，分别表示条件为真时安装程序继续进行，条件为假时安装程序继续进行，不使用此条件。如果鼠标点击复选框，将其状态切换为叉号，图 9-13 中选择的条件修改为 Not Found。

9.3.6 准备发布

程序以什么“格式”进行发布，这里可以有三种选项：CD_ROM，DVD-5，SingleImage，对于本例，使用单独影像文件较为合适。

点击 Express，在右侧窗口内可以设置 MSI 数据包文件名称和安装程序文件名称，这里将 MSI 数据包文件名称修改为 SetupDemo。安装程序文件名称未设置，将使用默认名称

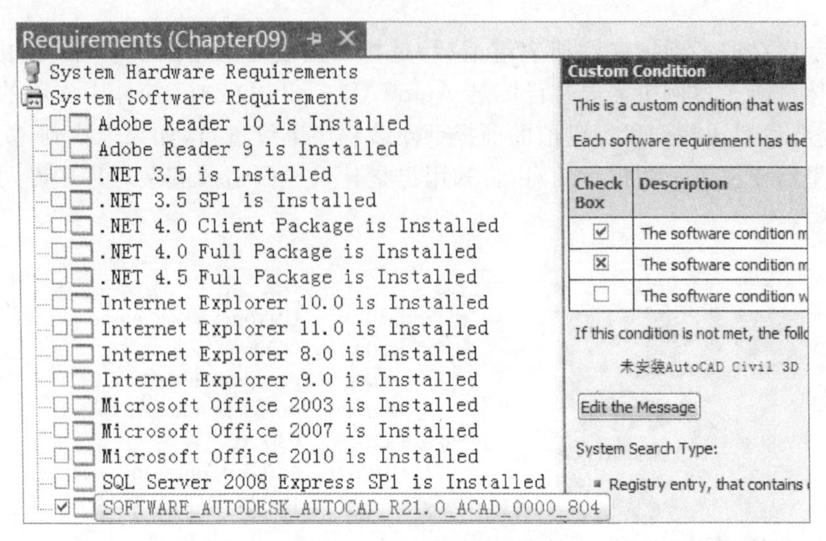

图 9-14　自定义的安装需求

setup. exe,如图 9-15 所示。

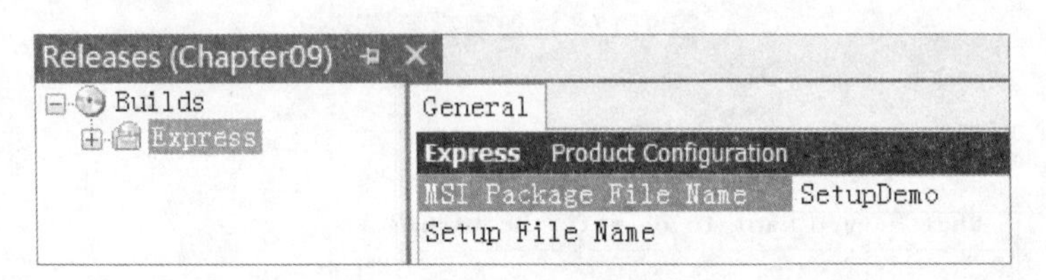

图 9-15　设置文件名称

展开 Express,点击 SingleImage,右侧窗口将出现 3 个选项卡,分别是 Bulid, Setup. EXE 和 Singing。Bulid 选项卡中的 Compression 设置是否将数据文件压缩到 .cab 文件中,如图 9-16 所示。

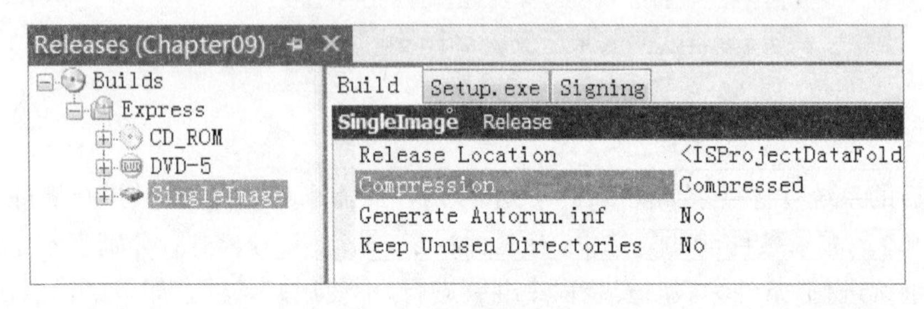

图 9-16　选择是否压缩程序包

Setup .exe 选项卡中的安装启动程序(Setup Launcher)设置是否创建 Setup .exe 文件,本例中选择了否,也就是不创建 Setup .exe 文件,如图 9-17 所示。

在解决方案配置中,选择 SingleImage,之后生成该项目,便可编译出自己的安装程序,其文件名后缀为 .msi,如图 9-18 所示。在解决方案资源管理中,选择该项目,从右键菜单中可以选择 Install 或 Uninstall 执行安装或卸载操作,如图 9-19 所示。

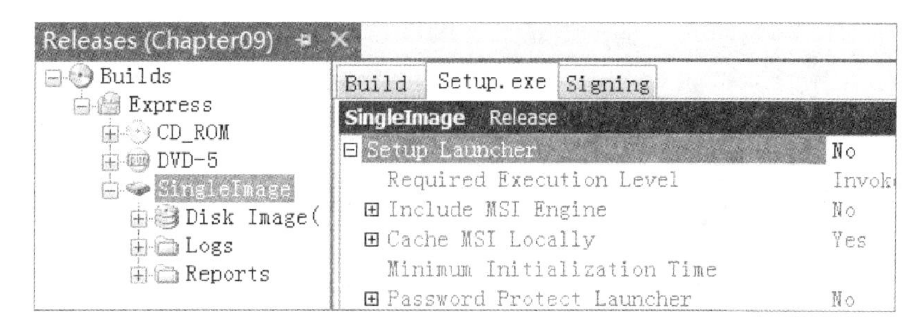

图 9-17　是否创建安装启动程序

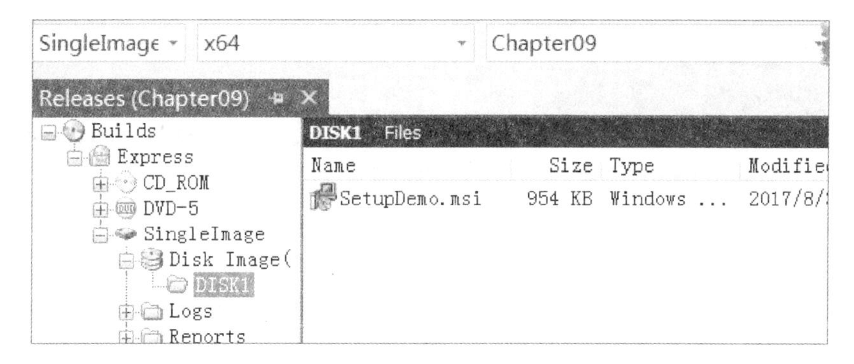

图 9-18　编译后生成的 MSI 文件

图 9-19　安装或卸载程序

安装程序运行开始界面，一直点击下一步即可完成安装，如图 9-20 所示。

图 9-20　安装程序运行界面

第 4 部分

相 关 主 题

第10章 COM互操作的应用

——不是技术过时，而是发展太快

本章重点

◇ 了解 COM API
◇ 实现.NET 与 COM 互操作
◇ 实现 COM 对象与 .NET 对象的转换

10.1 了解 COM API

1. 为什么还需要使用 COM API

在回答问题之前，先了解一下 COM。COM(Component Object Model)，组件对象模型，一种面向对象的编程模式。它定义了对象在单个应用程序内部或多个应用程序之间的行为方式。

COM 并不是一个大的 API，它实际上像结构化编程及面向对象编程方法那样，也是一种编程方法。在任何一种操作系统中，开发人员均可以遵循“COM 方法”。

在 COM 构架下，人们可以开发出各种各样功能专一的组件，然后将它们按照需要组合起来，构成复杂的应用系统。由此带来的好处是多方面的：可以将系统中的组件用新的替换掉，以便随时进行系统升级和定制；可以在多个应用系统中重复利用同一个组件；可以方便地将应用系统扩展到网络环境下；COM 与语言、平台无关的特性使所有的程序员均可充分发挥自己的才智与专长编写组件模块。更多的信息读者可自行搜索查询，关键字：组件对象模型。

本书前面几个章节的代码采用了 .NET API 实现，为什么还要增加 COM API 的部分呢？原因有如下几个方面：

(1) AutoCAD Civil 3D .NET API 并没有实现所有的功能，并且提供的 API 少于 COM API。像场地及地块、数据标注栏和某些标签，目前开放的 .NET API 仍不具备，如果涉及这些对象的二次开发，可以通过 COM API 实现。

(2) 利用 ObjectARX 实现 Custom Draw，CustomEvent 及 CustomUI 时，也需要使用 COM API，有关 Custom Draw 的内容将在本书第 11 章涉及。

(3) 如果是移植以前的代码，比如将以前的 VBA 代码转换成 .NET 代码，需要读取相应代码才能转换，并且需要了解 COM API 与 .NET API 之间的关系。

2. 项目配置

如何在 .NET 项目中使用 COM API，项目需要进行哪些配置？可参见本书 2.3 节，另外在此补充一些内容：

对象版本号，可以通过 AeccVesion 和 AcadVer 查询，不同的版本具有不同的版本号，在升级程序或编辑他人共享的代码时，首先要检查的就是对象版本号。

在导入接口时，注意根据需要，确定导入以下哪些接口：AeccXLand，AeccXRoadway，AeccXPipe，AeccXSurvey。

需要考虑两个及以上 AutoCAD 程序同时运行时如何获取正确的 IAeccApplication，有关内容查询 AutoCAD Civil 3DActiveX API Reference 中相关章节，里面有相应的解释及代码。（http://docs.autodesk.com/CIV3D/2012/ENU/API_Reference_Guide/com/cpp_dev_2_getting_multiple.htm）

3. COM Interop

COM Interop 是一种使 .NET Framework 的程序能够和 COM 的程序相互操作的一种桥接技术，是 .NET Framework 互通性的一环，COM Interop 可以使.NET Framework 的程序使用 COM 组件，也可以使 COM 程序使用 .NET Framework 的组件，例如可以使用 .NET Framework 开发应用程序给 ASP 的应用程序使用，或是把旧有的 ActiveX 组件供 .NET Framework 的程序调用。

COM Interop 的服务是由 System.Runtime.InteropServices 名字空间中的类别提供，其中最重要的是 Marshal 类别，它提供了 managed code 和 unmanaged code 之间的数据格式与指针转换，对于互通性来说具有相当大的帮助。

在 .NET Framework SDK 中提供了可由 COM 类型库中产生 .NET 组件的 tlbimp.exe，以及使 .NET 组件产生类型库的 regasm.exe 两个工具程序。[①]

对于这个概念如果读者不清楚也并不影响什么，只要知道在 .NET 项目中可以使用 COM API 就行了，本书后述就将说明如何在.NET 项目中使用 COM API。

10.2　实现 .NET 与 COM 互操作

希望读者在阅读本节内容时，已经对面向对象程序设计有了一定的了解，本节的示例代码中，基类定义了若干属性，与之前章节中的有所不同，之前示例中的基类，例如第 5 章中的 CreateEntityDemo，定义的是字段和方法，没有涉及属性，如果对类的属性尚不清楚，可以查阅 C# 的相关书籍，熟悉一下属性相关的内容。也就是说，本节的内容不仅包含 COM 互操作的内容，同时也要学习关于类的属性的知识（这是隐形的），这对初学者来说增加了一定的难度，但我认为这是有必要的，不然的话，您可以直接去读 AutoCAD .NET 及 Civil 3D Developer's Guide，就没必要读这本书了。

① 摘自《维基百科》。

10.2.1 根对象及COM中的基本概念

Civil 3D .NET应用程序对象与COM程序对象的一个重要区别是.NET应用程序对象只有一个，而COM应用程序对象却有4个，分别是AeccApplication、AeccRoadwayApplication、AeccPipeApplication、AeccSurveyApplication。其中，AeccApplication包含的对象最多，也是最常用到的，后续内容将以AeccApplication为例进行解释说明，其余三个应用程序的操作与之类似。

1. 根对象及对象层次关系

Civil 3D AeccXUiLand COM对象层次关系中的根对象是AeccApplication，它包含了主程序窗体、基本AutoCAD对象以及一些列打开的文档等信息。AeccApplication继承自AutoCAD对象AcadApplication，对象层次关系如图10-1所示。

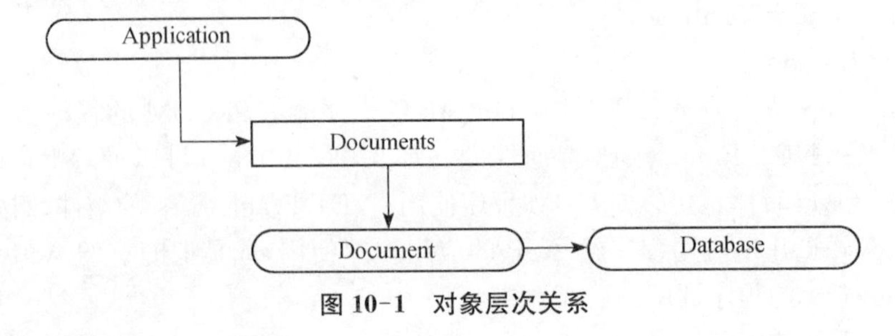

图10-1 对象层次关系

2. 访问应用程序和文档对象

在.NET项目代码中，如何访问COM对象中的根对象，是首先要解决的问题。可以利用方法AcadApplication.GetInterfaceObject(progID)实现。

AcadApplication的实例对象又从哪里来呢？在Civil 3D Developer's Guide限制和使用互操作(Limitations and Using Interop)一节的示例代码中，采用了以下方法：

```
01 string m_sAcadProdID = "AutoCAD.Application";
02 AcadApplication m_oAcadApp;
03 m_oAcadApp = (AcadApplication)System.Runtime.InteropServices.Marshal
04         .GetActiveObject(m_sAcadProdID);
```

关于此方法的过多细节，可以查看VS帮助文档中的相关内容。关键字：Marshal-GetActiveObject。此外，还可以通过另外一种方式得到AcadApplication实例：

```
01   Autodesk.AutoCAD.ApplicationServices.Application.AcadApplication;
```

也就是说，可以通过4.1.1节中的.NET应用程序的属性AcadApplication直接获取对应的COM应用程序。

进一步了解如何访问Civil 3D COM对象中的根对象，需要注意的是，这里的根对象不止一个，而是4个，对应的应用程序名称分别为：

- "AeccXUiLand.AeccApplication.11.0"
- "AeccXUiRoadway.AeccRoadwayApplication.11.0"

➢ "AeccXUiPipe.AeccPipeApplication.11.0"
➢ "AeccXUiSurvey.AeccSurveyApplication.11.0"

本书中的样例，只涉及了第一个："AeccXUiLand.AeccApplication.11.0"，如果读者需要访问 Roadway，Pipe，Survey 等对象时，需要访问相应的根对象。如果访问与 Land 相关的对象，可以通过以下代码访问其 COM 根对象。

```
01 string m_sAeccAppProgId = "AeccXUiLand.AeccApplication.11.0";
02 AeccApplication m_oAeccApp;
03 m_oAeccApp = (AeccApplication)m_oAcadApp.GetInterfaceObject(m_sAeccAppProgId);
```

问题：与 Land 相关的 COM 根对象类型为 AeccApplication，那么与 Roadway，Pipe，Survey 相关的根对象类型又是什么呢？

这里需要注意的另一个问题是版本号，每个版本都有不同的版本号。常用版本号与 AutoCAD Civil 3D 程序版本号的对应关系如表 10-1 所列。

表 10-1　AutoCAD Civil 3D 版本与 COM 对象版本

AutoCAD Civil 3D 版本	对应 COM 对象版本
2014	10.3
2015	10.4
2016	10.5
2017	11.0

与 .NET 对象类似，可以通过属性 ActiveDocument 来访问活动文档：

```
AeccDocumentaeccDoc = (AeccDocument)m_oAeccApp.ActiveDocument;
```

之后便可以访问数据库或直接通过文档访问各种对象的集合了。

3. 使用文档对象中的集合

与 .NET 文档类似，要访问某个对象，需要先访问其集合。例如要访问几何空间点，需要先访问几何空间点集合，通过属性 AeccDocument.Points 实现，该集合的类型为 AeccPoints。回想一下.NET 对象集合的类型是什么，有什么不同呢？

```
AeccPoints aeccPoints = aeccDoc.Points;
```

问题：如何获取道路集合呢？

4. 访问数据库对象

COM API 中，集合中所包含的是对象本身，不再像 .NET API 中需要从 ObjectId 转换为对应的对象。如果想获取几何空间点集合中的第一个点，可以用下列代码实现：

```
AeccPoint aeccPoint = aeccPoints.Item(0);
```

5. 示例代码

接下来通过一个具体的示例来系统的了解一下 COM API 中应用程序、文档、数据库等对象的操作过程。

为了增强对类的属性的印象，本节示例中使用了如下基类，用来获取 .NET 及 COM 根对象，为了便于区分，属性名称均采用前缀予以表示，例如 ComAcadApp 表示 COM API 中的 AcadApplication，NetCivilDoc 表示 .NET API 中的 CivilDocument。如果读者对类的属性仍不清楚，在阅读本节代码前，需要提前学习相关知识。

```
01 class NetComBaseDemo
02 {
03      static string civilAppName = "AeccXUiLand.AeccApplication.11.0"; //程序名称
04      protected AcadApplication ComAcadApp                             //AutoCAD COM 程序
05      {
06        get
07        {
08          return (AcadApplication)Application.AcadApplication;
09        }
10      }
11      protected AeccApplication ComCivilApp                            //Civil COM 程序
12      {
13        get
14        {
15          return (AeccApplication)ComAcadApp.GetInterfaceObject(civilAppName);
16        }
17      }
18      protected AeccDocument ComCivilDoc                               //Civil COM 文档
19      {
20        get
21        {
22          return (AeccDocument)ComCivilApp.ActiveDocument;
23        }
24      }
25      protected AeccDatabase ComCivilDb                                //Civil COM 数据库
26      {
27        get
28        {
29          return (AeccDatabase)ComCivilApp.ActiveDocument.Database;
30        }
31      }
32      protected Document NetAcadDoc                                    //AutoCAD .NET 文档
33      {
34        get
35        {
36          return Application.DocumentManager.MdiActiveDocument;
37        }
38      }
39      protected CivilDocument NetCivilDoc                              //Civil .NET 文档
40      {
41        get
```

```
42            {
43              return CivilApplication.ActiveDocument;
44            }
45          }
46      protected Database NetAcadDb                              //AutoCAD .NET 数据库
47      {
48        get
49        {
50          return NetAcadDoc.Database;
51        }
52      }
53      protected Editor NetAcadEd                                //AutoCAD .NET 编辑器
54      {
55        get
56        {
57          return NetAcadDoc.Editor;
58        }
59      }
60 }
```

注意上述代码第 8 行，访问 AcadApplication 对象与 Civil 3D Developer's guide 中代码的区别。

在操作 Civil 3D 对象过程中，多数是通过 Civil 3D 文档中直接访问对应的对象集合，很少访问 Civil 3D 的数据库对象 AeccDatabase，对比一下 AeccDocument 及 AeccDatabase 的属性，会发现他们属性大部分都相同，也就是说大多数对象可直接从文档属性中访问，只有个别对象集合需要通过 AeccDatabase 访问。例如：FeatureLineStyles，MatchLineStyles，ParcelUserDefinedPropertyClassifications，PointUserDefinedPropertyClassifications，View FrameStyles。

10.2.2　访问 Civil 3D 对象

Civil 3D 各种对象的访问方式基本一致，因此本节通过以下示例代码来演示如何访问 Civil 3D 对象。

本节的代码中，将创建地块并设置地块样式及自定义属性。其中，地块的自定义属性相关 API 也是目前 .NET API 不具备的。

地块是必须从属于某一场地，因此地块的操作离不开对场地(Site)的操作。

为项目添加一个类 ParcelDemo，继承于本书 10.2.1 节中定义的基类 NetComBase-Demo，并添加以下方法。

```
01 class ParcelDemo : NetComBaseDemo
02 {
03     AeccSite site = null;
04     public bool GetSite(string siteName)
05     {
06       以下详见后续代码。
```

1. 场地

```
01 public bool GetSite(string siteName)                       //获取指定名称的场地
02 {
03        //AeccSites sites = ComCivilDoc.Sites;                 //Civil 文档属性获取场地集合
04        AeccSites sites = ComCivilDb.Sites;                   //Civil 数据库属性获取场地集合
05        try                                                   //尝试获取指定名称的场地
06        {                                                     //如果存在
07          site = sites.Item(siteName);                        //直接获取相应名称场地
08        }
09        catch                                                 //如果不存在指定名称场地
10        {                                                     //新建相应名称场地
11          site = sites.Add(siteName);
12        }
13        if (site == null) return false;
14        site.NextAutoCounterParcel = 500;                     //设置下一地块编号
15        return true;
16 }
```

上面这段代码实现了访问指定名称场地的功能,如果不存在指定名称的场地,则创建一个。代码的第 3 行和第 4 行,通过不同方式访问场地集合。新建场地也可能存在失败的情况,因此代码第 13 行通过判断场地为 null 时返回 false,以便调用此方法时进行相应的异常处理。代码第 14 行对场地内下一地块编号进行了设置。当然,读者还可以进行其他的操作。

2. 创建地块

```
01 public bool CreateParcel()                                                    //创建地块
02 {
03        if (site == null) return false;
04        AeccParcelSegment parcelSegment;
05        site.ParcelSegments.AddLine(50, 275, 150, 275);                         //添加线段
06        parcelSegment = site.ParcelSegments.AddLine(0, 0, 0, 200);
07        site.ParcelSegments.AddCurve(0, 200, -0.5, 200, 200);                   //添加圆弧
08        site.ParcelSegments.AddLine(200, 200, 200, 0);
09        site.ParcelSegments.AddLine(200, 0, 0, 0);
10        site.ParcelSegments.AddCurve2(200, 200, 330, 160, 400, 200);
11        site.ParcelSegments.AddLine(400, 200, 400, 0);
12        site.ParcelSegments.AddLine(-100, 100, 500, 100);
13        double[] pts = new double[] { 400, 0, 0, 325, 25, 0, 200, 0, 0 };
14        AcadPolyline pl = ComCivilDb.ModelSpace.AddPolyline(pts);               //创建多段线
15        pl.Closed = true;
16        site.ParcelSegments.AddFromEntity((AcadEntity)pl, true);                //从多段线创建地块线
17        ComCivilApp.Update();
18        ComCivilApp.ZoomExtents();                                              //缩放
19        return true;
20 }
```

创建地块的方法比较简单，向相应的场地内添加地块线就行了。上述代码中，创建了若干条线段及圆弧，并通过多段线创建了相应的地块线。地块线创建完成后，若能构成封闭区域，相应的地块将自动创建。

AddLine()方法的 4 个参数分别为起点 x，y，终点 x，y。想了解更详细的信息，读者可查阅 AutoCAD COM API 帮助文档。

3. 创建地块样式

创建地块样式代码如下：

```
01 public bool CreateParcelStyle(string parcelStyleName)              //创建地块样式
02 {
03        AeccParcelStyles pss = ComCivilDoc.ParcelStyles;              //获取地块样式集
04        AeccParcelStyle ps = null;
05        try                                                            //尝试获取指定名称样式
06        {
07           ps = pss[parcelStyleName];
08        }
09        catch                                                          //如果不存在
10        {
11           ps = pss.Add(parcelStyleName);                              //创建指定名称样式
12           ps.ObservePatternFillDistance = true;                       //设置样式属性值
13           ps.PatternFillDistance = 25;
14           ps.SegmentsDisplayStyle2d.Color = 10;
15           ps.AreaFillDisplayStyle2d.Color = 20;
16           ps.AreaFillDisplayStyle2d.Visible = true;
17           ps.AreaFillDisplayStyle2d.Lineweight = 20;
18           ps.AreaFillHatchDisplayStyle2d.UseAngleOfObject = true;
19           ps.AreaFillHatchDisplayStyle2d.ScaleFactor = 1;
20           ps.AreaFillHatchDisplayStyle2d.Spacing = 1;
21           ps.AreaFillHatchDisplayStyle2d.UOffset = 1.5;
22           ps.AreaFillHatchDisplayStyle2d.VOffset = 1.5;
23           ps.AreaFillHatchDisplayStyle2d.Pattern = "AR-SAND";
24           ps.AreaFillHatchDisplayStyle2d.HatchType =
25              AeccHatchType.aeccHatchPreDefined;
26        }
27        if (ps == null) return false;
28        return true;
29 }
```

上述代码创建了指定名称的代码样式，在创建样式之前需要判断该名称的样式是否已经存在，如果已经存在，则直接使用此样式；如果不存在，则创建样式，并进行各种属性的设置。

4. 设置地块样式

```
01 public bool SetParcelStyle(string parcelStyleName)               //设置样式
02 {
03        if (site == null) return false;
04        AeccParcels parcels = site.Parcels;                         //获取地块集
```

```
05        if (parcels.Count < 1) return false;
06        for (int i = 0; i < parcels.Count; i++)
07        {
08            AeccParcel parcel = parcels.Item(i);
09            if (parcel.Number % 2 == 0)                    //修改编号为偶数的地块样式
10            {
11                parcel.set_Style(parcelStyleName);
12            }
13        }
14        return true;
15 }
```

上述代码修改了地块索引号为偶数的地块样式，奇数索引号的地块样式保持默认样式不变。注意这里的索引号与地块编号并无直接对应关系，索引号是对象在集合中的序号。

注意代码第 4 行，地块是在地块集合中的，地块集合的获取是通过 AeccSite.Parcels 属性实现的。希望通过此例能让读者对集合、对象之间的关系有进一步的理解。

5. 设置用户自定义属性

```
01 public bool SetParcelsUPDC()                              //设置用户自定义属性
02 {
03        string UDPCName = "控制性详细规划";                 //自定义属性分类名称
04        string UDPName = "容积率";                          //自定义属性名称
05        if (site == null) return false;
06        AeccParcels parcels = site.Parcels;
07        AeccUserDefinedPropertyClassifications updcs =     //获取自定义属性分类
08            ComCivilDb.ParcelUserDefinedPropertyClassifications;
09        AeccUserDefinedPropertyClassification udpc;
10        try                                                 //尝试获取指定名称分类
11        {
12            udpc = updcs.Item(UDPCName);
13        }
14        catch                                               //如果不存在,创建分类
15        {
16            udpc = updcs.Add(UDPCName);
17        }
18        AeccUserDefinedProperty udp;
19        try                                                 //尝试获取指定自定义属性
20        {
21            udp = udpc.UserDefinedProperties.Item(UDPName);
22        }
23        catch                                               //如果不存在,创建自定义属性
24        {
25            udp = udpc.UserDefinedProperties.Add(
26              UDPName                                       //属性名称
27              ,"这是程序创建的用户自定义属性"                  //描述
28              , AeccUDPPropertyFieldType.aeccUDPPropertyFieldTypeDouble//类型
29              , true                                        //是否包含下限值
30              , false                                       //是否使用默认下限值
31              , 0                                           //用户定义的下限值
```

```
32              , true                                  //是否包含上限值
33              , false                                 //是否使用默认上限值
34              , 10                                    //用户定义的上限值
35              , true                                  //是否使用默认值
36              , 1                                     //用户定义的默认值
37              , null);                                //枚举字符串数组
38          }
39          parcels.Properties.SetUserDefinedPropertyClassification(
40              AeccUDPClassificationApplyWay.aeccUDPClassificationApplyCustom
41              , udpc);                                //设置地块集的自定义属性
42          return true;
43  }
```

此段代码是本章的核心,因为目前 .NET API 中没有相应的方法,若要完成此操作,只能通过 COM API 实现。

如果读者对地块自定义属性分类、地块自定义属性、地块集合应用了哪个分类的自定义属性等概念熟悉,阅读此段代码就不存在困难;如果对上述概念不清楚,建议先熟悉相关内容,之后再阅读这段代码。

添加命令方法如下:

```
01 [CommandMethod("MyGroup", "ParcelDemo", CommandFlags.Modal)]
02 public void ParcelDemo()
03 {
04          string siteName = "场地样例";
05          string parcelStyleName = "地块样式样例";
06          ParcelDemo parcelDemo = new ParcelDemo();
07          if (!parcelDemo.GetSite(siteName)) return;
08          if (!parcelDemo.CreateParcelStyle(parcelStyleName)) return;
09          if (parcelDemo.CreateParcel())
10          {
11              parcelDemo.SetParcelStyle(parcelStyleName);
12              parcelDemo.SetParcelsUPDC();
13          }
14 }
```

编译加载并执行命令 ParcelDemo,将创建若干地块,如图 10-2 所示。

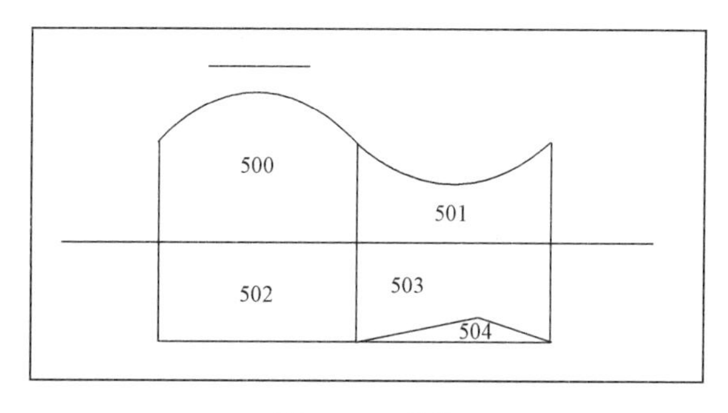

图 10-2　地块

在工具空间设定选项卡中查看地块用户自定义属性,应与图 10-3 类似。

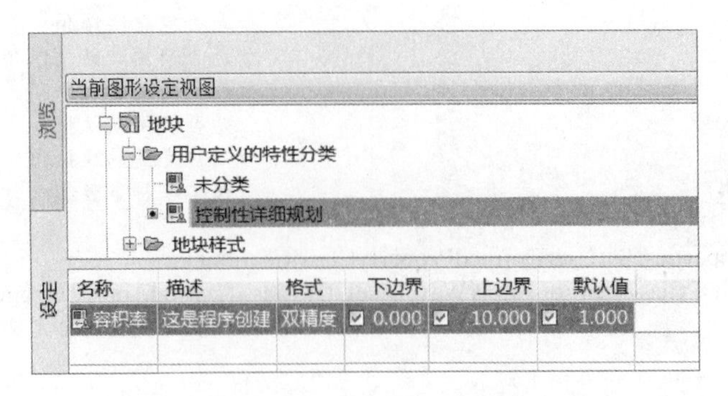

图 10-3　地块用户定义特性

选择地块集合，查看其属性，应与图 10-4 类似。

选择任意地块，查看地块属性，应与图 10-5 类似。

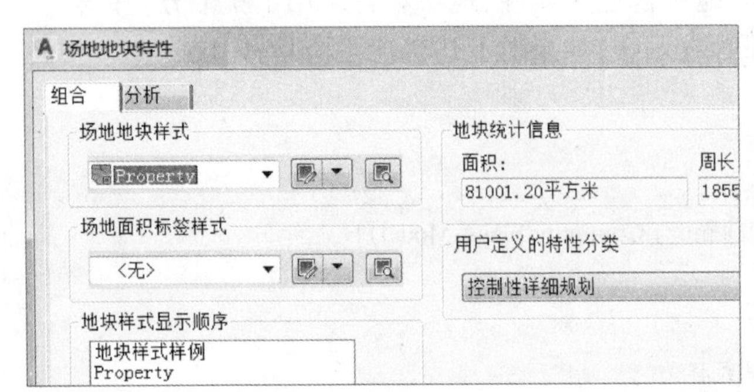

图 10-4　地块集合特性

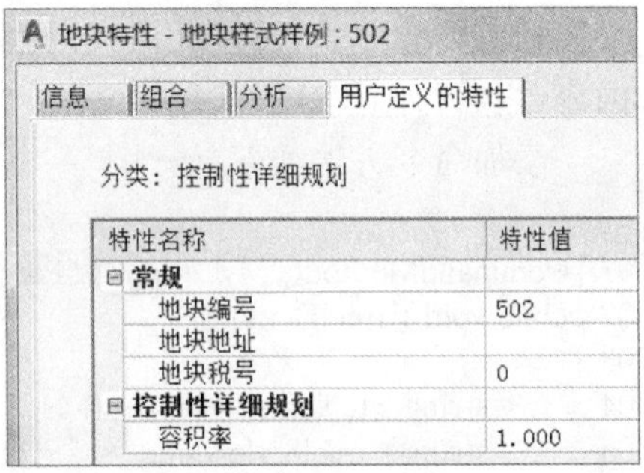

图 10-5　单个地块特性

10.3　COM 对象与 .NET 对象的转换

在某些情况下，可能会遇到这样的需求：在同一段代码中，既要用到某种对象的 .NET API，又要用到该对象的 COM API，例如需要得到地块(Parcel)的重心，并且设置地块的自定义属性，此时就要同时使用 .NET API 和 COM API，对于同一个对象，怎么在 .NET 和 COM 之间转换呢？这就是本节需要学习的问题。

回想本书 4.3 节中的内容，由 ObjectId 获取相应对象，每个对象都有一个 ObjectId 与之对应，你看到这里可能会说，利用 ObjectId 就可以实现 .NET 对象和 COM 对象之间的转换，说法是正确的，但并不完整。因为 .NET 对象的 ObjectId 与 COM 对象的 ObjectId 并不一致，需要经过一些转换操作才能实现二者之间的统一；并且还可以通过句柄(Handle)实现.NET 对象和 COM 对象之间的转换。

为项目添加一个类，并继承自前述 10.2 节中的类 NetComBaseDemo，以便于访问各程序、文档等对象，并添加后续小节中的方法。

10.3.1　.NET 对象转换为 COM 对象

看一下如何通过 .NET ObjectId 访问相应的 COM 对象，并通过 COM API 修改其属性。

```
01 public void NetToCom()
02 {
03         ObjectIdCollection siteIds = NetCivilDoc.GetSiteIds();
04         if (siteIds.Count < 1) return;
05         using (Transaction tr = NetAcadDb.TransactionManager.StartTransaction())
06         {
07             Site site = siteIds[0].GetObject(OpenMode.ForRead) as Site;
08             ObjectIdCollection parcelIds = site.GetParcelIds();
09             ObjectId netId = parcelIds[0];
10             IntPtr comIdPtr = netId.OldIdPtr;
11             long comId = comIdPtr.ToInt64();
12             AeccParcel aeccParcel = ComCivilDoc.ObjectIdToObject(comId);
13             aeccParcel.SetUserDefinedPropertyValue("容积率", 2.5);
14             netId = parcelIds[parcelIds.Count-1];
15             Handle netHandle = netId.Handle;
16             string comHandle = netHandle.ToString();
17             aeccParcel = ComCivilDoc.HandleToObject(comHandle);
18             aeccParcel.SetUserDefinedPropertyValue("容积率", 3.5);
19             tr.Commit();
20         }
21 }
```

上述代码第 3～8 行是采用 .NET API 访问 Civil 3D 中的对象，并获取了地块集合，注意这里的地块集合类型为 ObjectIdCollection。要修改某个地块的用户自定义属性值，因此要通过一系列的转换，由 .NET ObjectId 访问对应 COM 对象。

代码第 10、11 行，通过 .NET ObjectId(类型为 ObjectId)获取了相应的 COM ObjectId (类型为 long)，代码第 10 行中的 IntPtr 是一个 C＃语言中用来表示指针的类型，读者可以自行搜索，会查到很多相关内容。代码第 12 行，通过 AeccDocument. ObjectIdToObject() 方法获取对应 COM 对象。代码第 13 行修改了对象的自定义属性。

代码第 15、16 行，通过 .NET ObjectId(类型为 ObjectId)获取了相应的 COM Handle(类型为 string)。代码第 17 行，通过 AeccDocument. Handle-ToObject()方法获取对应 COM 对象。代码第 18 行修改了对象的自定义属性。

创建命令方法，调用上述方法，执行命令后，相应的地块自定义属性值将会发生修改。测试结果如图 10-6 所示。

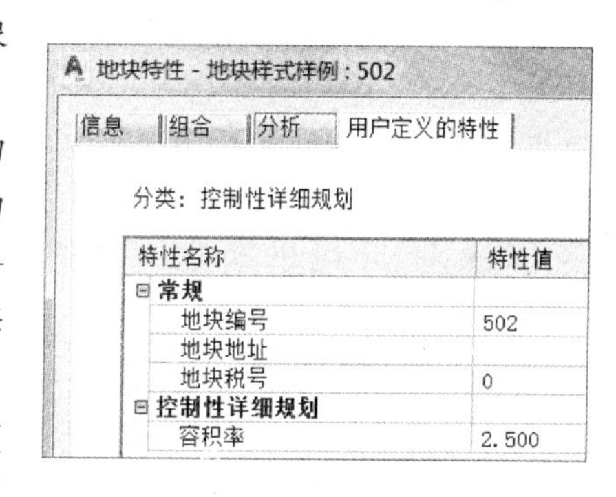

图 10-6　修改后的地块特性

10.3.2　COM 对象转换为 .NET 对象

如何通过 COM ObjectId 及 handle 访问相应的 .NET 对象，并通过 .NET API 访问其属性。

```
01 public void ComToNet()
02 {
03         AeccSites aeccSites = ComCivilDoc.Sites;
04         if (aeccSites.Count < 1) return;
05         AeccParcels aeccParcels = aeccSites.Item(0).Parcels;
06         if (aeccParcels.Count < 1) return;
07         ObjectId[] ids = new ObjectId[2];
08         AeccParcel aeccParcel1 = aeccParcels.Item(0);
09         long comId = aeccParcel1.ObjectID;
10         IntPtr comIdPtr = new IntPtr(comId);
11         ids[0] = new ObjectId(comIdPtr);
12         AeccParcel aeccParcel2 = aeccParcels.Item(aeccParcels.Count - 1);
13         string comHandle = aeccParcel2.Handle;
14         Handle netHandle = new Handle(
15             Int64.Parse(comHandle, NumberStyles.HexNumber));
16         ids[1] = NetAcadDb.GetObjectId(false, netHandle, 0);
17         using (Transaction tr = NetAcadDb.TransactionManager.StartTransaction())
18         {
19             foreach (ObjectId id in ids)
20             {
21                 Parcel parcel = id.GetObject(OpenMode.ForRead) as Parcel;
22                 Point3d pt = parcel.Centroid;
23                 NetAcadEd.WriteMessage("\n 地块{0}重心为:{1}"
24                     , parcel.Number, pt.ToString());
25             }
26             tr.Commit();
27         }
28 }
```

代码第3～16行是采用COM API访问Civil 3D中的对象，并获取了地块集合，注意这里的地块集合类型为AeccParcels，这里只获取了集合中第一个和最后一个地块。要访问地块的重心，COM API中没有相应的方法，要通过 .Net API中方法来实现，因此要通过一系列的转换，由COM对象访问对应.NET对象。

代码第9～11行，通过COM ObjectId(类型为long)获取相应的 .NET ObjectId(类型为ObjectId)。代码第13～16行，通过COM Handle(类型为string)获取相应的 .NET ObjectId。

代码第17～27行，通过 .NET API输出了地块的重心信息。

创建命令方法，调用上述方法，执行命令后，相应的地块重心信息将会输出到命令行。

本节中演示了 .NET对象及COM对象之间的相互转换，为代码编写过程中充分利用各种API共同实现某种功能提供了可能。但作者个人并不推荐这种方法，应尽可能减少这种转换操作，保持代码的统一，以便于项目的维护及程序运行的效率。

命令: COMTONET
地块502重心为：(100,50,0)
地块504重心为：(324.221778146268,12.5,0)
键入命令

图10-7 地块重心信息输出

第11章　C++ API的应用

——C++不像传说的中的那么难

本章重点

◇ 了解通过CustomDraw可以实现Civil 3D对象显示方式的定制

学习本章内容，需要对C++语言、COM(Component Object Model，组件对象模型)有所了解，并熟悉ObjectARX项目配置的基本操作。如果您没有安装ObjectARX SDK，要编译此样例，需要下载并安装ObjectARX SDK。

在本地化工具包中，在纵断面图上绘制了中国样式的高程刻度尺，有没有办法实现自己的刻度尺呢？答案当然是肯定的，可以通过CustomDraw API实现此功能。

除了CustomDraw之外，样例文件中还提供了CustomEvent和CustomUI，用来创建自定义事件和界面，如果有兴趣，可自行研究，本章只介绍CustomDraw。

本章中的内容前后相互关联，希望您阅读时从前向后阅读，如果直接阅读后面的小节，可能会因漏读前面的内容而造成困惑。

11.1　了解CustomDraw

Civil 3D样例文件中包含了一个名为CustomDraw的样例(C:\Program Files\Autodesk\AutoCAD 2017\C3D\Sample\Civil 3D API\COM\VC++\CustomDraw)，此样例展示了如何利用ObjectARX API定制Civil 3D对象的显示方式，样例文件夹中的Readme.txt文件对项目做了简单介绍，但没有提供完整的参考教程，只是给出了一个概念，告诉我们可以通过该方法实现Civil 3D对象的显示方式定制。

编译前，应先对项目的引用、包含等目录进行设置；如果直接编译，可能会遇到一些错误，下面针对主要的错误给出相应的解决方法。

(1) fatal error C1083：

无法打开包含文件“arxHeaders.h”：No such file or directory(其他.h文件与此问题采用同样方法解决)。解决方法：修改包含目录：项目属性对话框→配置属性→C/C++→常规→附加包含目录，添加或修改ObjectARX SDK包含目录(将配置设置为所有配置，这样可以同时修改Debug及Release两个版本的配置)，如图11-1所示。其中“D:\Autodesk\objectARX_2017”是objectARX SDK的文件夹位置。

D:\Autodesk\ObjectARX_2017\inc
D:\Autodesk\ObjectARX_2017\inc-x64

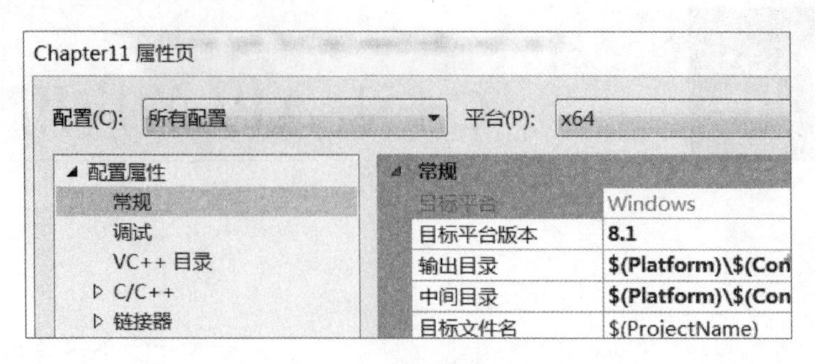

图 11-1　修改所有配置

(2) fatal error C1083：

无法打开类型库文件“AeccXLand. tlb”：No such file or directory。解决方法：修改库目录。项目属性对话框→配置属性→VC++目录→库目录，添加或修改目录：

C:\Program Files\Common Files\Autodesk Shared\Civil Engineering 110

(3) fatal error LNK1104：

无法打开文件“rxapi. lib”。

解决方法：修改附加库目录。项目属性对话框→配置属性→链接器→常规→附加库目录，添加或修改 ObjectARX SDK 库目录：

D:\Autodesk\ObjectARX_2017\lib-x64

(4) 检查项目输出文件的扩展名：

项目属性对话框→配置属性→常规→目标文件扩展名：.arx。

编译项目，创建 .arx 文件，在 Civil 3D 命令行中输入命令 Appload，加载编译的 .arx 文件。打开任意具有三角网曲面的文件，可以看到每个三角网曲面都添加了一个编号(图 11-2)。如果要卸载程序，同样输入 Appload 命令，找到相应文件，选择卸载。卸载程序后，输入命令 regen，三角形的编号就不再显示了。

三角网编号的功能如何实现，读者可以阅读样例中的代码进行研究。本章通过两个实例展示 CustomDraw API 更多的用途。

样例文件中除了实现曲面三角形编号功能，还提供了简单的 COM 操作实例——方法 C3Dcustom Draw Test Command：用三种方法创建了点，列举出图形中的曲面样式，查询拾取对象的属性。该方法对于 COM 的初学者来说，是一个很不错的实例，如果您是一个初学者，应仔细研究这部分的每一行代码。

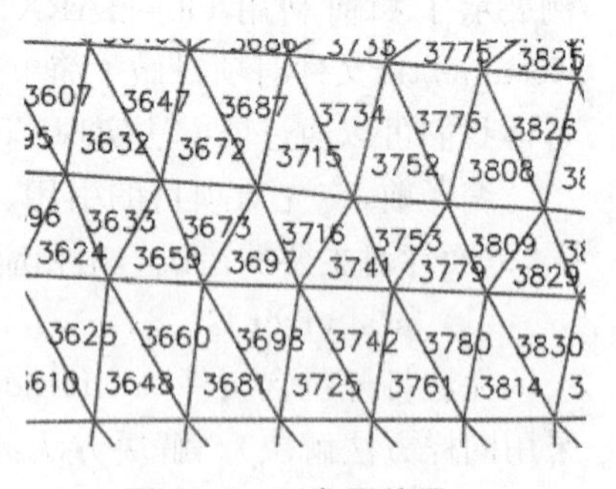

图 11-2　三角网编号

11.2　自定义纵断面竖轴

首先实现纵断面图上竖轴的高程刻度尺。找到方法 testProfileViewDraw，看一下方法的几个参数：

```
01 bool testProfileViewDraw
02 (
03     const AeccDisplayOrientation &viewMode,          //⇒视图方向
04     IAeccProfileView * pProfileView,                 //⇒需要绘制的纵断面图
05     const VARIANT &varOrigin,                        //⇒纵断面图的原点
06     IAcadBlock * pAnonymousBlock                     //⇔需要绘制的匿名块
07 )
08 {
09     return true;                                     //需要绘制时返回 true
10 }
```

实现高程刻度尺的方法就是根据给定的条件（视图方向、纵断面图、纵断面图的原点），把自己想要绘制的图形添加到匿名块中。下面看一下在平面视图方向，针对具有特定样式的纵断面图，如何绘制出不同样式的刻度尺。为了更灵活地控制刻度尺的样式，这里将读取纵断面图样式中的一些属性，将这些属性赋予刻度尺，涉及的变量较多，因此在这里添加一个类 Scalebar，以便于数据的操作。

ScaleBar.h 文件内容如下：

```
01 #include "StdAfx.h"
02 #include "axpnt3d.h"
03 #include "AeccCustomDraw.h"
04 #include "dbAnnotationScale.h"
05 #pragma once
06 class ScaleBar
07 {
08 private:
09     const AeccDisplayOrientation &m_viewMode;        //视图方向
10     IAeccProfileView * m_pProfileView;               //纵断面视图
11     IAcadBlock * m_pAnonymousBlock;                  //匿名块
12     HRESULT hr;                                      //返回结果
13     double m_cannnoScale;                            //图形比例
14     long m_color;                                    //颜色
15     IAcadAcCmColor * m_trueColor;                    //真彩色
16     VARIANT_BOOL m_visible;                          //可见性
17     CComBSTR m_layerName;                            //图层名称
18     double m_minorInterval;                          //次要标记间距
19     double m_w;                                      //刻度尺宽度
20     double m_verticalScale;                          //纵断面图纵向比例
21     double m_elvMax;                                 //纵断面图最大高程
22     double m_elvMin;                                 //纵断面图最小高程
23     double m_flip;                                   //左右切换参数
```

```
24      double m_scale;                                         //图形比例换算
25      const AcAxPoint3d axOriginPoint;                        //原点
26      AcAxPoint3d axStartPoint;                               //线段起点
27      AcAxPoint3d axEndpoint;                                 //线段终点
28      HRESULT DrawLine();                                     //绘制 line
29      HRESULT SetProperties(IAcadEntity * pIAcadEnt);         //设置属性
30      HRESULT DrawSingleLine();                               //绘制单线样式刻度值
31      HRESULT DrawDoubleLine();                               //绘制双线样式刻度值
32      HRESULT DrawPolyline(double w);                         //绘制 Polyline
33      void GetUnitsScale();                                   //获取图形插入比例
34 public:
35      ScaleBar(const AeccDisplayOrientation &viewMode,        //构造方法
36          IAeccProfileView * pProfileView,
37          const VARIANT &varOrigin,
38          IAcadBlock * pAnonymousBlock);
39      ~ScaleBar();                                            //析构方法
40      bool DrawScaleBar();                                    //绘制刻度尺
41 };
```

ScaleBar. cpp 文件内容如下：

```
01 #include "ScaleBar.h"
02 ScaleBar::ScaleBar(const AeccDisplayOrientation &viewMode,
03                    IAeccProfileView * pProfileView,
04                    const VARIANT &varOrigin,
05                    IAcadBlock * pAnonymousBlock)
06     :m_viewMode(viewMode),
07     m_pProfileView(pProfileView),
08     m_pAnonymousBlock(pAnonymousBlock),
09     axOriginPoint(varOrigin),
10     axStartPoint(varOrigin),
11     axEndpoint(varOrigin),
12     hr(S_OK),
13     m_scale(1)
14 {
15 }
16 ScaleBar::~ScaleBar()
17 {
18 }
```

以上代码为构造方法和析构方法，构造方法在初始化过程中对部分成员变量进行了赋值。

```
01 bool ScaleBar::DrawScaleBar()
02 {
03     if (m_viewMode != AeccDisplayOrientation::aeccDisplayOrientationPlan)
04         return false;
05     CComBSTR comStyleName;
06     m_pProfileView->get_StyleName(&comStyleName);
07     CString sName(comStyleName);
```

```
08          if (sName.Find(_T("木玉泽")) < 0) return false;
09          m_flip = sName.Find(_T("右")) >= 0 ? 1 : -1;
10          AcDbAnnotationScale *curScale = acdbCurDwg()->cannoscale();
11          curScale->getScale(m_cannnoScale);
12          GetUnitsScale();
13          CComPtr<IAeccProfileViewStyle> pProfileViewStyle;
14          CComPtr<IAeccAxisStyle> pAxisStyle;
15          CComPtr<IAeccTickStyle> pTickStyle;
16          hr = m_pProfileView->get_Style(&pProfileViewStyle);
17          if (FAILED(hr)) return false;
18          hr = pProfileViewStyle->get_LeftAxis(&pAxisStyle);
19          hr = pAxisStyle->get_MinorTickStyle(&pTickStyle);
20          CComPtr<IAeccDisplayStyle> pDisplayStyle;
21          hr = pTickStyle->get_DisplayStylePlan(&pDisplayStyle);
22          hr = pDisplayStyle->get_Color(&m_color);
23          hr = pDisplayStyle->get_TrueColor(&m_trueColor);
24          hr = pDisplayStyle->get_Visible(&m_visible);
25          hr = pDisplayStyle->get_Layer(&m_layerName);
26          hr = pTickStyle->get_Interval(&m_minorInterval);
27          hr = pTickStyle->get_Size(&m_w);
28          hr = m_pProfileView->get_VerticalScale(&m_verticalScale);
29          hr = m_pProfileView->get_ElevationMax(&m_elvMax);
30          hr = m_pProfileView->get_ElevationMin(&m_elvMin);
31          hr = DrawLine();
32          if (FAILED(hr)) return false;
33          hr = sName.Find(_T("单")) >= 0 ? DrawSingleLine() : DrawDoubleLine();
34          if (FAILED(hr)) return false;
35          return true;
36 }
```

以上代码为绘制刻度尺的主要方法。为了控制刻度尺是否绘制，采用读取纵断面样式名称的方式获取输入信息（当然也可以另行设计程序，将数据写入注册表，或者添加扩展数据，然后再读取注册表或扩展数据获取信息，这里为了简单，采用这种另类的方式演示一下）。如果纵断面图样式名称中包含“木玉泽”将绘制刻度尺，否则不绘制；如果样式名称中包含“单”字，则绘制单线样式刻度尺，否则绘制双线刻度尺；如果样式名称中包含“右”字，则在原有竖轴右侧绘制刻度尺（注意对比图 11-3 中刻度尺与文本间距），否则在原有竖轴左侧绘制刻度尺。该方法作为变通的方法来实现简单的数据输入，读者可创建自定义对话

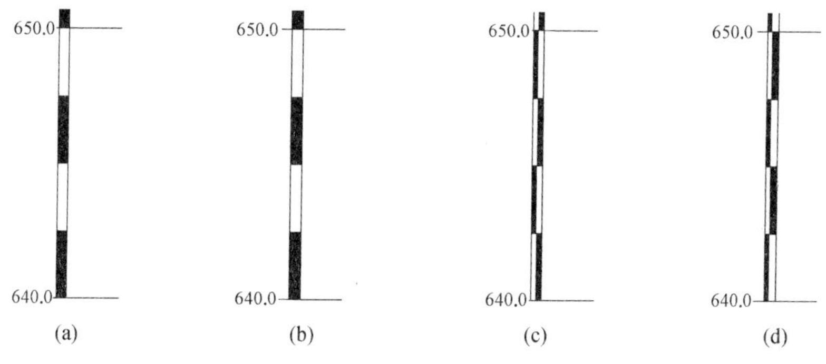

图 11-3　不同标尺样式

框来实现数据的输入，且可将相应的数据存储到字典或扩展数据中，如何实现上述操作，就需要读者自行查阅 AutoCAD Managed .NET Developer's Guide 中 Assign and Retrieve Extended Data 一节。

```
01 定义绘制刻度尺方法 DrawScaleBar
02 {
03      判断视图方向是否为平面
04      返回 false
05      样式名称
06      从纵断面图中获取其样式名称
07      转换类型为 CString
08      查找名称中是否具有开关"木玉泽"
09      计算左右切换参数
10      获取图形全局比例
11      获取具体比例值
12      根据图形单位设置换算比例
13      视图样式
14      轴样式
15      标记样式
16      获取视图样式
17      判断是否成功,不成功则返回 false
18      获取轴样式
19      获取标记样式
20      显示样式
21      获取显示样式
22      获取标记的颜色
23      获取标记的真彩色颜色
24      获取标记的可见性
25      获取标记的图层
26      获取次要标记的间隔
27      获取次要标记的尺寸,用于控制刻度尺的宽度
28      获取纵断面图的竖直水平缩放比例
29      获取纵断面图的最大高程
30      获取纵断面图的最小高程
31      绘制侧边的封闭线(与竖轴平行的线)
32      判断是否成功,不成功则返回 false
33      绘制单线样式或双线样式
34      判断是否成功,不成功则返回 false
35      返回 true
36 }
```

注意上述第 17 行，这里只是对可能发生的错误处理进行示意，在后续的操作中（第18～31 行）都应进行判断及处理，这一部分发生错误的可能性很小，为了便于代码阅读，在此予以省略。

```
01 HRESULT ScaleBar::DrawLine()
02 {
03      axStartPoint.x = axOriginPoint.x + m_flip * m_w * m_scale / m_cannnoScale;
```

```
04     axEndpoint.x = axOriginPoint.x + m_flip * m_w * m_scale / m_cannnoScale;
05     axEndpoint.y = axOriginPoint.y + (m_elvMax - m_elvMin) * m_verticalScale;
06     CComVariant varStartPoint;                //起点
07     axStartPoint.setVariant(varStartPoint);
08     CComVariant varEndPoint;                  //终点
09     axEndpoint.setVariant(varEndPoint);
10     IAcadLine * pIAcadLine;
11     hr = m_pAnonymousBlock->AddLine(varStartPoint, varEndPoint, &pIAcadLine);
12     if (SUCCEEDED(hr))      hr= SetProperties(pIAcadLine);
13     return hr;
14 }
```

利用 COM 绘制侧边封闭线，该线与竖轴平行，间距等于刻度尺宽度，第 12 行调用自定义方法，将纵断面图样式中的次要标记的一些属性复制给刻度尺。具体操作见下一段程序。

```
01 HRESULT ScaleBar::SetProperties(IAcadEntity * pIAcadEnt)
02 {
03     hr = pIAcadEnt->put_color((ACAD_COLOR)m_color);
04     hr = pIAcadEnt->put_TrueColor(m_trueColor);
05     hr = pIAcadEnt->put_Visible(m_visible);
06     hr = pIAcadEnt->put_Layer(m_layerName);
07     return hr;
08 }
```

将次要标记的颜色、真彩色、可见性、图层等属性“复制”给新建实体。

```
01 HRESULT ScaleBar::DrawSingleLine()
02 {
03     int i = 0;
04     for (double d = m_elvMin; m_elvMax - d > 0.01; d += m_minorInterval * 2)
05     {
06       double dw = 0.5 * m_w;
07       axStartPoint.x = axOriginPoint.x + m_flip * dw * m_scale / m_cannnoScale;
08       axStartPoint.y = axOriginPoint.y + i * m_minorInterval * m_verticalScale;
09       axStartPoint.z = axOriginPoint.z;
10       axEndpoint.x = axStartPoint.x;
11       axEndpoint.y = axStartPoint.y + m_minorInterval * m_verticalScale;
12       axEndpoint.z = axStartPoint.z;
13       hr = DrawPolyline(m_w);
14       i += 2;
15     }
16     return hr;
17 }
```

以上代码绘制单线样式的刻度尺。for 循环从纵断面图最小高程开始，至最大高程结束，每次循环递增两个次要标记间隔的高度。只在一个次要标记间隔内绘制多义线，从而实现隔一画一。

```
01 HRESULT ScaleBar::DrawDoubleLine()
02 {
03     int i = 0;
04     for (double d = m_elvMin; m_elvMax-d > 0.01; d += m_minorInterval)
05     {
06       double dw = i % 2 == 0 ? 0.25 * m_w : 0.75 * m_w;
07       axStartPoint.x = axOriginPoint.x + m_flip * dw * m_scale / m_cannnoScale;
08       axStartPoint.y = axOriginPoint.y + i * m_minorInterval * m_verticalScale;
09       axStartPoint.z = axOriginPoint.z;
10       axEndpoint.x = axStartPoint.x;
11       axEndpoint.y = axStartPoint.y + m_minorInterval * m_verticalScale;
12       axEndpoint.z = axStartPoint.z;
13       hr = DrawPolyline(0.5 * m_w);
14       i++;
15     }
16     return hr;
17 },
```

以上代码用于绘制双线样式的刻度尺。for 循环从纵断面图最小高程开始至最大高程结束，每次循环递增一个次要标记间隔的高度。绘制多义线的位置左右交替变化。

```
01 HRESULT ScaleBar::DrawPolyline(double w)
02 {
03     AcAxPoint3dArray axPts;
04     axPts.append(axStartPoint);
05     axPts.append(axEndpoint);
06     CComVariant varPts;
07     axPts.setVariant(varPts);
08     IAcadPolyline * pIAcadPolyline;
09     hr = m_pAnonymousBlock->AddPolyline(varPts, &pIAcadPolyline);
10     if (SUCCEEDED(hr))
11     {
12       hr = SetProperties(pIAcadPolyline);
13       hr = pIAcadPolyline->put_ConstantWidth(w * m_scale / m_cannnoScale);
14     }
15     return hr;
16 }
```

以上代码绘制多义线（Polyline）。绘制多义线相比直线稍微复杂一些，需要将顶点存入 AcAxPoint3dArray 数组中，之后创建多义线。

```
01 void ScaleBar::GetUnitsScale()
02 {
03     CComQIPtr <IAcadApplication> pAcad(acedGetAcadWinApp()->GetIDispatch(TRUE));
04     CComQIPtr <IAeccApplication> pVine;
```

```
05        HRESULT hr = pAcad->GetInterfaceObject(
06          _bstr_t("AeccXUiLand.AeccApplication.11.0"), (IDispatch**)&pVine);
07        CComQIPtr<IAeccDocument> pC3DDoc;
08        hr = pVine->get_ActiveDocument((IAcadDocument**)&pC3DDoc);
09        CComPtr<IAeccSettingsRoot> pSettingsRoot;
10        hr = pC3DDoc->get_Settings(&pSettingsRoot);
11        CComPtr<IAeccSettingsDrawing> pSettingsDrawing;
12        hr = pSettingsRoot->get_DrawingSettings(&pSettingsDrawing);
13        CComPtr<IAeccSettingsUnitZone> pSettingsUnitZone;
14        hr = pSettingsDrawing->get_UnitZoneSettings(&pSettingsUnitZone);
15        AeccDrawingUnitType pUnitType;
16        hr = pSettingsUnitZone->get_DrawingUnits(&pUnitType);
17        switch (pUnitType)
18        {
19          case aeccDrawingUnitFeet:
20            m_scale = 12;
21            break;
22          case aeccDrawingUnitMeters:
23            m_scale = 1000;
24            break;
25        }
26 }
```

以上代码主要是根据图形单位（图形设定对话框→单位和分带选项卡→图形单位）获取换算比例（英尺与英寸、米与毫米之间的换算），用于计算刻度尺的几何参数。

类设计完成后，要在方法 testProfileViewDraw()中实例化类 ScaleBar 并调用方法 DrawScaleBar 绘制刻度尺。完成后的代码如下：

```
01 bool testProfileViewDraw
02 (
03        const AeccDisplayOrientation &viewMode,
04        IAeccProfileView *pProfileView,
05        const VARIANT &varOrigin,
06        IAcadBlock *pAnonymousBlock
07 )
08 {
09        ScaleBar sb(viewMode, pProfileView, varOrigin, pAnonymousBlock);
10        return sb.DrawScaleBar();
11 }
```

将方法 setDrawCallbacks 中的代码进行适当修改，取消对第 5 行的注释，就是要调用方法 setProfileViewDraw()。同时，可以把 setSurfaceDraw()那一行注释掉，把曲面的每一个三角网都编号的系统开销还是不小的。

```
01 void setDrawCallbacks(AeccCustomDraw &customDraw)
02 {
03        //customDraw.setAlignmentDraw( testAlignmentDraw );
04        //customDraw.setProfileDraw( testProfileDraw );
05        customDraw.setProfileViewDraw( testProfileViewDraw );
```

```
06      //customDraw.setProfileViewBandDraw( testProfileViewBandDraw );
07      //customDraw.setSectionDraw( testSectionDraw );
08      //customDraw.setSectionViewDraw( testSectionViewDraw );
09      //customDraw.setSectionViewBandDraw( testSectionViewBandDraw );
10      //customDraw.setSampleLineDraw( testSampleLineDraw );
11      //customDraw.setSurfa; ceDraw(testSurfaceDraw);
12      //customDraw.setPointGroupDraw( testPointGroupDraw );
13      //customDraw.setParcelSegmentDraw ( testParcelSegmentDraw );
14      //customDraw.setSubassemblyDraw( testSubassemblyDraw );
15      //customDraw.setAssemblyDraw( testAssemblyDraw );
16      //customDraw.setCorridorDraw( testCorridorDraw );
17 }
```

编译程序，用 Appload 或 Arx 命令加载刚生成的 .arx 文件，打开一个具有纵断面图的文件，修改纵断面图样式名称，例如在原有样式名称中添加“木玉泽单右”几个字，同时确保样式的次要标记可见性为真(纵断面图样式对话框→显示选项卡→次要左轴记号)；如果刻度尺能正常显示，调整次要左轴标记的属性：颜色、间隔、记号大小，观察刻度尺形态的变化。

11.3 绘制挡墙分隔缝

在场地设计中，经常会遇到挡墙的设计，利用 Civil 3D 的 Corridor 模型模拟挡墙，虽然建模比较方便，但平面出图时会遇到一些问题。对于道路，模型是连续的，而对于挡墙，模型是断续的，纵向的各种线条，通过设置要素线样式，可以达到近乎完美的效果，但横向的线条，例如挡墙变形缝，如何自动绘制则是个问题。有了 CustomDraw API，解决这个问题也就有了方向。下面就通过这个需求，进一步熟悉 CustomDraw 的应用。

向项目添加一个类 RetainWallEnd，表示挡墙的端点。因涉及 IaeccCorridor 接口，需要在 StdAfx.h 文件中增加 #import 预处理指令如下：

```
#import "AeccXRoadway.tlb" raw_interfaces_only no_
  namespace exclude("UINT_PTR")
#import "AeccXUiRoadway.tlb" raw_interfaces_only no_
  namespace exclude("UINT_PTR")
```

程序的思路与上述 11.2 节类似，通过 Corridor 对象的描述中获取相关信息，如果要在模型每个区域的端头绘制封闭线(以下称为端头线)，需要在道路对象的描述中添加类似描述：“挡墙，RW_Inside，RW_Outside”(注意逗号是英文逗号)。是使用英文代码还是中文代码，要根据道路特性代码选项卡中显示的内容确定。

挡墙作为一个“开关”，控制是否绘制端头线；RW_Inside，RW_Outside 是部件点代码，用于控制线段的起点、终点。图 11-4 中列出的即为样例文件中 Assembly-2c.dwg 中的道路点代码。

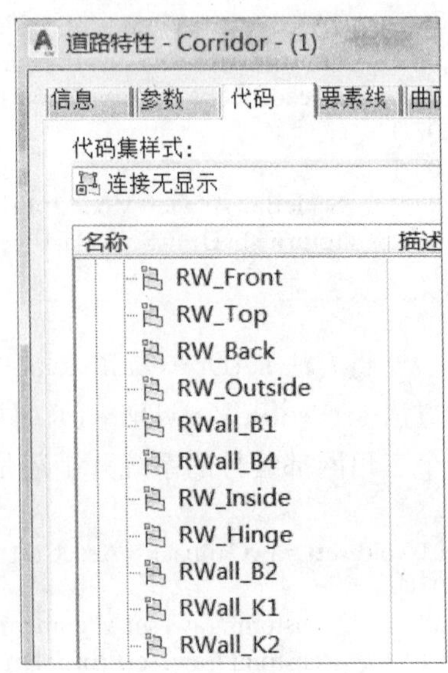

图 11-4 道路代码

RetainWallEnd.h 文件内容如下：

```
01 #include "StdAfx.h"
02 #include "AeccCustomDraw.h"
03 #pragma once
04 class RetainWallEnd
05 {
06 private:
07     const AeccDisplayOrientation &m_viewMode;                    //视图方向
08     IAeccCorridor * m_pCorridor;                                 //Corridor 对象
09     IAcadBlock * m_pAnonymousBlock;                              //匿名块
10     HRESULT hr;
11     CString m_code1, m_code2;                                    //代码
12     CComPtr<IAeccBaselines> m_pIAeccBaselines;                   //基线集
13     CComPtr<IAeccBaseline > m_pIAeccBaseline;                    //基线
14     CComPtr<IAeccBaselineRegions > m_pIAeccBaselineRegions;      //区域集
15     CComPtr<IAeccBaselineRegion > m_pIAeccBaselineRegion;        //区域
16     CComPtr<IAeccAppliedAssemblies > m_pIAeccAppliedAssemblies;  //装配集
17     HRESULT DrawOneBaseline(int i);                              //绘制一条基线范围内端头线
18     HRESULT DrawOneRegion(int i);                                //绘制一个区域内端头线
19     HRESULT CreateLine(double startStation);                     //绘制一条端头线
20     HRESULT GetXyz(const double startStation, const CString code, CComVariant &vXyz);
21 public:
22     RetainWallEnd(                                               //构造方法
23       const AeccDisplayOrientation &viewMode,
24       IAeccCorridor * pCorridor,
25       IAcadBlock * pAnonymousBlock
26     );
27     ~RetainWallEnd();                                            //析构方法
28     bool DrawRetainWallEnd();                                    //绘制段头线
29 };
```

RetainWallEnd.cpp 文件内容如下：

```
01 #include "RetainWallEnd.h"
02 #include "math.h"
03 RetainWallEnd::RetainWallEnd(const AeccDisplayOrientation &viewMode, //构造方法实现
04                              IAeccCorridor * pCorridor,
05                              IAcadBlock * pAnonymousBlock)
06     :m_viewMode(viewMode),
07     m_pCorridor(pCorridor),
08     m_pAnonymousBlock(pAnonymousBlock),
09     hr(S_OK)
10 {
11 }
12 RetainWallEnd::~RetainWallEnd()                                       //析构方法实现
13 {
14 }
```

构造方法中对个别成员变量进行时了初始化。

```
01 bool RetainWallEnd::DrawRetainWallEnd()
02 {
03     if (m_viewMode != AeccDisplayOrientation::aeccDisplayOrientationPlan) return false;
04     CComBSTR comDescription;
05     m_pCorridor->get_Description(&comDescription);                    //获取对象描述
06     CString sDescription(comDescription);                             //转换为 Cstring
07     if (sDescription.Find(_T("挡墙")) < 0) return false;              //判断是否绘制
08     bool findCode = true;
09     findCode = AfxExtractSubString(m_code1, (LPCTSTR)sDescription, 1, ','); //代码 1
10     if (!findCode) return false;
11     findCode = AfxExtractSubString(m_code2, (LPCTSTR)sDescription, 2, ','); //代码 2
12     if (!findCode) return false;
13     m_pCorridor->get_Baselines(&m_pIAeccBaselines);                   //获取多有基线
14     long n1 = 0;
15     m_pIAeccBaselines->get_Count(&n1);                                //获取基线总数
16     for (int i = 0; i < n1; i++)                                      //for 循环操作
17     {
18       hr = DrawOneBaseline(i);                                      //绘制一个基线范围内的端头线
19     }
20     return true;
21 }
```

以上代码为绘制挡墙端头线的主要方法。同 11.1 节相关内容，只在平面视图方向绘制。是否绘制的端头线的开关，从 Corridor 模型对象的描述中获取，如果在描述中能够搜索到“挡墙”两字，则继续查找点代码名称，之后按每条基线循环操作，绘制端头线。

```
01 HRESULT RetainWallEnd::DrawOneBaseline(int i)                     //绘制一个基线范围内的端头线
02 {
03     CComVariant vIndex(i);
04     m_pIAeccBaselines->Item(vIndex, &m_pIAeccBaseline);               //获取一条基线
05     m_pIAeccBaseline->get_BaselineRegions(&m_pIAeccBaselineRegions);  //获取区域集
06     long n2 = 0;
07     m_pIAeccBaselineRegions->get_Count(&n2);                          //获取区域数量
08     for (int j = 0; j < n2; j++)                                      //for 循环
09     {
10       hr = DrawOneRegion(j);                                        //绘制一个区域范围内的端头线
11     }
12     return S_OK;
13 }
```

以上代码绘制一条基线范围内的端头线，一条基线包含多个区域，所以仍需进行循环操作，按每个区域进行循环。

```
01 HRESULT RetainWallEnd::DrawOneRegion(int i)                       //绘制一个区域范围内的端头线
02 {
```

```
03    CComVariant vIndex(i);
04    m_pIAeccBaselineRegions->Item(vIndex, &m_pIAeccBaselineRegion);
05    double startStation, endStation;                          //区域起点、重点桩号
06    m_pIAeccBaselineRegion->get_StartStation(&startStation);   //获取区域起点桩号
07    m_pIAeccBaselineRegion->get_EndStation(&endStation);       //获取区域终点桩号
08    hr = m_pIAeccBaselineRegion->get_AppliedAssemblies(&m_pIAeccAppliedAssemblies);
09    if (FAILED(hr)) return hr;
10    hr = CreateLine(startStation);                            //绘制起点端头线
11    if (FAILED(hr)) return hr;
12    hr = CreateLine(endStation);                              //绘制终点端头线
13    return hr;
14 }
```

每个区域都有一个起点和一个终点，需要在这两点绘制端头线，所以分别对区域的起点、终点进行操作。

```
01 HRESULT RetainWallEnd::CreateLine(double station)          //绘制端头线
02 {
03    CComVariant vXyz1;
04    hr = GetXyz(station, m_code1, vXyz1);                     //通过测站获取 XYZ
05    if (FAILED(hr)) return hr;
06    CComVariant vXyz2;
07    hr = GetXyz(station, m_code2, vXyz2);                     //通过测站获取 XYZ
08    if (FAILED(hr)) return hr;
09    CComPtr<IAcadLine> pIAcadLine;                            //绘制线段
10    hr = m_pAnonymousBlock->AddLine(vXyz1, vXyz2, &pIAcadLine);
11    return hr;
12 }
```

根据测站获取指定代码点的坐标值，然后绘制线段。

```
01 HRESULT RetainWallEnd::GetXyz(const double station, const CString code, CComVariant &vXyz)
02 {                                                            //通过测站获取 XYZ
03    CComVariant vIndexK(station);
04    CComPtr<IAeccAppliedAssembly> pIAeccAppliedAssembly;      //获取装配
05    hr = m_pIAeccAppliedAssemblies->Item(vIndexK, &pIAeccAppliedAssembly);
06    if (FAILED(hr)) return hr;
07    CComPtr<IAeccCalculatedPoints > pIAeccCalculatedPoints;    //获取装配内的点集
08    BSTR bstrCode = code.AllocSysString();
09    hr = pIAeccAppliedAssembly->GetPointsByCode(bstrCode, &pIAeccCalculatedPoints);
                                                                //获取指定代码的点
10    SysFreeString(bstrCode);                                  //释放字符串指针
11    if (FAILED(hr)) return hr;
12    long n = 0;
13    pIAeccCalculatedPoints->get_Count(&n);                    //获取点的个数
14    if (n < 1) return E_FAIL;
15    double offset = 0;
16    for (int l = 0; l < n; l++)                               //for 循环操作
17    {
```

```
18        CComVariant vIndexL(1);
19        CComPtr<IAeccCalculatedPoint > pIAeccCalculatedPoint;                    //点
20        pIAeccCalculatedPoints->Item(vIndexL, &pIAeccCalculatedPoint);
21        CComVariant vSoe;                                                        //测站偏移高程
22        hr = pIAeccCalculatedPoint->GetStationOffsetElevationToBaseline(&vSoe);
                                                                                   //获取测站偏移高程
23        if (FAILED(hr)) return hr;
24        SAFEARRAY *sa = vSoe.parray;                                             //提取偏移信息,
25        double tmp;                                                              //同一代码有多个点
26        long m = sa->rgsabound->lLbound + 1;                                     //时,取偏移最大的
27        SafeArrayGetElement(sa, &m, &tmp);                                       //点
28        if (std::abs(tmp) < offset) continue;
29        hr = m_pIAeccBaseline->StationOffsetElevationToXYZ(vSoe, &vXyz);    //获取 XYZ
30        if (FAILED(hr)) return hr;
31      }
32      return S_OK;
33 }
```

以上代码根据指定测站、获取指定代码点的坐标值,如果同一装配中同一代码的点存在多个,程序返回偏移值最大的那个点的坐标,因此此段程序并不完善,不一定符合需求,在此只为示意,不能强求其合理性。代码第 4 行,没有将此变量声明为类的成员变量,是因声明为类的成员变量后,如果采用拖动夹点的方式编辑 Corridor 区域时,将会导致程序崩溃,可能是因为变量生命期的原因造成的,因此改为局部变量,程序不再崩溃。

acrxEntryPoint. cpp 文件中的哪些方法需要修改,需要怎样修改呢,请读者参照 11.2 节自行完成。

打开样例文件夹下的 Assembly-2c. dwg,修改道路装配为 Completed,隐藏连接及不必要的要素线,根据挡墙起始点拆分道路区域,修改道路特性中的备注,加载程序,其结果应与图 11-5 类似。

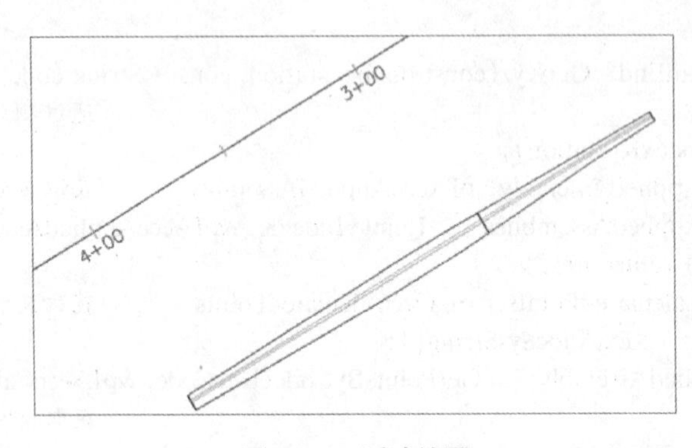

图 11-5　测试结果

第12章 LINQ的应用

——浓缩的都是精华

本章重点

◇ 了解和认识 LINQ
◇ 掌握基本 LINQ 操作
◇ 掌握针对对象的查询操作

12.1 了解 LINQ

LINQ,发音"link", Language Integrated Query,语言集成查询,是.NET Framework 3.5 版中引入的一项创新功能,它在对象领域和数据领域之间架起了一座桥梁。目前,可支持 C#语言以及 Visual Basic .NET 语言。

在 AutoCAD 及 Civil 3D 二次开发过程中,利用 LINQ 可轻松对集合对象进行查询、排序、分组、筛选等操作,可以大大简化代码编写,所以应掌握并在代码编写过程中充分利用 LINQ。

要熟练运用 LINQ,需要掌握一下几个概念:匿名类型、扩展方法、Lambda 表达式等。接下来对以上几个概念逐一进行学习。

12.1.1 匿名类型

匿名类型提供了一种方便的方法,可用来将一组只读属性封装到单个对象中,无须首先显式定义一个类型;类型名由编译器生成,但不能在源代码中使用;每个属性的类型由编译器推断。

以下示例显示用两个名为 Amount 和 Message 的属性进行初始化的匿名类型。

```
01 static void Main(string[] args)
02 {
03     var v = new { Amount = 13, Message = "我是 string 类型吗?" };
04     //在以下语句中将鼠标指针停留在 v.Amount 和 v.Message 上,
05     //以验证其推断的类型是 int 和 string.
06     Console.WriteLine(v.Amount + "\t" + v.Message);
07 }
```

匿名类型通常用在查询表达式的 select 子句中，以便返回源序列中每个对象的属性子集。

匿名类型包含一个或多个公共只读属性。包含其他种类的类成员(如方法或事件)为无效。用来初始化属性的表达式不能为 null、匿名函数或指针类型。

最常见的方案是用其他类型的属性初始化匿名类型。在下面的示例中，类 Product 包括 Color 属性、Price 属性以及不感兴趣的其他属性。变量 products 是 Product 对象的集合，匿名类型声明以 new 关键字开始，声明初始化一个只使用 Product 的两个属性的新类型，这将实现在查询中只返回较少数量的数据。

如果没有在匿名类型中指定成员名称，编译器会为匿名类型成员指定与用于初始化这些成员属性相同的名称。如果使用表达式初始化属性，则必须为其提供名称，如上例中的 Amount 及 Message。在下面示例中，匿名类型的属性名称都为 Color 和 Price。

```
01 class product
02 {
03     public int Color { get; set; }
04     public double Price { get; set; }
05     public string Name { get; set; }
06     public string Sth { get; set; }
07 }
08 static void Main(string[ ] args)
09 {
10     product[ ] products = new product[ ]
11     {
12             new product { Color=1, Price=10, Name="N1", Sth="Str1"},
13             new product { Color=2, Price=12, Name="N2", Sth="Str2"}
14     };
15     var productQuery = from prod in products select new { prod.Color, prod.Price };
16     foreach (var x in productQuery)
17     {
18         Console.WriteLine("Color={0}, Price={1}", x.Color, x.Price);
19     }
20 }
```

通常，当使用匿名类型初始化变量时，可以通过使用 var 将变量作为隐式类型的局部变量进行声明。类型名称无法在变量声明中给出，因为只有编译器能访问匿名类型的基础名称。

可通过将隐式型变量与隐式类型数组相结合创建匿名类型数组，如下面的示例所示。

```
var anonArray = new[ ] {
            new { name = "苹果", diam = 80},
            new { name = "甘蔗", diam = 30 }};
```

匿名类型直接从 Object 派生，除了可以转换成 Object 类型外，无法转换成任何其他类型。编译器为每一个匿名类型提供了名称，可惜应用程序不能访问它。从公共语言运行时的角度来看，匿名类型与其他任何引用类型没有什么不同。

如果同一程序集中的两个或多个匿名对象以相同的属性顺序进行初始化，且该属性具有相同的名称及类型，编译器将这些对象作为相同类型的实例，它们共享同一编译器生成的类型信息。

不能将字段、属性、事件及方法返回类型声明为匿名类型，同样也不能将方法的形参、属性、构造函数或索引器声明为匿名类型。要将匿名类型或包含匿名类型的集合作为参数传递给某一方法，可将参数作为类型对象进行声明。但是，这样做会使强类型化作用无效。如果必须存储查询结果或者必须将查询结果传递到方法边界外部，请考虑使用普通的结构或类而不是匿名类型。

由于匿名类型上的 Equals() 和 GetHashCode() 方法是根据方法属性的 Equals 和 GetHashcode 定义的，因此仅当同一匿名类型的两个实例的所有属性都相等时，这两个实例才相等。

12.1.2　扩展方法

在本书 7.2.5 节中，已经使用了扩展方法，将 double 类型输出为桩号格式的文本。扩展方法更多的细节如下。

扩展方法能够向现有类型“添加”方法，而无须创建新的派生类型、重新编译或以其他方式修改原始类型。扩展方法是一种特殊的静态方法，但可以像扩展类型上的实例方法一样进行调用，智能感知支持扩展方法。

定义扩展方法的基本过程，或者说扩展方法的基本特征如下(表 12-1)：

表 12-1　扩展方法的基本特征

步骤	示例
定义一个公共静态类	public static class MyExtensionMethods
在这个类里面定义一个公共静态方法	public static string ToStationString()
该方法的第一个参数必须使用 this 修饰符	this double Value

除此之外，第一个参数后可以添加其他参数，这些参数不能再用“this”修饰符。第一个参数并不是由调用代码指定，因为它表示要在其上应用运算符的类型。扩展方法也可以实现重载。

以一个简单的示例展示扩展方法的应用，如想针对字符串添加前缀，可以通过以下方法来实现。

```
01 public static class ExtensionMethod                                  //公共静态类
02 {
03     public static string AddPrefix(this string str, string prefix)   //公共静态方法
04     {
05         return prefix + str;                                         //返回值
06     }
07 }
```

注意参数列表，这里有两个参数，第一个参数是准备扩展的类型，第二个参数可以在方法调用过程中实现数据的输入。这个方法只为演示扩展方法的使用，可能没有什么实际意义。接下来调用此方法，为字符串添加前缀。再次提醒：定义方法时提供了两个参数，而在调用方法时，只需要提供第二个参数。

```
01 static void Main(string[ ] args)
02 {
03     string str = "二次开发";
04     Console.WriteLine(str);
05     Console.WriteLine(str.AddPrefix("AutoCAD"));
06     Console.WriteLine(str.AddPrefix("Civil 3D"));
07     Console.ReadLine();
08 }
```

在键入代码的过程中，智能感知能够准确列出之前定义的扩展方法 AddPrefix()，如图 12-1 所示；运行结果如图 12-2 所示。这里扩展方法的定义及实现、调用都很简单，希望通过此示例能够让读者对扩展方法一目了然。

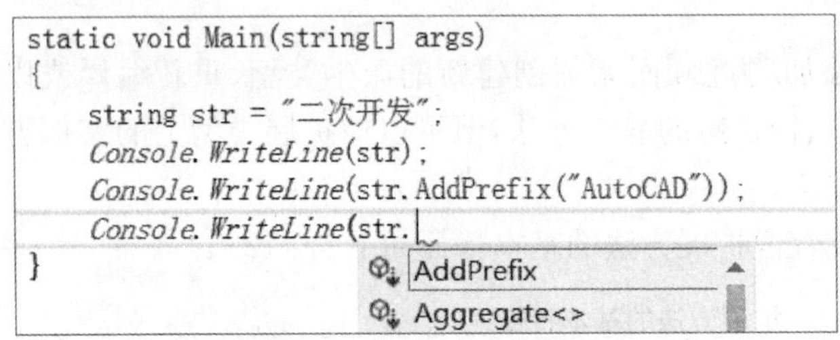

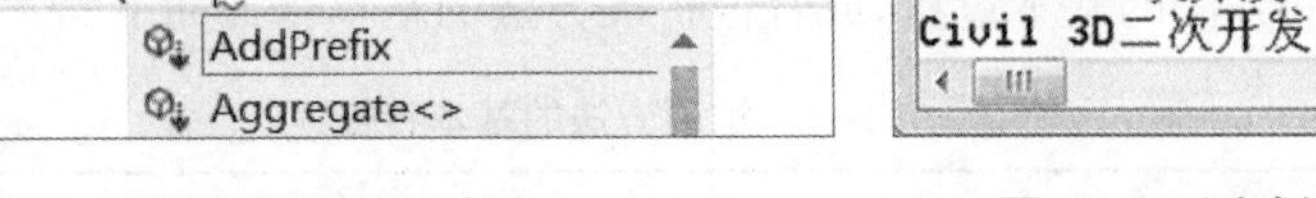

图 12-1　智能感知到扩展方法

图 12-2　测试结果

12.1.3　Lambda 表达式

Lambda 表达式是一个匿名方法，即没有方法名的方法。如果熟悉数学中的 λ 演算，掌握 Lambda 表达式将会很轻松；如果不熟悉 λ 演算，也并不影响学习 Lambda 表达式。

在 C# 中，Lambda 运算符为⇒。

语法为：形参列表⇒方法体

形参列表用()括起来，方法体用{}括起来。当形参数量为 1 时，括号可以省略；当方法体只有一条语句时，大括号可以省略。下面看一个简单的 Lambda 表达式：

```
n ⇒ Console.WriteLine(n)
```

与之等价的代码如下：

```
01 void 方法名称(object n)
02 {
03     Console.WriteLine(n);
04 }
```

怎么调用这个表达式呢？在回答这个问题之前，先来看一下 Lambda 表达式的本质——方法。调用 Lambda 表达式，其实就是调用方法。

为了让初学者，或者说不清楚“委托”这个概念的读者不至于在此卡壳，采用一句通俗但可能不准确的话来试着表述一下：Lambda 表达式是当作方法的一个参数用的，跟传递一个 int，double，string 类型的参数一样。

假设这样一个场景，有一个整数数组，需要输出数组中每个元素的平方，可以采用以下方式实现：

```
01 public static void Main(string[] args)
02 {
03     int[] intArray = new int[] { 13, 5, 26, 3, 4, 1, 8 };
04     Action<int> action = new Action<int>(ShowSquares);
05     Array.ForEach(intArray, action);
06     Console.ReadLine();
07 }
08 private static void ShowSquares(int n)
09 {
10     Console.WriteLine("{0:d}的平方={1:d}", n, n * n);
11 }
```

代码第 4 行的 Action<int>是这段代码中最难理解的部分，在 .NET 框架中预定义的委托，在不清楚委托是什么之前，只需要记住初始化代码第 4 行中的委托，需要为构造方法 new Action<int>() 提供一个方法——类似与 ShowSquares() 的方法。方法 ShowSquares()输出了数的平方，也可定义类似的方法输出其他的内容，例如平方根，求 2 的余数，等等。

上面的代码是采用常规方式编写的，可以利用 Lambda 表达式将其简化为：

```
01 static void Main(string[] args)
02 {
03     int[] arr = new int[] { 13, 5, 26, 3, 4, 1, 8 };
04     Array.ForEach(arr, n=>Console.WriteLine("{0:d}的平方={1:d}", n, n * n));
05     Console.ReadLine();
06 }
```

从这里不难看出，Lambda 表达式有着非常简洁的特质，这也是其非常适合在 LINQ 中使用的原因。

其输出结果如图 12-3 所示。

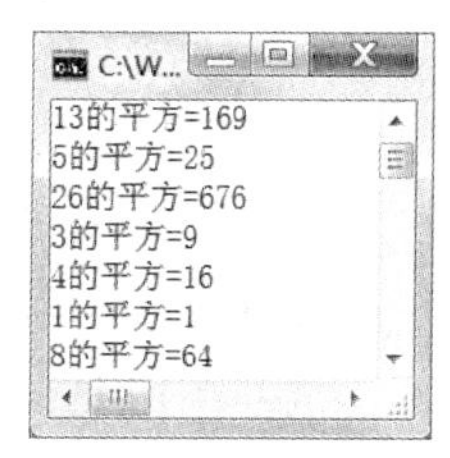

图 12-3 输出结果

现在回想一下 7.3 节将表格文本输出到外部文件的相关内容，在过滤表格分解后获取的 Mtext 集合并排序分组，利用 Lambda 表达式将文本依次输出到 StreamWriter 中。其代码节选如下：

```
32         Array.ForEach(sortedMts.ToArray(), a=>            //循环输出
33         {
```

```
34            Array.ForEach(a.ToArray(), b=>{ sw.Write("{0},", b.Text); });
35            sw.Write(System.Environment.NewLine);          //换行
36        });
```

这里采用了两个嵌套的 Lambda 语句。先从内层语句看，也就是代码第 34 行，这行代码的作用是将一行 Mtext 依次输出到 StreamWriter 中，这里的 a 就是通过分组得到的一行 Mtext，b 表示的是单个 Mtext。代码第 35 行，添加换行符。外层语句，也就是代码第 32 行，依次输出整个表格的每一行。sortedMts 是排序并分组的 Mtext 集合，至于这个集合是如何形成的，将在后续小节中解释。

本节中对匿名类型、扩展方法及 Lambda 表达式进行了简单的介绍，能够对这些概念有所了解，如果要进一步掌握，需要查阅更多的资料，例如 Paul Kimmel 编著的《LINQ 编程技术内幕》来系统学习这部分内容。

12.2 LINQ 功能初体验

12.2.1 排序

集合中的元素进行排序是经常遇到的问题，在学习计算机语言基础知识的过程中，涉及类似代码的编写，还有多种排序方法：冒泡排序、选择排序、快速排序等。如果使用 LINQ，怎么对集合元素进行排序，代码该怎么写呢？

```
01 static void Main(string[] args)
02 {
03     int[] arr = new int[] { 13, 5, 26, 3, 4, 1, 8 };
04     var m = from n in arr orderby n select n;
05     Array.ForEach(m.ToArray(), n=>Console.WriteLine(n));
06     Console.ReadLine();
07 }
```

上述代码第 4 行实现了对数组的排序，排序规则为由小到大。这里的 var 表示匿名类型，确切地讲是推断类型，在这里编译器可以推断出 m 的具体类型，读者可以在 VS 文本编辑器中将鼠标悬停到 m 上进行查看；与 12.1.1 节中的示例是有所区别的。

from，是 LINQ 查询表达式的开始。

n，变量名称。

in arr，表示要查询的集合。

orderby n，对集合进行排序，排序规则由小到大。

select n，是 selelct 最简单的用法，直接“选择”了现有的元素，没有投影出新的类型，对于复杂类型的对象，例如 Civil 3D 中的路线，可以“选择”对象的某些属性，例如路线的名称，也可以根据对象的多个属性投影(创建)新的类型(匿名类型)。

代码第 5 行利用 Lambda 表达式将排序后的对象进行输出。其结果如图 12-4(a)所示。

刚才的排序规则为由小到大，如果要实现由大到小排序，只需要添加关键字 descend-

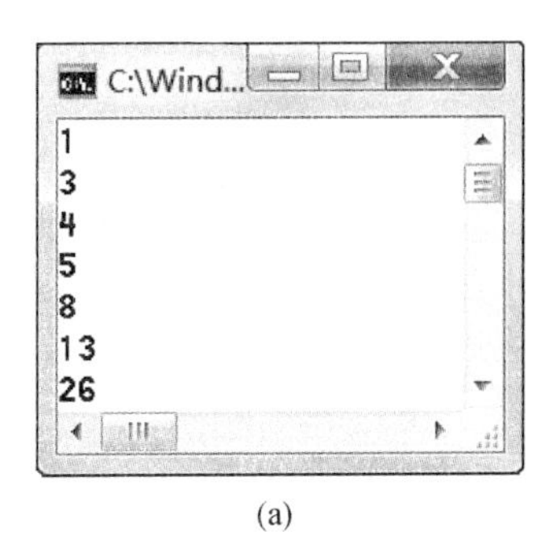

(a)

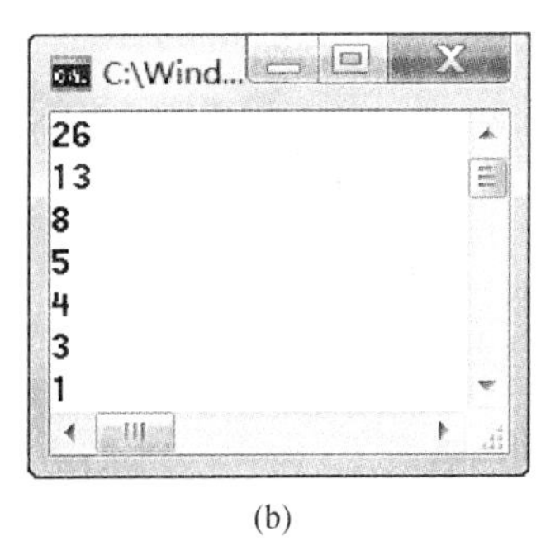

(b)

图 12-4　输出结果

ing。代码如下,结果如图 12-4(b)所示。

```
01 static void Main(string[] args)
02 {
03     int[] arr = new int[] { 13, 5, 26, 3, 4, 1, 8 };
04     var m = from n in arr orderby n descending select n;
05     Array.ForEach(m.ToArray(), n=>Console.WriteLine(n));
06     Console.ReadLine();
07 }
```

12.2.2　筛选

如何从集合中选择出符合某种条件的元素呢?这时可使用筛选功能实现。假如要选择出一个整数数组中的偶数元素,可以通过以下代码实现。

```
01 static void Main(string[] args)
02 {
03     int[] arr = new int[] { 13, 5, 26, 3, 4, 1, 8 };
04     var m = from n in arr where n % 2 == 0 select n;
05     Array.ForEach(m.ToArray(), n=>Console.WriteLine(n));
06     Console.ReadLine();
07 }
```

这里 where n % 2 == 0 对数组元素进行了判断,当此条件为真时,选择该元素。输出结果如图 12-5(a)所示。

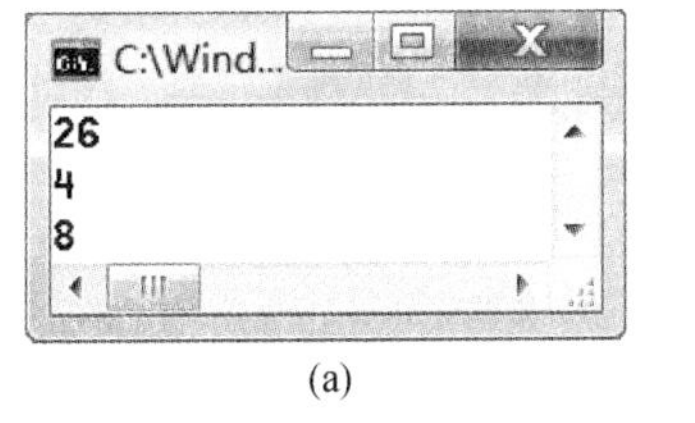

(a)

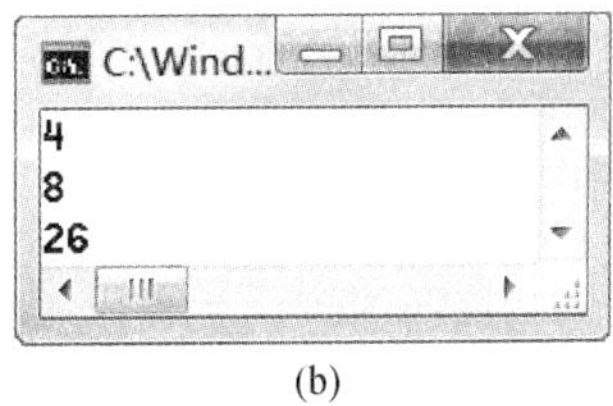

(b)

图 12-5　输出结果

如果需要在选择元素后需要排序,可以添加 orderby n 实现,完整代码如下,输出结果如图 12-5(b)所示。

```
01 static void Main(string[] args)
02 {
03     int[] arr = new int[] { 13, 5, 26, 3, 4, 1, 8 };
04     var m = from n in arr where n % 2 == 0 orderby n select n;
05     Array.ForEach(m.ToArray(), n=>Console.WriteLine(n));
06     Console.ReadLine();
07 }
```

这里提出一个问题:如何筛选出大于 10 且小于 20 的数呢? 请自行完成。

12.2.3 数据投影

如果需要将集合中的元素进行一定的处理,或将集合中的元素转换成新的对象类型,可以通过数据投影实现。下面通过简单的实例了解数据投影,在 12.2.2 节例子的基础上,将集合中的偶数分别除以 2,从而构建新的集合:

```
01 static void Main(string[] args)
02 {
03     int[] arr = new int[] { 13, 5, 26, 3, 4, 1, 8 };
04     var m = from n in arr where n % 2 == 0 orderby n select n / 2;
05     Array.ForEach(m.ToArray(), n=>Console.WriteLine(n));
06     Console.ReadLine();
07 }
```

这是一个非常简单的数据投影示例,更多的用法读者可查阅其他 LINQ 书籍进行详细了解。测试结果如图 12-6 所示。

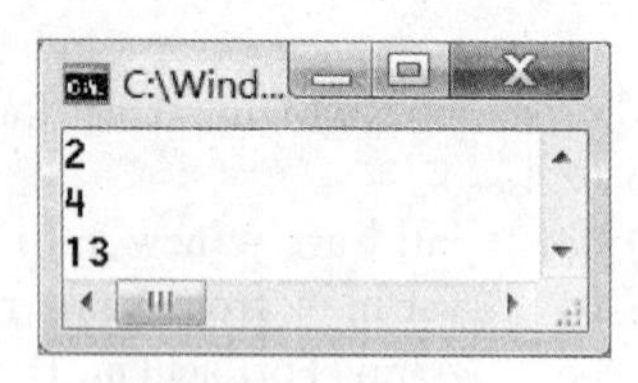

图 12-6 输出结果

12.2.4 分组

将数据进行分组,可以通过 group by 来实现,如果要将 12.2.3节中的数组按照奇偶性来分成两组,可以通过以下代码来实现:

```
01 static void Main(string[] args)
02 {
03     int[] arr = new int[] { 13, 5, 26, 3, 4, 1, 8 };
04     var m = from n in arr orderby n group n by n % 2;
05     Array.ForEach(m.ToArray(), n=>
06     {
07       Console.WriteLine(n.Key == 0 ? "偶数:" : "奇数:");
08       Array.ForEach(n.ToArray(), x=>Console.WriteLine(x));
09     });
10     Console.ReadLine();
11 }
```

上述代码第 4 行 group n by n % 2 完成了分组的任务，如果想分成 3 组，可以使用 group n by n % 3 完成。

在 VS 文本编辑器中，将鼠标悬停在变量 m 上，查看变量 m 的具体类型，在这里是 IEnumerable〈IGrouping〈int，int〉〉。注意与之前小节中变量类型的区别。测试结果如图 12-7 所示。

```
C:\Wind...
奇数:
1
3
5
13
偶数:
4
8
26
```

图 12-7　输出结果

12.3　针对对象查询

LINQ 中可查询的对象为派生于 Object 的任何类型对象，本节中特指 AutoCAD 及 Civil 3D 的实体对象，例如点、文本或者几何空间点等。下面回忆一下本书 7.3 节中相关部分代码。

```
29        var sortedMts = from mt in mts                    //排序分组
30                        orderby mt.Location.Y descending, mt.Location.X
31                        group mt by mt.Location.Y;
```

上面 3 行代码实现对文本的排序及分组。排序先按照文本位置 Y 值降序和 X 值升序进行；然后按照文本位置 Y 值进行分组，将每一组作为一行，分别将文本内容输出到外部文件。

下面再以 Civil 3D 几何空间点为例展示 LINQ 针对对象查询的应用。场景如下：用几何空间点表示不同点树种——设置不同的原始描述，现在需要统计每种树种的数量。这种情况下，利用 LINQ 进行分组，很容易就能实现相应的操作。

```
01 [CommandMethod("MyGroup", "Lktest", CommandFlags.Modal)]
02 public void LinqTest()
03 {
04     CivilDocument civilDoc = CivilApplication.ActiveDocument;
05     Document doc = Application.DocumentManager.MdiActiveDocument;
06     CogoPointCollection cogoPtIds = civilDoc.CogoPoints;
07     List<CogoPoint> cogoPts = new List<CogoPoint>();
08     using (Transaction tr = doc.TransactionManager.StartTransaction())
09     {
10         foreach (ObjectId id in cogoPtIds)
11         {
12             CogoPoint pt = id.GetObject(OpenMode.ForRead) as CogoPoint;
13             cogoPts.Add(pt);
14         }
15         tr.Commit();
16     }
17     var groupedPts = from pt in cogoPts group pt by pt. RawDescription;
18     doc.Editor.WriteMessage("\n{0,6}{1,8}", "树种名称", "数量");
19     Array.ForEach(groupedPts.ToArray(), x=>
20     {
21         doc.Editor.WriteMessage("\n{0," + (10 - x.Key.Length).ToString() + "}{1,10}"
```

```
22            , x.Key, x.Count());
23      });
24 }
```

代码第 6 行中的 CogoPointCollection 是 ObjectId 集合，因此需要转换成相应的对象集合；代码第 8～16 行就完成了此操作。

本段代码的重点在第 17 行，利用 LINQ 进行分组。这里使用了点的原始描述（pt.RawDescription）作为分组的依据。这里的操作与 12.2.4 节中基本一致，微小的差别就是分组的依据。

代码第 18～23 行，将分组结果输出到命令行，这里只是为了简单演示，可以根据需要，将结果插入到 AutoCAD 表格或输出到外部文件中。

在代码第 18 行、第 21 行中，字符串格式设置里使用了字符串长度控制参数，因为中文字符占据两个字符的宽度，所以在代码第 21 行进行了简单的"换算"，如果把"\n{0," + (10-x.Key.Length).ToString() + "}{1,10}"替换为"\n{0,10}{1,10}"，输出结果将不能对齐。关于如何设置字符串长度，您可搜索 String.Format 查找更多信息。

要测试这段程序，需要创建若干个几何空间点，并为几何空间点设置不同的原始描述，加载程序并运行命令，测试结果类似图 12-8 所示。

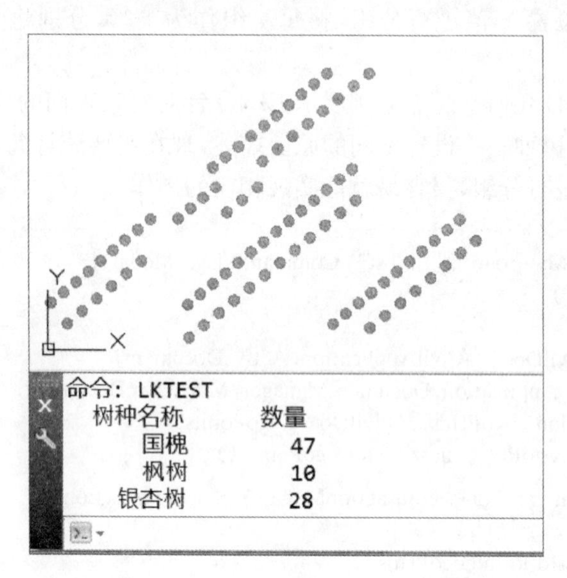

图 12-8 测试结果

第13章 创建部件

——充分理解类的继承

本章重点

◇ 了解“部件”基类 SATemplate

◇ 通过引用程序集实现 C#语言编写部件代码

◇ 采用 XML 语言编写 .atc 文件

◇ 创建 .pkt 文件加载部件

部件作为构件道路模型不可或缺的部分，在 Civil 3D 使用中占据重要地位。随着部件编辑器的不断完善，创建的部件功能越来越复杂，但并不能完全满足现实需求，利用代码实现部件，仍是最完美的途径，这项工作对于没有接触过计算机语言、不熟悉 Civil 3D 二次开发的普通用户来讲是一项艰难的任务，但从头至尾依次读完之前各章节后，利用代码创建部件并不是什么难事，如果读者之前对类的理解不够深入，通过阅读这章内容，能对类有进一步的理解。

在 Civil 3D 样例文件夹内，可以找到 Civil 3D 内建部件的完整代码，文件夹位置为：<AutoCAD Civil 3D Install Directory>\Sample\Civil 3D API\C3DstockSubAssemblies。样例文件内代码采用 VB. NET 语言编写，对于不熟悉 VB. NET 语言的读者来说，阅读源代码可能存在某些障碍，希望通过本章的讲解，使用 C#语言同样能够完成部件的设计。

如果想通过阅读样例代码尽快掌握部件的设计，建议读者学习一点 VB. NET 语言的知识；或者通过 .NET Reflector 查看 C3DstockSubAssemblies. dll 文件；或者使用一些工具将 VB. NET 代码转换为 C# 代码；或者向本书作者发送邮件索取已转换并修改的 C# 代码。

13.1 部件程序的基本结构

13.1.1 模板类 SATemplate

所有的自定义部件都派生于类 SATemplate(图 13-1)。该类为一个 MustInherit 类，等同于 C#中的抽象类(abstract)。SATemplate 类提供了四个可以重写的方法(以 Implement 结尾的 4 个方法)，其中 DrawImplement()方法是必须被重写的方法。四个方法的参数类型均为 CorridorState。各方法的用途可简单描述如下：

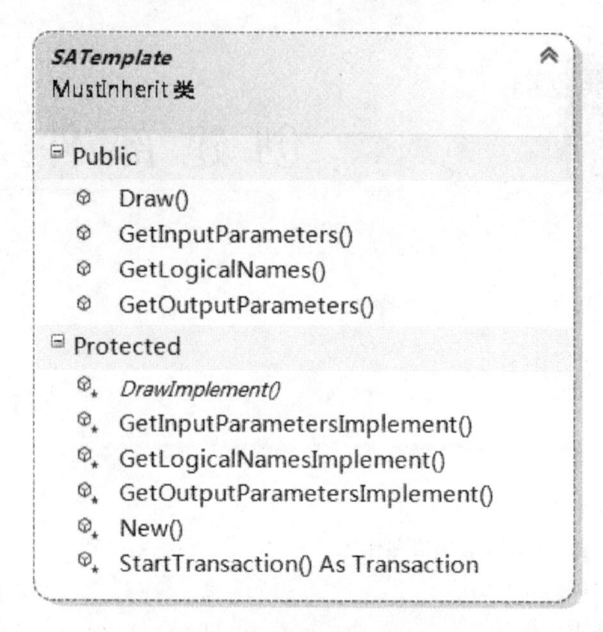

图 13-1　SATemplate 类图

DrawImplement()方法用来绘制部件的几何图形，包括点、连接和型；

GetLogicalNamesImplement()方法用来获取目标参数，这些参数就是在创建道路模型中需要设置的目标，如图 13-2 所示。

目标映射

道路名称：

Corridor - (1)

装配名称：　　起点桩号：

Primary Road Full Section　　0+000.00

目标	对象名称	部件	装配
曲面	<单击此...		
目标曲面	EG	BasicSideSlopeCutDitch - Rig...	Righ
目标曲面	EG	BasicSideSlopeCutDitch - Left	Left
宽度或偏移目标			
宽度目标	<无>	LaneSuperelevationAOR - Ri...	Righ
宽度目标	<无>	LaneSuperelevationAOR - Left	Left
坡度或高程目标			
外侧高程目标	<无>	LaneSuperelevationAOR - Ri...	Righ

图 13-2　目标参数

GetInputParametersImplement()，GetOutputParametersImplement()方法分别获取输入、输出参数。这些输入输出参数可以在部件特性对话框参数选项卡内进行查看，如图 13-3所示。

更多详细信息可以查看 Civil 3D Developer's Guide 中 Creating Custom Subassemblies Using . NET 一节。

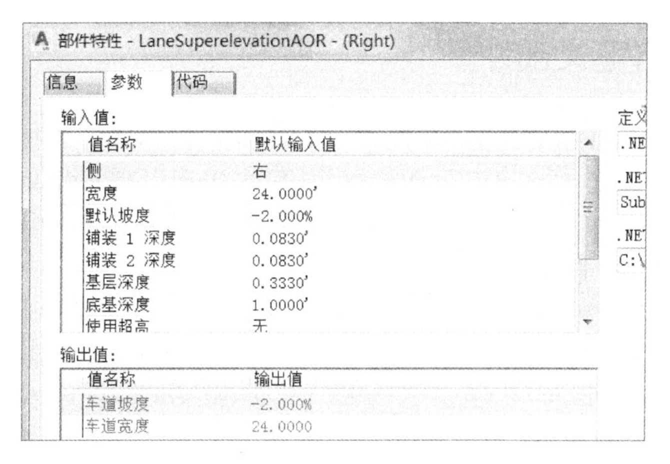

图 13-3　输入输出参数

13.1.2　CorridorState 对象

SATemplate 中需要重写的方法中都包含了一个 CorridorState 类型(该类位于命名空间 Autodesk. Civil. Runtime 中)的参数，这个 CorridorState 对象是定制部件与“外界”连接的接口，它提供了路线、纵断面、测站、偏移、高程和样式等信息，这些信息将直接影响部件的“外观”。包含了一系列的参数集，类型包括 boolean, long, double, string, alignment, profile, surface 和 point，每个参数采用一个字符串作为名称，并具备一个相应类型的值。

CorridorState 中的方法提供了道路设计中一些有用的计算方法，如表 13-1 所示。

表 13-1　CorridorState 中的计算方法

方法名称	功能
IntersectAlignment	查找横断面线与偏移路线的交点
IntersectLink	查找横断面线与部件内某一连接的交点
IntersectSurface	查找横断面线与曲面的交点
IsAboveSurface	判断点与曲面的上下关系
SampleSection	沿曲面构建一系列连接
SoeToXyz, XyzToSoe	桩号、偏移、高程与 xyz 坐标之间转换

13.1.3　支持文件

样例文件中提供了另外两个类：CodesSpecific, Utilities。

类 CodesSpecific 提供了关于代码(点、连接、型的 Code)的一些方法及结构，如果部件要实现多国语言版，这个类会有很大用途。

类 Utilities 提供了一系列共享辅助方法，如错误处理、部件几何计算、添加代码字符串以及其他。各方法的详细说明可以查看 Civil 3D Developer's Guide，在此不做说明。

13.2 创建自定义部件

对于使用VB.NET语言的用户来说，可以在样例文件的基础上直接添加自己的代码，对于C#语言的用户来说，可以采用引用程序集C3DStockSubassemblies.dll的方法创建自己的部件。以C#项目为例，演示如何创建自定义部件——多级边坡(图13-4)。

用.NET Wizard新建项目，删除myCommands.cs(不再需要命令)。在项目资源管理中添加引用C3DStockSubassemblies.dll，这个文件一般的安装位置应类似于如下：C:\ProgramData\Autodesk\C3D 2017\chs。设置属性复制到本地为false。

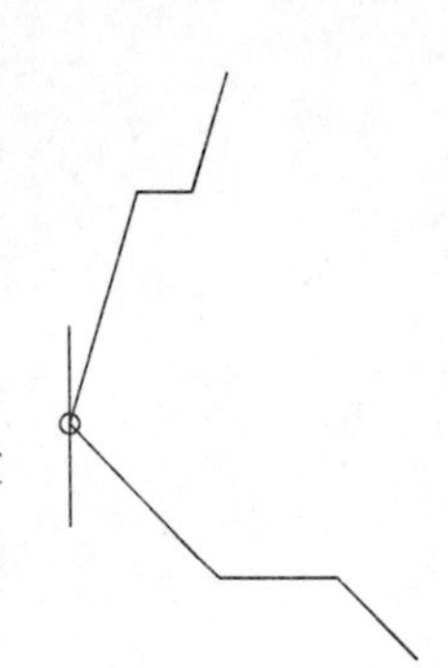

图13-4 多级边坡

添加类MutilGrading，继承SATemplate，实现4个虚方法。添加字段和方法若干，具体内容见程序完整代码。

GetLogicalNamesImplement()，GetInputParametersImplement()，GetOutputParametersImplement()方法比较简单，操作过程是类似的：从参数CorridorState中获取素所需参数集→向参数集中添加参数→根据需要设置参数显示名称→输出参数需单独设置访问类型(本例中输出参数没有实际意义，只为展示该方法如何使用)。

向参数集中添加参数方法Add(参数名称、参数值)，例如：paramsDouble.Add("FillWidth", FilWdDft)。

DrawImplement()方法实现了部件如何绘制的过程，为便于程序阅读，将程序分割成若干子程序。程序的流程可简化如下：参数初始化→获取路线ObjectId→布局模式绘制→获取曲面目标→判断填挖→参数初始化→获取点集→绘制点及连接→结束。

方法GetPoints()采用了递归，这是本程序的核心，此方法也是目前部件编辑器不容易实现的功能。

其他方法多是为简化程序结构方便阅读而提取出的，相对简单，不再解释。下面是部件MutilGrading多级边坡的完整代码。部件设置了多个输入参数，实现了挖方、填方坡比、坡高、平台宽度等参数的分别控制。

```
001 using System;
002 using System.Collections.Generic;
003 using Autodesk.AutoCAD.DatabaseServices;
004 using Autodesk.Civil.DatabaseServices;
005 using Autodesk.Civil.Runtime;
006 namespace Subassembly
007 {
008     enum CutOrFill { Cut, Fill }                    //枚举:填、挖
009     class MutilGrading : SATemplate
010     {
011     const int SideDft = Utilities.Right;            //默认值:侧
012     const double CutSlpDft = 1.0;                   //默认值:挖方坡度
013     const double CutHtDft = 5.0;                    //默认值:挖方单级边坡高度
```

```
014    const double CutWdDft = 1.5;                         //默认值:挖方平台宽度
015    const double FltSlpDft = 0.02;                       //默认值:平台坡度
016    const double FilSlpDft = 1.0;                        //默认值:填方坡度
017    const double FilHtDft = 5.0;                         //默认值:填方单级边坡高度
018    const double FilWdDft = 1.5;                         //默认值:填方平台宽度
019    const int maxGradNum = 100;                          //最大级数,避免无限循环
020    ParamLongCollection paramsLong;                      //参数集
021    ParamDoubleCollection paramsDouble;                  //参数集
022    ParamStringCollection paramsString;                  //参数集
023    ParamSurfaceCollection paramsSurface;                //参数集
024    PointCollection corPts;                              //点集
025    LinkCollection corLinks;                             //连接集
026    ObjectId targetDTMId;                                //目标参数 ObjectId
027    ObjectId alignmentId;                                //路线 ObjectId
028    PointInMem origin;                                   //原点
029    int side;                                            //参数侧
030    double flip;                                         //用于左右侧"反转"计算
031    double slope;                                        //坡面坡度
032    double height;                                       //坡面高度
033    double width;                                        //马道(平台)宽度
034    double flatSlop;                                     //马道(平台)坡度
035    int gradNum;                                         //级数统计
036    CutOrFill tw;                                        //填挖
037    //------------------------------------------------------------------
038    protected override void GetLogicalNamesImplement(
039        CorridorState corridorState)
040    {
041        base.GetLogicalNamesImplement(corridorState);    //调用基类方法
042        paramsLong = corridorState.ParamsLong;           //获取参数集
043        ParamLong oParamLong = paramsLong.Add("TargetDTM",
044            (int)ParamLogicalNameType.Surface);
045        oParamLong.DisplayName = "目标曲面";              //设置显示名称
046    }
047    //------------------------------------------------------------------
048    protected override void GetInputParametersImplement(
049        CorridorState corridorState)
050    {
051        base.GetInputParametersImplement(corridorState); //调用基类方法
052        paramsDouble = corridorState.ParamsDouble;       //获取参数集
053        paramsString = corridorState.ParamsString;       //获取参数集
054        paramsLong = corridorState.ParamsLong;           //获取参数集
055        paramsLong.Add(Utilities.Side, SideDft);         //侧
056        paramsDouble.Add("CutSlope", CutSlpDft);         //挖方坡度
057        paramsDouble.Add("CutHeight", CutHtDft);         //挖方高度
058        paramsDouble.Add("CutWidth", CutWdDft);          //挖方平台宽度
059        paramsDouble.Add("FillSlope", FilSlpDft);        //填方坡度
060        paramsDouble.Add("FillHeight", FilHtDft);        //填方高度
061        paramsDouble.Add("FillWidth", FilWdDft);         //填方平台宽度
062        paramsDouble.Add("FlatSlope", FltSlpDft);        //平台坡度
063    }
```

```
064    //-------------------------------------------------------------------
065    protected override void GetOutputParametersImplement(
066        CorridorState corridorState)
067    {
068        base.GetInputParametersImplement(corridorState);          //调用基类方法
069        paramsDouble = corridorState.ParamsDouble;                //获取参数集
070        paramsLong = corridorState.ParamsLong;                    //获取参数集
071        IParam param = paramsLong.Add(Utilities.Side, SideDft);
072        if (param != null) param.Access = ParamAccessType.InputAndOutput;
073        param = paramsDouble.Add("CutWidth", CutWdDft);
074        if (param != null) param.Access = ParamAccessType.InputAndOutput;
075        param = paramsDouble.Add("FillWidth", FilWdDft);
076        if (param != null)
077        {
078            param.Access = ParamAccessType.InputAndOutput;
079            param.DisplayName = "填方平台宽度";                  //设置显示名称
080        }
081    }
082    //-------------------------------------------------------------------
083    protected override void DrawImplement(CorridorState corridorState)
084    {
085        ParamsInitial(corridorState);                             //参数初始化
086        Utilities.GetAlignmentAndOrigin(
087            corridorState, ref alignmentId, ref origin);
088        if (corridorState.Mode == CorridorMode.Layout)          //布局模式绘制
089        {
090            tw = CutOrFill.Cut;                                   //挖方模式
091            ParamsInitial();
092            LayoutDraw();
093            tw = CutOrFill.Fill;                                  //填方模式
094            ParamsInitial();
095            LayoutDraw();
096            return;
097        }
098        try                                                       //获取目标曲面
099        {
100            targetDTMId = paramsSurface.Value("TargetDTM");
101        }
102        catch                                                     //输出错误信息
103        {
104            Utilities.RecordError(corridorState, CorridorError.LogicalNameNotFound,
105                    "Logical Name: \'TargetDTM\'", "MutilGrading");
106            return;
107        }
108        tw = corridorState.IsAboveSurface(targetDTMId, alignmentId, origin)
109            ? CutOrFill.Fill : CutOrFill.Cut;                    //判断填挖
110        ParamsInitial();                                          //参数初始化
111        List<IPoint> points = new List<IPoint>();
112        GetPoints(points, origin, true, corridorState);           //获取点集
113        AddPointsAndLinks(points);                                //添加点及连接
```

```
114      }
115      //-------------------------------------------------------------------
116      void ParamsInitial(CorridorState corridorState)              //参数初始化
117      {
118          paramsDouble = corridorState.ParamsDouble;               //获取参数集
119          paramsLong = corridorState.ParamsLong;
120          paramsSurface = corridorState.ParamsSurface;
121          corPts = corridorState.Points;                           //点集
122          corLinks = corridorState.Links;                          //连接集
123          side = GetSide();                                        //侧
124          flip = side == Utilities.Left ? -1.0 : 1.0;              //左右切换参数
125          alignmentId = default(ObjectId);                         //路线 ObjectId
126          origin = new PointInMem();                               //原点
127          gradNum = 0;                                             //级数
128      }
129      //-------------------------------------------------------------------
130      private void ParamsInitial()                                 //参数初始化
131      {
132          if (tw == CutOrFill.Fill)                                //填方参数
133          {
134              slope = -GetSlope();                                 //坡面坡度,负数
135              height = -GetHeight();                               //坡面高度,负数
136              width = GetWidth();                                  //平台宽度
137              flatSlop = -GetFlatSlop();                           //平台坡度,负数
138          }
139          else                                                     //挖方参数
140          {
141              slope = GetSlope();                                  //坡面坡度
142              height = GetHeight();                                //坡面高度
143              width = GetWidth();                                  //平台宽度
144              flatSlop = GetFlatSlop();                            //平台坡度
145          }
146      }
147      //-------------------------------------------------------------------
148      private double GetWidth()                                    //获取宽度
149      {
150          return GetValue("CutWidth", CutWdDft, "FillWidth", FilWdDft);
151      }
152      //-------------------------------------------------------------------
153      private double GetHeight()                                   //获取高度
154      {
155          return GetValue("CutHeight", CutHtDft, "FillHeight", FilHtDft);
156      }
157      //-------------------------------------------------------------------
158
159      private double GetSlope()                                    //获取坡度
160      {
161          return GetValue("CutSlope", CutSlpDft, "FillSlope", FilSlpDft);
162      }
163      //-------------------------------------------------------------------
```

```
164    private double GetFlatSlop()                                                //获取平台坡度
165    {
166        return Math.Abs(GetValue("FlatSlope", FltSlpDft));
167    }
168    //-----------------------------------------------------------------------
169    private double GetValue(string name1, double v1, string name2, double v2)
170    {
171        return tw == CutOrFill.Cut ? GetValue(name1, v1) : GetValue(name2, v2);
172    }
173    //-----------------------------------------------------------------------
174    private double GetValue(string name, double dftValue)                       //获取参数值
175    {
176        try
177        {
178            return Math.Abs(paramsDouble.Value(name));                          //从参数集中获取值
179        }
180        catch
181        {
182            return Math.Abs(dftValue);                                          //返回默认值
183        }
184    }
185    //-----------------------------------------------------------------------
186    private int GetSide()                                                       //获取侧
187    {
188        try
189        {
190            return paramsLong.Value(Utilities.Side);                            //从参数集中获取值
191        }
192        catch
193        {
194            return SideDft;                                                     //返回默认值
195        }
196    }
197    //-----------------------------------------------------------------------
198    void LayoutDraw()                                                           //布局模式绘制
199    {
200        double[] dHorzArray = new double[4];
201        double[] dVertArray = new double[4];
202        dHorzArray[0] = 0.0;
203        dVertArray[0] = 0.0;
204        dHorzArray[1] = dHorzArray[0] + height / slope * flip;
205        dVertArray[1] = dVertArray[0] + height;
206        dHorzArray[2] = dHorzArray[1] + width * flip;
207        dVertArray[2] = dVertArray[1] + width * flatSlop;
208        dHorzArray[3] = dHorzArray[2] + 0.5 * height / slope * flip;
209        dVertArray[3] = dVertArray[2] + 0.5 * height;
210        Point oPoint1 = corPts.Add(dHorzArray[0], dVertArray[0], "P0");
211        Point oPoint2 = corPts.Add(dHorzArray[1], dVertArray[1], "P1");
212        Point oPoint3 = corPts.Add(dHorzArray[2], dVertArray[2], "P1");
213        Point oPoint4 = corPts.Add(dHorzArray[3], dVertArray[3], "P2");
214        if (tw == CutOrFill.Fill)                                               //挖方代码
215        {
```

```
216             corLinks.Add(oPoint1, oPoint2, new String[] { "Top", "Cut" });
217             corLinks.Add(oPoint2, oPoint3, new String[] { "Top", "Platform" });
218             corLinks.Add(oPoint3, oPoint4, new String[] { "Top", "Cut" });
219         }
220         else                                                    //填方代码
221         {
222             corLinks.Add(oPoint1, oPoint2, new String[] { "Top", "Fill" });
223             corLinks.Add(oPoint2, oPoint3, new String[] { "Top", "Platform" });
224             corLinks.Add(oPoint3, oPoint4, new String[] { "Top", "Fill" });
225         }
226     }
227     //--------------------------------------------------------------------
228     void GetPoints(List<IPoint> points, IPoint oOrigin, bool isSlop,
229         CorridorState corridorState)
230     {
231         IPoint aPt = new PointInMem();                          //辅助点
232         aPt.Station = oOrigin.Station;                          //测站
233         if (isSlop)                                             //坡面
234         {
235             aPt.Offset = oOrigin.Offset + flip * height / slope;   //偏移
236             aPt.Elevation = oOrigin.Elevation + height;            //高程
237         }
238         else                                                    //平台
239         {
240             aPt.Offset = oOrigin.Offset + width * flip;             //偏移
241             aPt.Elevation = oOrigin.Elevation + width * flatSlop;   //高程
242         }
243         bool isAboveSurface = corridorState.                    //判断点在曲面上方
244             IsAboveSurface(targetDTMId, alignmentId, aPt);
245         IPoint intersectPt = null;                              //与曲面交点
246         //挖方时,辅助点在曲面上方,
247         //填方时,辅助点在曲面下方,表示坡已放完
248         if (isAboveSurface == (tw == CutOrFill.Cut))
249         {
250             GetIntersectPoint(isSlop, corridorState, oOrigin, ref intersectPt);
251             if (intersectPt != null) points.Add(intersectPt);
252         }
253         //挖方时,辅助点在曲面下方,
254         //填方时,辅助点在曲面上方,表示坡还未放完
255         else
256         {
257             points.Add(aPt);
258             gradNum++;
259             //需要判断是否有交点,点可能跑到曲面边界以外,将导致无限递归
260             if (gradNum < maxGradNum)                           //获取下一级点
261                 GetPoints(points, aPt, !isSlop, corridorState);
262         }
263     }
264     //--------------------------------------------------------------------
265     private void GetIntersectPoint(bool isSlop, CorridorState corridorState,
266         IPoint oOrigin, ref IPoint intersectPt)                 //获取与曲面的交点
267     {
```

```
268            double slopTmp = isSlop ? slope : flatSlop;
269            intersectPt = corridorState.IntersectSurface(targetDTMId,
270                alignmentId, oOrigin, !(side == Utilities.Left), slopTmp);
271        }

272        //--------------------------------------------------------------------
273        private void AddPointsAndLinks(List<IPoint> points)              //添加点和连接
274        {
275            int n = points.Count;
276            if (n < 1) return;
277            Point[] pts = new Point[n + 1];
278            pts[0] = corPts.Add(0.0, 0.0, "P0");
279            for (int i = 0; i < n; i++)
280            {
281                pts[i + 1] = corPts.Add(points[i].Offset - origin.Offset,
282                  points[i].Elevation - origin.Elevation, "P1");
283            }
284            pts[n].Codes.Remove("P1");                                    //删除最后一点的代码
285            pts[n].Codes.Add("P2");                                       //最后一点添加新代码
286            for (int i = 0; i < n; i++)                                   //设置连接代码
287            {
288                if (i % 2 == 1 && tw == CutOrFill.Cut)                    //挖方代码
289                {
290                  corLinks.Add(pts[i], pts[i + 1], new String[] { "Top", "Cut" });
291                }
292                else if (i % 2 == 1 && tw == CutOrFill.Fill)              //填方代码
293                {
294                  corLinks.Add(pts[i], pts[i + 1], new String[] { "Top", "Fill" });
295                }
296                else                                                      //平台连接代码
297                {
298                  corLinks.Add(pts[i], pts[i + 1], new String[] { "Top", "Platform" });
299                }
300            }
301        }
302    }
303 }
```

因为此部件是在引用了程序集 C3DStockSubassemblies. dll 的前提下创建的，若要自定义部件正常运行，自定义部件的程序集在加载时，需保证 C3DStockSubassemblies. dll 已加载，所以项目需要在程序初始化过程中加载 C3DStockSubassemblies. dll。因此需在 Initialize( ) 方法中添加以下代码，实现加载自定义部件的同时加载该部件依赖的 C3DStockSubassemblies. dll 文件：

```
01 public void Initialize()
02 {
03     try
04     {
05       Assembly assembly = Assembly.Load(
06         @"C:\ProgramData\Autodesk\C3D 2017\chs\C3DStockSubassemblies.dll");
07     }
```

```
08      catch (System.Exception ex)
09      {
10          Application.DocumentManager.MdiActiveDocument.Editor
11              .WriteMessage("\n" + ex.Message);
12      }
13 }
```

现在就可以编译文件备用了。如果要调试该 .dll 文件，可以在完成 .atc 文件及 .pkt 文件后，利用 .pkt 文件将部件导入 Civil 3D。在创建部件前，采用手动或自动方式加载该文件，也就是说要加载 VS 编译器输出文件夹内的 .dll 文件，而不是加载导入 .pkt 文件过程中部署到“C:\ProgramData\Autodesk\C3D 2017\chs\Imported Tools\部件名称”文件夹下的.dll文件；然后按调试常规 .dll 文件同样的操作设置断点进行调试。

13.3　创建 .atc 文件

部件设计的另一项工作是编写 .atc 文件，该文件采用 XML 语言进行编写(关于 XML 文件的基础知识可以查阅 9.2 节中的相关内容)，可用任何文本编辑器、VS 或专用编辑器进行编辑，这里推荐采用 VS 编辑。为了让大家更清晰地看清 .atc 文件的结构，这里只展示 .atc 文件必须的部分(且第 11 行是折叠后的代码)，如果再简化就无法实现部件的定义，部件无法导入 Civil 3D。

```
01 <Tool Name="多级边坡">
02     <ItemID idValue="{3145d7c5-c843-4901-b222-470bcd62f155}" />
03     <Properties>
04         <ItemName>多级边坡</ItemName>
05     </Properties>
06     <StockToolRef idValue="{7F55AAC0-0256-48D7-BFA5-914702663FDE}" />
07     <Data>
08         <AeccDbSubassembly>
09             <GeometryGenerateMode>UseDotNet</GeometryGenerateMode>
10             <DotNetClass Assembly="Chapter13.dll">Subassembly.MutilGrading</DotNetClass>
11             <Params>…… </Params>
12         </AeccDbSubassembly>
13         <Units>m</Units>
14     </Data>
15 </Tool>
```

以上文本的简要说明见表 13-2。

表 13-2　　.atc 文件简要说明

行号	说明
1～15	定义一个单独的部件
2	定义了部件的 GUID
3～5	定义了部件的属性

（续表）

行号	说明
4	定义了部件的名称，显示在工具选项板中的名称
6	目录工具的 GUID，此项不能变
7～14	定义了部件的属性
8～13	表示这是一个部件
9	部件创建的方式，值为 UseDotNet 或 UseVBA
10	定义了部件所在的程序集及类的名称
11	部件的输入参数
13	单位，公制用 m，英制用 foot

如果一个 .atc 文件中要包含多个部件，就要有多个〈Tool〉〈/Tool〉并列，并在之外加〈Tools〉〈/Tools〉。下面将〈Params〉…… 〈/Params〉展开：

```
01 〈Params〉
02     〈Side DataType = "long" TypeInfo = "0" DisplayName = "Side" Description = "Side"〉
03       0
04       〈Enum〉
05         〈Left DisplayName = "Left"〉1〈/Left〉
06         〈Right DisplayName = "Right"〉0〈/Right〉
07       〈/Enum〉
08     〈/Side〉
09     〈CutSlope DataType = "double" TypeInfo = "10" DisplayName = "挖方坡度"
10               Description = "CutSlope"〉
11       1
12     〈/CutSlope〉
13     〈FillSlope DataType = "double" TypeInfo = "10" DisplayName = "填方坡度"
14               Description = "FillSlope"〉
15       1
16     〈/FillSlope〉
17     〈FlatSlope DataType = "double" TypeInfo = "9" DisplayName = "平台坡度"
18               Description = "FlatSlope"〉
19       0
20     〈/FlatSlope〉
21     〈FillHeight DataType = "double" TypeInfo = "16" DisplayName = "填方边坡高度"
22               Description = "FillHeight"〉
23       5
24     〈/FillHeight〉
25     〈CutHeight DataType = "double" TypeInfo = "16" DisplayName = "挖方边坡高度"
26               Description = "CutHeight"〉
27       5
28     〈/CutHeight〉
29     〈FillWidth DataType = "double" TypeInfo = "16" DisplayName = "填方平台宽度"
```

```
30              Description = "FillWidth">
31        1.5
32     </FillWidth>
33     <CutWidth DataType = "double" TypeInfo = "16" DisplayName = "挖方平台宽度"
34              Description = "CutWidth">
35        1.5
36     </CutWidth>
37 </Params>
```

Params 简要说明见表 13-3。

表 13-3　Params 简要说明

行号	说　明
1～37	部件的输入参数,各参数的显示顺序按这里的排列顺序依次显示
2～8	侧
3	默认值
4～7	定义了侧的枚举类型
9～12	定义了输入参数 CutSlope,显示名称为挖方坡度,值为 1
13～16…	与上面类似,不再重复

这些参数应与方法 GetInputParametersImplement()中添加的参数一一对应。关于参数中的 DataType="double" TypeInfo="10",表示数据类型类双精度数据类型,以坡比(1∶2)方式显示在部件属性对话框中,TypeInfo="9"则表示以坡率(2%)方式显示,TypeInfo="16"则表示距离,会同时显示出长度单位,如图 13-5 所示。更多信息可查阅 Civil 3D Developer's Guide。

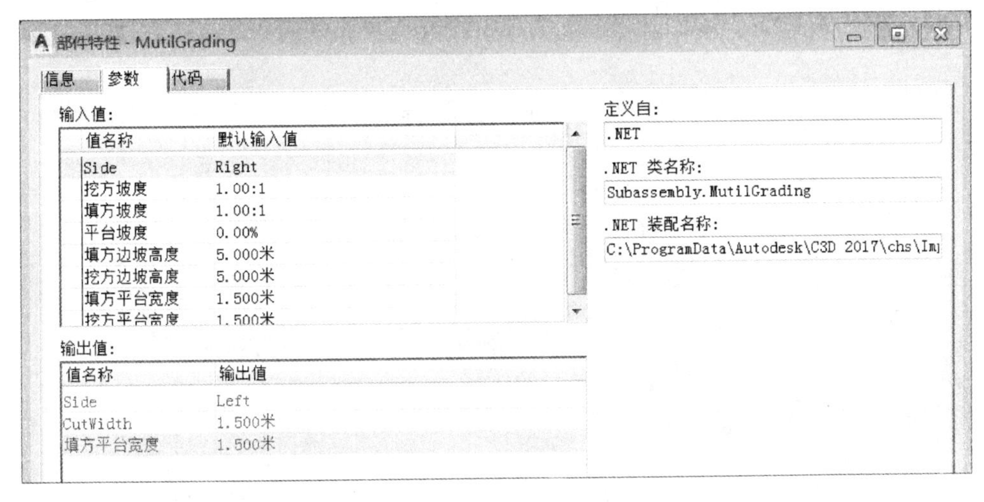

图 13-5　数据类型及类型信息

创建 .atc 文件还有另外一个途径：用部件编辑器，在部件编辑器中将输入参数添加完整，存盘退出，之后提取出 .atc 文件进行编辑修改，可以节省不少时间。想知道怎么提取请继续阅读下一节内容。

13.4 通过 .pkt 文件加载部件

将部件加载到 Civil 3D 中，或将部件分享给同事，采用 .pkt 文件是最便捷的方式。.pkt 文件至少需要两个文件，一个 .dll 文件，一个 .atc 文件，也就是前两节完成的文件。

如何创建 .pkt 文件呢？其实很简单，只需创建一个 .zip 格式的压缩文件，将所需文件放入压缩文件中，之后将文件名后缀改为 .pkt 即可。注意压缩文件的格式必须是 .zip，不能是 .rar 或者其他格式。看到这里，13.3 节所讲的从部件编辑器创建的 .pkt 文件中提取 .atc 文件该如何操作也有了答案了。

通过 .pkt 文件将部件导入 Civil 3D 后，可在 C:\ProgramData\Autodesk\C3D 2017\chs\Imported Tools 位置找到部件对应的文件夹。

若要对部件的程序进行调试，基本步骤同调试其他程序类似，通过 VS 启动 Civil 3D 后，需要加载编译输出目录内的 .dll 文件，例如 D:\visual studio 2015\Projects\Civil 3D Development Tutorials\Chapter13\bin\Debug\Chapter13.dll，若在 VS 内设置了断点，创建部件过程中或修改部件参数都将会顺利捕捉到断点。

至此，就完成了利用代码实现自定义部件的操作，这部分操作的重点进行如下：

(1) 要创建 .pkt 文件至少需要两个文件，.dll 和 .atc 文件；

(2) 利用 C# 语言编写代码，需要引用程序集 C3DStockSubassemblies.dll；

(3) 要确保程序集 C3DStockSubassemblies.dll 与自己部件的 .dll 文件同时加载。

(4) 自定义部件类必须派生于 SATemplate；

(5) 方法 DrawImplement()必须重写；

(6) CorridorState 对象很关键，是一个纽带，联系着装配与自定义部件；

(7) .atc 文件采用 XML 语言编写；

(8) .pkt 文件实为 .zip 文件。

附录 A　视频部分说明及下载地址

视频说明

为了使读者能够快速了解本书的基本架构，更清楚地理解作者的写作意图，为便于初学者快速掌握 Visual Studio 项目基本设置，作者为本书录制了视频，对本书中的内容予以解释说明，并对相关操作进行了简单地演示。

视频的内容主要分为两部分：

1. 关于本书
   - ➢ 编著此书的背景；
   - ➢ 本书的特点；
   - ➢ 本书的主要内容简介；
   - ➢ 阅读本书时需要注意的事项；
   - ➢ 索取书中源代码的方法。
2. 项目基本设置
   - ➢ VS 项目设置；
   - ➢ 向导应用；
   - ➢ 样例文件简介；
   - ➢ 帮助文档简介；
   - ➢ 辅助工具简介。

读者在阅读本书之前，可以先行观看此视频，通过视频对本书有了基本的了解后，再行阅读本书，应该会有更大的收获；书中隐含着众多的知识点，由于篇幅所限，有些知识点可能只是以关键词的形式出现，读者在阅读过程中很可能会遗漏，通过视频的讲解，希望读者能够注意到这些知识点。

最后祝各位读者通过阅读此书尽早跨入 Civil 3D 二次开发的大门！

* *

下载地址

本书的视频下载地址：http://press. tongji. edu. cn/download/show/154

微信扫描二维码 

《AutoCAD Civil 3D .NET 二次开发》

索　引

注：索引中的页码根据关键字所在文中知识点的重要程度进行标注的，对应的知识点请读者认真阅读。

参 考 文 献

[1] 王贤明,谷琼,胡智文. C#程序设计[M]. 2版. 北京:清华大学出版社,2017.

[2] Paul Kimmel. LINQ 编程技术内幕[M]. 唐学韬,等,译. 北京:机械工业出版社,2009.

[3] 李冠亿. 深入浅出 AutoCAD. NET 二次开发[M]. 北京:中国建筑工业出版社,2012.

[4] Autodesk. AutoCAD Civil 3D 2017 API Developer's Guide[EB/OL]. http://help. autodesk. com/view/CIV3D/2017/ENU/? guid=GUID-DA303320-B66D-4F4F-A4F4-9FBBEC0754E0.

[5] Autodesk. Managed . NET Developer's Guide[EB/OL]. http://help. autodesk. com/view/ACD/2017/ENU/? guid=GUID-C3F3C736-40CF-44A0-9210-55F6A939B6F2.

[6] Autodesk. Autodesk ObjectARX for AutoCAD Developer's Guide 2017[EB/OL]. http://usa. autodesk. com/adsk/servlet/item? siteID=123112&id=785550.

[7] Autodesk. AutoCAD Civil 3D 2017 . NET APIReference[EB/OL]. http://docs. autodesk. com/CIV3D/2017/ENU/API_Reference_Guide/.

[8] Autodesk. Autodesk AutoCAD 2017 Managed . NET Classes Reference Guide[EB/OL]. http://download. autodesk. com/us/objectarx/objectarx_2017_documentation_vs2015. zip.

[9] Autodesk. Autodesk AutoCAD 2017 Autodesk ObjectARX Reference Guide[EB/OL] http://download. autodesk. com/us/objectarx/objectarx_2017_documentation_vs2015. zip.

[10] KeanWalmsley [EB/OL]. http://www. through-the-interface. typepad. com/.